普通高等教育系列教材

大数据基础与应用

赵国生 王 健 宋一兵 主编

机械工业出版社

本书共分为12章，第1章介绍了大数据产生的背景、大数据的结构与特征、大数据相关概念、大数据可视化、大数据相关工具与发展前景。第2~9章为基础知识部分，介绍了大数据的生态系统全貌，重点对计算平台 Hadoop、分布式文件系统 HDFS、计算框架 MapReduce、开源数据库 HBase、典型工具 NoSQL、集群计算 Spark、流计算 Storm 和分布式协调系统 ZooKeeper 等相关技术进行了详细介绍，通过实例使读者具备解决实际问题的能力。第10~12章为典型应用案例部分，介绍了大数据分析应用系统的开发过程，涵盖了数据采集、数据分析、数据转换和结果显示的整个交互式大数据处理和分析流程。

本书内容丰富、条理清晰、示例指导性强，读者可以通过章后的习题对所学内容作进一步巩固，熟练掌握大数据基本原理、工程应用场景及实验分析技巧。

本书适合作为大中专院校数据科学与大数据专业、计算机类专业的教材，也可以作为读者自学或者科研技术人员的参考书。

本书配套授课电子课件，需要的教师可登录 www.cmpedu.com 免费注册，审核通过后下载，或联系编辑索取。微信：15910938545。电话：010-88379739。

图书在版编目（CIP）数据

大数据基础与应用/赵国生，王健，宋一兵主编.—北京：机械工业出版社，2019.10（2024.8重印）
普通高等教育系列教材
ISBN 978-7-111-63797-4

Ⅰ.①大… Ⅱ.①赵… ②王… ③宋… Ⅲ.①数据处理-高等学校-教材 Ⅳ.①TP274

中国版本图书馆 CIP 数据核字（2019）第 212329 号

机械工业出版社（北京市百万庄大街22号　邮政编码100037）
策划编辑：郝建伟　　责任编辑：郝建伟　秦　菲
责任校对：张艳霞　　责任印制：邸　敏
中煤（北京）印务有限公司印刷
2024年8月第1版·第5次印刷
184mm×260mm·18.5印张·459千字
标准书号：ISBN 978-7-111-63797-4
定价：59.00元

电话服务　　　　　　　　　　网络服务
客服电话：010-88361066　　　机　工　官　网：www.cmpbook.com
　　　　　010-88379833　　　机　工　官　博：weibo.com/cmp1952
　　　　　010-68326294　　　金　书　网：www.golden-book.com
封底无防伪标均为盗版　　　　机工教育服务网：www.cmpedu.com

前　言

近年来，大数据浪潮汹涌来袭，与互联网一样，这不仅是信息技术领域的革命，更是在全球范围加速企业创新、引领社会变革的利器。现代管理学之父德鲁克说过，预测未来最好的方法，就是去创造未来。而"大数据战略"正是当下领航全球的先机。大数据指一般的软件工具难以捕捉、管理和分析的大容量数据。大数据之"大"，并不仅在于"容量之大"，更在于其通过对海量数据的交换、整合和分析，发现新的知识、创造新的价值，带来"大知识""大科技""大利润"和"大发展"。

党的二十大报告指出"加快发展数字经济，促进数字经济和实体经济深度融合，打造具有国际竞争力的数字产业集群。"当前，我国数字经济建设加速推进，作为数字经济建设的主力军，大数据行业人才储备不足，高校大数据专业建设的重要性日益凸显。

数据科学与大数据技术专业，简称数科或大数据专业，旨在培养具有大数据思维、运用大数据思维研究及分析的高层次大数据人才，掌握计算机理论和大数据处理技术，从数据管理、系统开发、海量数据分析与挖掘三个层面系统地培养学生掌握大数据应用中的各种典型问题的解决办法，提升学生解决实际问题的能力。

基本内容

本书共分为 12 章，各章主要内容如下。

第 1 章主要对大数据产生的背景、大数据的结构与特征、大数据相关概念、大数据可视化、大数据处理相关工具与发展前景进行了介绍。通过第 1 章的学习，读者能够初步掌握大数据的基本知识，熟悉大数据处理与分析的操作环境及可视化方法，为后面的进一步学习打下坚实的基础。

第 2 章主要介绍了分布式计算平台 Hadoop 及其基础知识、Hadoop 发展史、Hadoop 体系结构等，让读者对 Hadoop 有一个简单的认识，了解如何在 Hadoop 上开发和运行处理海量数据的应用。

第 3 章首先介绍分布式文件系统的基本概念、结构和设计需求，然后介绍 HDFS，详细阐述它的重要概念、体系结构、存储原理和读写过程，最后介绍了一些 HDFS 编程实践方面的知识。

第 4 章着重介绍了 MapReduce "分而治之，迭代汇总"的处理海量数据的并行编程模型和计算框架，让读者了解 MapReduce 的数据类型与格式、序列化、数据分片、MapReduce 的架构与接口类，通过单词计数程序将上述知识点串联并阐述 MapReduce 的思想。

第 5 章详细地介绍了 HBase 开源数据库，HBase 的安装与配置、常用 API、HBase 架构及实现原理等，使读者快速对 HBase 有一个全方面的了解。

第 6 章着重介绍了 NoSQL 的基础，一致性策略、数据分区与放置策略、数据复制与容错、数据缓存等，结合 NoSQL 典型应用工具，结合实例简明扼要地叙述了 NoSQL 的基本应用。

第 7 章阐述了 Spark 生态系统全貌，包含 SparkSQL、Spark Streaming、GraphX、MLlib 等，了解 Spark 的功能、特点以及场景应用。通过对 Spark 的安装部署，基本操作和运行模式，并通过编程实例来加深了解运用 Spark 的相关知识。

第 8 章首先介绍了 Storm 流计算的基本概念和需求，阐述了流计算的处理流程、应用场景、Storm 的设计思想和架构设计，最后介绍了 Spark Streaming 及其应用实例。

第 9 章介绍了分布式协调系统 Zookeeper 概念及其主要特征和数据模型、Zookeeper 的安装和配置、Zookeeper API 的简单使用、Zookeeper shell 的操作，最后介绍了一个选举案例让读者更深入地了解 ZooKeeper 的作用及应用。

第 10 章通过销售数据分析系统的应用案例，介绍了大数据分析应用系统的完整开发过程，涵盖了数据采集、数据分析、数据转换和结果显示的整个流程。

第 11 章介绍了在 Hadoop 平台上进行交互式数据处理的方法，然后介绍了利用 Hive 基本工具进行实时交互式大数据的处理和分析。

第 12 章介绍了协同推荐算法的基本概念和几种典型分类。利用 Spark MLlib 实现了协同过滤推荐算法及协同交互过程。

本书特点

本书编者长期给本科生和研究生讲授数据库、数据挖掘、物联网和云计算等与大数据相关的课程，有着丰富的教学实践和科研经验。本书内容条理清晰，并按照读者学习的一般规律由浅入深、循序渐进，并配以大量的图片说明和实例讲解，能够使读者快速地了解和掌握大数据原理及应用案例。

读者对象

- 大数据基础知识的初学者。
- 具有一定大数据基础并希望更深入了解、掌握大数据原理与应用的中级读者。

本书适合作为大中专院校数据科学与大数据专业、计算机类专业的教材，也可作为从事大数据挖掘等工作的科研或者工程技术人员的参考书。

本书由赵国生、王健和宋一兵主编。哈尔滨师范大学赵国生主要负责第 1~8 章，哈尔滨理工大学王健负责第 9、10 章，宋一兵负责第 11、12 章。参加本书编写工作的还有管殿柱、王献红、李文秋，学生曲晓峰、张慧、蒋欣洋、陈炫慧、贺敬、张志敏等为本书做了大量辅助性工作，在此一并感谢。

本书得到了以下项目的支持：国家自然科学基金项目"可生存系统的自主认知模式研究"（61202458）、国家自然科学基金项目"基于认知循环的任务关键系统可生存性自主增长模型与方法"（61403109）、高等学校博士点基金项目（20112303120007）、哈尔滨市科技创新人才研究专项（2016RAQXJ036）和黑龙江省自然科学基金（F2017021）。

虽然编者在编写本书的过程中力求叙述准确、完善，但由于水平有限，书中欠妥之处在所难免，希望读者将对本书的意见和建议告诉我们。作者联系邮箱：syb33@163.com。

编 者

目 录

前言
第1章 初识大数据 ………………………… 1
1.1 大数据产生的背景 ……………… 1
1.2 大数据的结构与特征 …………… 2
1.2.1 大数据的结构 ……………… 2
1.2.2 大数据的特征 ……………… 4
1.3 大数据相关概念 ………………… 5
1.3.1 大数据关键技术 …………… 6
1.3.2 数据类型与数据管理 ……… 6
1.3.3 数据仓库 …………………… 8
1.3.4 数据挖掘 …………………… 10
1.4 大数据可视化 …………………… 13
1.4.1 什么是数据可视化 ………… 13
1.4.2 数据可视化的工具与方法 … 13
1.4.3 数据可视化的建模 ………… 16
1.4.4 数据可视化分类 …………… 16
1.5 大数据相关工具 ………………… 17
1.5.1 Hadoop ……………………… 17
1.5.2 R 语言 ……………………… 18
1.5.3 Python 语言 ………………… 19
1.5.4 RapidMiner ………………… 20
1.5.5 Tableau ……………………… 20
1.6 大数据时代的新机遇 …………… 20
1.6.1 数据价值 …………………… 20
1.6.2 应用价值 …………………… 21
1.6.3 发展前景 …………………… 21
1.7 本章小结 ………………………… 22
1.8 习题 ……………………………… 22
第2章 大数据处理架构Hadoop …… 23
2.1 Hadoop 简介 …………………… 23
2.2 Hadoop 发展史及特点 ………… 23
2.3 Hadoop 体系结构 ……………… 24
2.3.1 HDFS 体系结构 …………… 25
2.3.2 MapReduce 体系结构 ……… 26
2.4 配置 Linux 环境 ………………… 27
2.4.1 安装 VMware12 虚拟机 …… 28
2.4.2 部署 CentOS 64 位操作系统 … 29
2.4.3 配置网络 …………………… 34
2.4.4 Linux 终端 ………………… 35
2.5 Hadoop 环境搭建 ……………… 35
2.5.1 JDK 安装和测试 …………… 36
2.5.2 Hadoop 安装和配置 ……… 37
2.5.3 SSH 免密码配置 …………… 42
2.6 Hadoop 关键组件 ……………… 43
2.6.1 HDFS ………………………… 44
2.6.2 HBase ………………………… 44
2.6.3 MapReduce …………………… 45
2.6.4 Hive …………………………… 46
2.6.5 Pig …………………………… 47
2.6.6 Mahout ………………………… 47
2.6.7 ZooKeeper …………………… 47
2.6.8 Flume ………………………… 48
2.6.9 Sqoop ………………………… 48
2.6.10 Ambari ……………………… 48
2.7 本章小结 ………………………… 49
2.8 习题 ……………………………… 49
第3章 分布式文件系统 HDFS ……… 50
3.1 HDFS 概念 ……………………… 50
3.1.1 HDFS 简介 ………………… 50
3.1.2 HDFS 相关概念 …………… 51
3.2 HDFS 体系结构 ………………… 55
3.3 HDFS 文件存储机制 …………… 63
3.4 HDFS 的数据读写过程 ………… 65
3.4.1 读数据的过程 ……………… 65
3.4.2 写数据的过程 ……………… 66
3.5 HDFS 应用实践 ………………… 68
3.5.1 HDFS 常用命令 …………… 68
3.5.2 HDFS 的 Web 界面 ………… 72
3.5.3 HDFS 常用 Java API 及应用实例 … 75
3.6 本章小结 ………………………… 84
3.7 习题 ……………………………… 84
第4章 计算系统 MapReduce ……… 85

4.1 MapReduce 概述 ………………………… 85
  4.1.1 MapReduce 简介 …………………… 85
  4.1.2 MapReduce 数据类型与格式 ……… 86
  4.1.3 数据类型 Writable 接口 …………… 88
  4.1.4 Hadoop 序列化与反序列化机制 …… 90
4.2 MapReduce 架构 ………………………… 92
  4.2.1 数据分片 …………………………… 92
  4.2.2 MapReduce 的集群行为 …………… 93
  4.2.3 MapReduce 作业执行过程 ………… 96
4.3 MapReduce 接口类 ……………………… 99
  4.3.1 MapReduce 输入的处理类 ………… 99
  4.3.2 MapReduce 输出的处理类 ………… 100
4.4 MapReduce 应用案例——单词计数
    程序 …………………………………… 100
  4.4.1 WordCount 代码分析 ……………… 101
  4.4.2 WordCount 处理过程 ……………… 103
4.5 本章小结 ……………………………… 105
4.6 习题 …………………………………… 105

第 5 章 分布式数据库 HBase … 106
5.1 初识 HBase …………………………… 106
  5.1.1 HBase 的来源 ……………………… 106
  5.1.2 HBase 的特点 ……………………… 107
  5.1.3 HBase 的系统架构 ………………… 107
5.2 HBase 安装与配置 …………………… 108
  5.2.1 HBase 运行模式分类 ……………… 109
  5.2.2 Hbase 的安装 ……………………… 109
  5.2.3 HBase 基本 API 实例 ……………… 112
  5.2.4 HBase Shell 工具使用 ……………… 114
5.3 Hbase 的存储结构 …………………… 115
  5.3.1 存储结构中重要模块 ……………… 115
  5.3.2 HBase 物理存储和逻辑视图 ……… 116
  5.3.3 数据坐标 …………………………… 117
5.4 HBase 的实现原理 …………………… 118
  5.4.1 Hbase 的读写流程 ………………… 118
  5.4.2 表和 Region ………………………… 119
  5.4.3 Region 的定位 ……………………… 120
5.5 HBase 表结构设计 …………………… 122
  5.5.1 列族定义 …………………………… 122
  5.5.2 表设计原则 ………………………… 123
  5.5.3 Rowkey 设计 ……………………… 124

5.6 本章小结 ……………………………… 125
5.7 习题 …………………………………… 126

第 6 章 NoSQL 数据库 …………… 127
6.1 NoSQL 简介 …………………………… 127
  6.1.1 NoSQL 的含义 ……………………… 127
  6.1.2 NoSQL 的产生 ……………………… 128
  6.1.3 NoSQL 的特点 ……………………… 128
6.2 NoSQL 技术基础 ……………………… 129
  6.2.1 一致性策略 ………………………… 131
  6.2.2 数据分区与放置策略 ……………… 135
  6.2.3 数据复制与容错技术 ……………… 137
  6.2.4 数据的缓存技术 …………………… 140
6.3 NoSQL 的类型 ………………………… 142
  6.3.1 键值存储 …………………………… 142
  6.3.2 列存储 ……………………………… 143
  6.3.3 面向文档存储 ……………………… 144
  6.3.4 图形存储 …………………………… 145
6.4 NoSQL 典型工具 ……………………… 146
  6.4.1 Redis ………………………………… 146
  6.4.2 CouchDB …………………………… 150
6.5 本章小结 ……………………………… 157
6.6 习题 …………………………………… 157

第 7 章 集群计算 Spark …………… 158
7.1 深入理解 Spark ………………………… 158
  7.1.1 Spark 简介 ………………………… 158
  7.1.2 Spark 与 Hadoop 差异 ……………… 164
  7.1.3 Spark 的适用场景 ………………… 167
  7.1.4 Spark 成功案例 …………………… 168
7.2 Spark 的安装与配置 ………………… 169
  7.2.1 安装模式 …………………………… 169
  7.2.2 Spark 的安装 ……………………… 170
  7.2.3 启动并验证 Spark ………………… 171
7.3 Spark 程序的运行模式 ……………… 172
  7.3.1 Spark on Yarn-cluster ……………… 172
  7.3.2 Spark on Yarn-client ……………… 173
7.4 Spark 编程实践 ……………………… 173
  7.4.1 启动 Spark Shell …………………… 174
  7.4.2 Spark RDD 基本操作 ……………… 174
  7.4.3 Spark 应用程序 …………………… 177
7.5 Spark 的三个典型应用案例 ………… 177

7.5.1 词频数统计 ·············· 177
7.5.2 人口的平均年龄 ·········· 179
7.5.3 搜索频率最高的 K 个关键词 ···· 181
7.6 本章小结 ················ 182
7.7 习题 ··················· 183

第8章 流计算 Storm 184
8.1 流计算概述 ··············· 184
8.1.1 流计算的概念 ············ 184
8.1.2 流计算与 Hadoop ········· 185
8.1.3 流计算框架 ············· 185
8.2 开源流计算框架 Storm ········ 187
8.2.1 Storm 简介 ············ 188
8.2.2 Storm 的特点 ·········· 189
8.2.3 Storm 的设计思想 ········ 190
8.2.4 Storm 的框架设计 ········ 190
8.3 实时计算处理流程 ··········· 193
8.3.1 数据实时采集和计算 ······· 193
8.3.2 数据查询服务 ··········· 194
8.4 典型的流引擎 Spark Streaming ··· 194
8.4.1 Spark Streaming ········ 194
8.4.2 Storm 和 Spark Streaming 框架对比 ··············· 195
8.5 流计算的应用案例——电商实时销售额的监控 ········ 196
8.5.1 技术架构 ············· 196
8.5.2 技术实现 ············· 196
8.5.3 项目预案 ············· 198
8.6 本章小结 ··············· 199
8.7 习题 ·················· 199

第9章 分布式协调系统 ZooKeeper 200
9.1 ZooKeeper 概述 ··········· 200
9.1.1 ZooKeeper 简介 ········· 200
9.1.2 ZooKeeper 数据模型 ······ 201
9.1.3 ZooKeeper 特征 ········· 201
9.1.4 ZooKeeper 工作原理 ······ 202
9.2 ZooKeeper 的安装和配置 ······ 204
9.2.1 安装 ZooKeeper ········ 204
9.2.2 配置 ZooKeeper ········ 204
9.2.3 运行 ZooKeeper ········ 205
9.3 ZooKeeper 的简单操作及步骤 ···· 206

9.4 ZooKeeper Shell 操作 ········ 210
9.4.1 ZooKeeper 服务命令 ······ 210
9.4.2 ZooKeeper 客户端命令 ····· 210
9.5 ZooKeeper API 操作 ········· 212
9.6 ZooKeeper 应用案例——Master 选举 ················· 214
9.6.1 使用场景及结构 ········· 214
9.6.2 编码实现 ············· 218
9.7 本章小结 ··············· 223
9.8 习题 ·················· 223

第10章 销售数据分析系统 224
10.1 数据采集 ··············· 224
10.1.1 在 Windows 下安装 JDK ··· 224
10.1.2 在 Windows 下安装 Eclipse ·· 226
10.1.3 将 WebCollector 项目导入 Eclipse ············· 227
10.1.4 在 Windows 下安装 MySQL ·· 227
10.1.5 连接 JDBC ··········· 230
10.1.6 运行爬虫程序 ········· 231
10.2 在 HBase 集群上准备数据 ····· 232
10.2.1 将数据导入到 MySQL ····· 232
10.2.2 将 MySQL 表中的数据导入到 HBase 表中 ············ 233
10.3 安装 Phoenix 中间件 ········· 233
10.3.1 Phoenix 架构 ········· 233
10.3.2 解压安装 Phoenix ······ 234
10.3.3 Phoenix 环境配置 ······ 235
10.3.4 使用 Phoenix ········· 235
10.4 基于 Web 的前端开发 ········ 236
10.4.1 将 Web 前端项目导入 Eclipse ·· 237
10.4.2 安装 Tomcat ········· 238
10.4.3 在 Eclipse 中配置 Tomcat ·· 240
10.4.4 在 Web 浏览器中查看执行结果 ·············· 242
10.5 本章小结 ·············· 242
10.6 习题 ················· 243

第11章 交互式数据处理 244
11.1 数据预处理 ············· 244
11.1.1 查看数据 ··········· 245
11.1.2 数据扩展 ··········· 246

11.1.3 数据过滤 ……………………… 247
11.1.4 数据上传 ……………………… 248
11.2 创建数据仓库 ………………………… 248
11.2.1 创建数据仓库的基本命令 … 249
11.2.2 创建Hive区分表 …………… 250
11.3 数据分析 ……………………………… 251
11.3.1 基本统计 ……………………… 251
11.3.2 用户行为分析 ………………… 252
11.3.3 实时数据 ……………………… 253
11.4 本章小结 ……………………………… 253
11.5 习题 …………………………………… 254
第12章 协同过滤推荐系统 ……………… 255
12.1 推荐算法概述 ………………………… 255
12.1.1 基于人口统计学的推荐 …… 256
12.1.2 基于内容的推荐 ……………… 257
12.1.3 基于协同过滤的推荐 ……… 258
12.2 协同过滤推荐算法分析 ……………… 258
12.2.1 基于用户的协同过滤推荐 … 259
12.2.2 基于物品的协同过滤推荐 … 260
12.3 Spark MLlib推荐算法应用 ………… 261
12.3.1 ALS算法原理 ………………… 261
12.3.2 ALS的应用设计 ……………… 263
12.4 本章小结 ……………………………… 274
12.5 习题 …………………………………… 274
附录 课后习题答案 ……………………… 276
参考文献 …………………………………… 288

第1章 初识大数据

大数据（Big Data），或称巨量资料，指的是需要新处理模式才能具有更强的决策力、洞察力和流程优化能力的海量、高增长率和多样化的信息资产。在维克托·迈尔-舍恩伯格及肯尼思·库克耶编写的《大数据时代》中指出，大数据不用随机分析法（抽样调查）这样的捷径，而是对所有数据进行分析处理。

本章主要介绍大数据产生的背景、大数据的结构与特征、大数据相关概念、大数据可视化、大数据处理相关工具与发展前景等内容。

1.1 大数据产生的背景

1. 信息基础设施与大数据

信息基础设施持续完善，包括网络带宽的持续增加、存储设备性价比的不断提升，犹如高速公路之于物流，为大数据的存储和传播准备了物质基础。

如果把信息技术的不断进步看成世界万物持续数字化的过程，则会理出一条清晰的主线。信息科技具有三个最核心和基础的能力：信息处理、信息存储和信息传递。几十年来，这三个能力的飞速进步是人类科技史上最为激动人心的事件之一。存储的价格从20世纪60年代的1万美元1MB，降到现在的1美分1GB的水平，其价差高达亿倍；在线实时观看高清电影，在几年前还是难以想象的，现在却变得习以为常了；网络的接入方式也从有线连接向高速无线连接转变。毫无疑问，网络带宽和大规模存储技术的高速持续发展，为大数据时代提供了廉价的存储和传输服务。因而本书假定存储和带宽不再是制约数据应用的因素。

2. 互联网与大数据

互联网领域的公司最早开始重视数据资产的价值，从大数据中淘金，并且引领大数据的发展趋势。互联网的出现，在科技史上可以比肩"火"与"电"的发明。这个伟大的发明同样是因为军事目的驱动的。计算机在军方应用得越广泛，计算机上存储的军事机密就越多。人们担心如果存储重要军事机密数据的主要计算机被摧毁，很可能就会输掉整个战争，于是，推动计算机之间互相传递数据并互为备份的通信机制被提上日程。1969年11月某天的中午，6名科学家聚在加利福尼亚大学洛杉矶分校的实验室里，把分属于不同地区的4台计算机互相连接起来，这就是最早的互联网雏形。

互联网把每个人桌面上的计算机连接起来，改变了人们的生活，成为大家获取各类数据的首要渠道。通过互联网获取数据的模式可以被简单地抽象为"请求"+"响应"的模式。用收音机听广播，或者用电视机看电视节目，都是"广播"+"接收"的模式。不管有没有电视机在接收信号，广播塔总是在发送电视节目信号。随时打开电视机，随时就能收看电视节目。在"广播"+"接收"模式中，广播塔不知道有谁在接收节目。"请求"+"响应"模式则不同，如果客户端（所有接入互联网的设备、软件等）不主动要求，服务器端就不会发送任何数据。互联网应用协议基本上是这种模式，当然也有"广播"+"接收"模式的协议，但是不常用。每一次访问请求其实就是一次鼠标单击操作，服务器的日志忠实地记录下了每个人访问的时间、请求的命令、访问的网址等数据。这些访问记录，就像人们在雪地上行走留下的脚印一样，脚印连成一串，构成了人们在互联网上的"行为轨迹"。想一想猎人是怎样通过追踪脚印捕获猎物的，就会明白这些"轨迹"中蕴含着的巨大价值。所以各类服务器上的日志就是一种非常重要的大数据类型。

3. 云计算与大数据

云计算为大数据的集中管理和分布式访问提供了必要的场所和分享的渠道。大数据是云计算的灵魂和必然的升级方向。

"没有大数据的云计算，就是房地产的代名词"，这是在某份大数据报告中曾经提到的一个观点，该观点引起了广泛的关注和争议。云计算确实可以称为一场信息技术领域内的革命，甚至对社会也将产生革命性的影响，但是它却不是一场技术革命，云计算在本质上是一场IT产品/服务消费方式的变革，云计算中的一个广为宣传的核心技术——虚拟化软件，早在20世纪60年代就已经被应用在IBM的大型主机中了。这几年国内各地兴起了建设云计算基地的风潮，客观上为"大数据"的发展准备了必备的存储空间和访问渠道。各大银行、电信运营商、大型互联网公司、政府各个部委都拥有了各自的"数据中心"。银行、电信、互联网公司绝大部分已经实现了全国级的数据集中工作。

云计算是大数据发展的前提和必要条件。没有云计算，就缺少了集中采集数据和存储数据的商业基础。云计算为大数据提供了存储空间和访问渠道；大数据则是云计算的灵魂和必然的升级方向。

4. 物联网与大数据

物联网与移动终端持续不断地产生大量数据，并且数据类型丰富、内容鲜活，是大数据重要的来源。物联网是另一个信息技术领域的热词，究其本质是传感器技术进步的产物。遍布大街小巷的摄像头，是大家可以直观感受到的一种物联网形态。事实上，传感器几乎无处不在，使用它可以监测大气的温度、压强、风力，监测桥梁、矿井的安全，监测飞机、汽车的行驶状态等。现在大家常用的智能手机中，就包括重力感应器、加速度感应器、距离感应器、光线感应器、陀螺仪、电子罗盘、摄像头等各类传感器。这些不同类型的传感器，无时无刻不在产生大量的数据。其中的某些数据被持续地收集起来，成为大数据的重要来源之一。

移动智能终端的普及给大数据带来了丰富、鲜活的数据。苹果公司2012年公布的一组运营数据，可以反映智能终端上人们的活跃程度。其中，iMessage功能目前每秒为用户传递28000条信息；iCloud已经为用户提供了总计1亿多份的文档；GameCenter的账号创建数达到了1.6亿；iOS应用总数突破了70万，支持iPad的应用则达到了27.5万；苹果App Store的应用下载量突破350亿次大关，通过分成付给应用开发商的分成总额已达65亿美元；iBooks中的图书总数已达150万册，下载量也超过了4亿。

1.2 大数据的结构与特征

大数据是互联网发展到现今阶段的一种表象或特征，在以云计算为代表的技术创新大幕的衬托下，这些原本看起来很难收集和使用的数据，开始以不同的形式和结构被利用了起来。

1.2.1 大数据的结构

想要系统地认知大数据，必须要全面而细致地分解它，从以下三个层面来展开。

第一层面是理论，理论是认知的必经途径，也是被广泛认同和传播的基线。在这里从大数据的特征定义来理解行业对大数据的整体描绘和定性；从对大数据价值的探讨来深入解析大数据的珍贵所在；洞悉大数据的发展趋势；从大数据隐私这个特别而重要的视角审视人和数据之间的长久博弈。

第二层面是技术，技术是大数据价值体现的手段和前进的基石。可以分别从云计算、分布式处理技术、存储技术和感知技术的发展来说明大数据从采集、处理、存储到形成结果的整个过程。

第三层面是实践，实践是大数据的最终价值体现。可以分别从互联网的大数据、政府的大数据、企业的大数据和个人的大数据四个方面来描绘大数据已经展现的美好景象及即将实现的蓝图。

大数据包括结构化、半结构化和非结构化数据，非结构化数据越来越成为数据的主要部分，图1-1为大数据的三种结构。

1. 结构化数据

结构化数据，简单来说就是数据库。也称作行数据，是由二维表结构来逻辑表达和实现的数据，严格地遵循数据格式与长度规范，主要通过关系型数据库进行存储和管理。结构化数据标记，是一种能让网站以更好的姿态展示在搜索结果当中的方式，搜索引擎都支持标准的结构化数据标记。

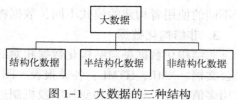

图1-1 大数据的三种结构

结构化数据可以通过固有键值获取相应信息，且数据的格式固定，如RDBMS data。结构化数据最常见的就是具有模式的数据，结构化就是模式。大多数技术应用基于结构化数据。

2. 半结构化数据

半结构化数据和普通纯文本相比具有一定的结构性，但和具有严格理论模型的关系型数据库的数据相比更灵活。它是一种适合于数据库集成的数据模型，也就是说，适于描述包含在两个或多个数据库（这些数据库含有不同模式的相似数据）中的数据。它是一种标记服务的基础模型，用于Web上共享信息。对半结构化数据模型感兴趣的动机主要是它的灵活性。特别的，半结构化数据是"无模式"的。更准确地说，其数据是自描述的，它携带了关于其模式的信息，并且这样的模式可以随时间在单一数据库内任意改变。

这种灵活性可能使查询处理更加困难，但它给用户提供了显著的优势。例如，可以在半结构化模型中维护一个电影数据库，并且能如用户所愿地添加类似"我喜欢看此部电影吗？"这样的新属性。这些属性不需要所有电影都有值，或者甚至不需要多于一个电影有值。同样的，可以添加类似"homage to"这样的联系而不需要改变模式，或者甚至表示不止一对的电影间的联系。

因为要了解数据的细节，所以不能将数据简单地组织成一个文件并按照非结构化数据处理，由于结构变化很大也不能够简单地建立一个表和它对应。

半结构化数据可以通过灵活的键值调整获取相应信息，且数据的格式不固定，如json，同一键值下存储的信息可能是数值型的，可能是文本型的，也可能是字典或者列表。

半结构化数据的数据是有结构的，但却不方便模式化，或者因为描述不标准，或者因为描述有伸缩性，总之不能模式化。XML和json表示的数据就有半模式的特点。

半结构化数据中结构模式附着或相融于数据本身，数据自身就描述了其相应结构模式，半结构化数据具有下述特征。

1）数据结构自描述性。结构与数据相交融，在研究和应用中不需要区分"元数据"和"一般数据"（两者合二为一）。

2）数据结构描述的复杂性。结构难以纳入现有的各种描述框架，实际应用中不易进行清晰的理解与把握。

3）数据结构描述的动态性。数据变化通常会导致结构模式变化，整体上具有动态的结构模式。

常规的数据模型例如 E-R 模型、关系模型和对象模型恰恰与上述特点相反，因此可以成为结构化数据模型。而相对于结构化数据，半结构化数据的构成更为复杂和不确定，从而也具有更高的灵活性，能够适应更为广泛的应用需求。其实，用半模式化的视角看待数据是非常合理的。没有模式的限定，数据可以自由地流入系统，还可以自由地更新。这更便于客观地描述事物。在使用时模式才应该起作用，使用者想获取数据就应当构建需要的模式来检索数据。由于不同的使用者构建的模式不同，数据将最大化地被利用。这才是最自然的使用数据的方式。

3. 非结构化数据

非结构化数据是与结构化数据相对的，不适合于由数据库二维表来表现，包括所有格式的办公文档、XML、HTML、各类报表、图片和音频、视频信息等。支持非结构化数据的数据库采用多值字段、子字段和变长字段机制进行数据项的创建和管理，广泛应用于全文检索和各种多媒体信息处理领域。据 IDC 的一项调查报告中指出：企业中 80% 的数据都是非结构化数据，且这些数据每年都按指数增长 60%。

非结构化数据不可以通过键值获取相应信息。非结构化一般指无法结构化的数据，例如图片、文件、超媒体等典型信息，在互联网上的信息内容形式中占据了很大比例。随着"互联网+"战略的实施，将会有越来越多的非结构化数据产生，据预测，非结构化数据将占据所有各种数据的 70%~80% 以上。结构化数据分析挖掘技术经过多年的发展，已经形成了相对比较成熟的技术体系。也正是由于非结构化数据中没有限定结构形式，表示灵活，因此蕴含了丰富的信息。综合看来，在大数据分析挖掘中，掌握非结构化数据处理技术是至关重要的。

其挑战性问题在于语言表达的灵活性和多样性，具体的非结构化数据处理技术包括：

1）Web 页面信息内容提取；

2）结构化处理（含文本的词汇切分、词性分析、歧义处理等）；

3）语义处理（含实体提取、词汇相关度、句子相关度、篇章相关度、句法分析等）；

4）文本建模（含向量空间模型、主题模型等）；

5）隐私保护（含社交网络的连接型数据处理、位置轨迹型数据处理等）。

这些技术所涉及的技术较广，在情感分类、客户语音挖掘、法律文书分析等许多领域都有广泛的应用价值。

1.2.2 大数据的特征

大数据具有 4V 特征，即 Volume（大量）、Variety（多样）、Velocity（高速）和 Veracity（精确），其核心在于对这些含有意义的数据进行专业化处理。

（1）数据体量巨大

指大型数据集，一般在 10TB 规模左右，但在实际应用中，很多企业用户把多个数据集放在一起，已经形成了 PB 级的数据量；资料表明，百度新首页导航每天需要提供的数据超过

1.5 PB（1 PB＝1024 TB），这些数据如果打印出来将超过 5000 亿张 A4 纸。有资料证实，到目前为止，人类生产的所有印刷材料的数据量仅为 200 PB。

例如，IDC 最近的报告预测称，到 2020 年，全球数据量将扩大 50 倍。目前，大数据的规模尚是一个不断变化的指标，单一数据集的规模范围从几十 TB 到数 PB 不等。简而言之，存储 1 PB 数据将需要两万台配备 50 GB 硬盘的个人计算机。此外，各种意想不到的来源都会产生数据。

在 2003 年，人类第一次破译人体基因密码时，用了 10 年才完成了 30 亿对碱基对的排序；而在 10 年之后，世界范围内的基因仪 15 min 就可以完成同样的工作量。伴随着各种随身设备、物联网和云计算、云存储等技术的发展，人和物的所有轨迹都可以被记录，数据因此被大量产生出来。

移动互联网的核心网络节点是人，不再是网页，人人都成为数据制造者，短信、微博、照片、录像都是其数据产品；数据来自无数自动化传感器、自动记录设施、生产监测、环境监测、交通监测、安防监测等；也来自自动流程记录，刷卡机、收款机、电子不停车收费系统，互联网点击、电话拨号等设施以及各种办事流程登记等。

（2）数据类别多和类型多样

数据来自多种数据源，数据种类和格式日渐丰富，已冲破了以前所限定的结构化。数据范畴囊括了半结构化和非结构化数据。现在的数据类型不仅是文本形式，更多的是图片、视频、音频、地理位置信息等多类型的数据，个性化数据占绝大多数。

数据多样性的增加主要是由新型多结构数据造成，包括网络日志、社交媒体、互联网搜索、手机通话记录及传感器网络等数据类型。

大数据具有多层结构，这意味着大数据会呈现出多变的形式和类型。相较传统的业务数据，大数据存在不规则和模糊不清的特性，造成很难甚至无法使用传统的应用软件进行分析的情况。传统业务数据随时间演变已拥有标准的格式，能够被标准的商务智能软件识别。目前，企业面临的挑战是处理并从各种形式呈现的复杂数据中挖掘价值。多样化的数据来源正是大数据的威力所在，例如交通状况与其他领域的数据都存在较强的关联性。大数据不仅是处理巨量数据的利器，更为处理不同来源、不同格式的多元化数据提供了可能。

（3）处理速度快

高速描述的是数据被创建和移动的速度。在高速网络时代，通过基于实现软件性能优化的高速计算机处理器和服务器，创建实时数据流已成为流行趋势。企业不仅需要了解如何快速创建数据，还必须知道如何快速处理、分析并返回给用户，以满足他们的实时需求。

在数据量非常庞大的情况下，也能够做到数据的实时处理。数据处理遵循"1 秒定律"，可从各种类型的数据中快速获得高价值的信息。在未来，越来越多的数据挖掘趋于前端化，即提前感知预测并直接提供服务给所需要的对象，这也需要大数据具有极快的处理速度。

（4）价值真实性高和密度低

数据真实性高，随着社交数据、企业内容、交易与应用数据等新数据源的兴起，传统数据源的局限被打破，企业愈发需要有效的信息之力以确保其真实性及安全性。以视频为例，一小时的视频，在不间断的监控过程中，可能有用的数据仅仅只有一两秒。

数据的真实性和质量是获得真知和思路最重要的因素，是制定成功决策最坚实的基础。

1.3 大数据相关概念

大数据技术，就是从各种类型的数据中快速获得有价值信息的技术。大数据领域已经涌现出了大量新的技术，它们成为大数据采集、存储、处理和呈现的有力武器。

1.3.1 大数据关键技术

讨论大数据技术时，需要首先了解大数据的基本处理流程，主要包括数据采集、存储、分析和结果呈现的环节。数据无处不在，如互联网网站、政务系统、零售系统、办公系统、自动化生产系统、监控摄像头、传感器等，每时每刻都在不断地产生数据。这些分散在各处的数据需要采用相应的设备和软件进行采集。采集到的数据通常无法直接用于后续的数据分析，因为对于来源更多、类型多样的数据而言，数据缺失和语义模糊的问题是不可避免的，因而必须采取相应的有效措施来解决这些问题，这就需要一个被称为"数据预处理"的过程，把数据变成一个可用的状态。数据预处理以后会被存放到文件系统或数据系统中进行存储与管理，然后采用数据挖掘工具对数据进行处理分析，最后采用可视化工具为用户呈现结果。在整个数据处理过程中，还必须注意隐私保护和数据安全问题。

因此，从数据分析全流程的角度，大数据技术主要包括数据采集与预处理、数据存储和管理、数据处理与分析、数据安全和隐私保护等几个层面的内容，具体见表 1-1。

表 1-1 大数据技术的不同层面及其功能

技术层面	功　能
数据采集与预处理	利用 ETL 工具将分布的、异构数据源中的数据（如关系数据、平面数据文件等）抽取到临时中间层后进行清洗、转换、集成，最后加载到数据仓库或数据集市中。成为联机分析处理、数据挖掘的基础；也可以利用日志采集工具把实时采集的数据作为流计算系统的输入进行实时处理分析
数据存储和管理	利用分布式文件系统、数据仓库、关系数据库、语音数据库等，实现对结构化、半结构化和非结构化的海量数据存储和管理
数据处理与分析	利用分布式并行编程模型和计算框架，结合机器学习和数据挖掘算法，实现对海量数据的处理和分析；对分析结果进行可视化的呈现，帮助人们更好地理解数据，分析数据
数据安全和隐私保护	从大数据中挖掘潜在的巨大商业价值和学术价值的同时，构建隐私数据保护体系和数据安全体系，有效保护个人隐私和数据安全

需要指出的是，大数据技术是许多技术的一个集合体，这些技术也并非全部都是新生事物，诸如关系数据库、数据仓库、数据采集、数据挖掘、ETL、OLAP、数据隐私和安全、数据可视化等技术是已经发展了多年的技术，在大数据时代得到不断的补充、完善、提高后又有了新的升华，也可以视为大数据技术的组成部分。

1.3.2 数据类型与数据管理

1. 数据类型

如今数据量的激增越来越明显，各种各样的数据铺天盖地而来，企业选择相应工具来存储、分析与处理它们。从 Excel、BI 工具，到现在新的可视化数据分析工具——大数据魔镜，数据分析软件进步越来越快，免费的大数据魔镜已经可以达到 500 多种可视化效果和实现数据共享。那么在大数据时代中，新出现了哪些数据类型呢？

1）向互联网用户开放的本地数据。过去一些记录是以模拟形式存在的，或者以数据形式存在，但其存储在本地，而不是公开数据资源，没有开放给互联网用户，如音乐、照片、视频、监控录像等影音资料。现在这些数据不但数据量巨大，并且共享到了互联网上，面对所有互联网用户，其数量之大前所未有。例如，Facebook 每天有 18 亿张照片上传或被传播，形成了海量的数据。

2）各种传感器收集的数据。移动互联网出现后，移动设备的很多传感器收集了大量的用户点击行为数据，例如 iPhone 有 3 个传感器，三星有 6 个传感器。它们每天产生了大量的点击数据，这些数据被某些公司所拥有，形成用户大量行为数据。

3）地图数据。电子地图（如高德、百度、Google 地图）出现后，其产生了大量的流数据，这些数据不同于传统数据，传统数据代表一个属性或一个度量值，但是这些地图产生的流数据代表着一种行为、一种习惯，这些流数据经频率分析后会产生巨大的商业价值。基于地图产生的数据流是一种新型的数据类型，在过去是不存在的。

4）社交行为数据。进入了社交网络年代，互联网行为主要由用户参与创造，大量互联网用户创造出海量的社交行为数据，这些数据是过去未曾出现的。其揭示了人们的行为特点和生活习惯。

5）电商数据。电商崛起带来了大量网上交易数据，包含支付数据、查询行为、物流运输、购买喜好、点击顺序，评价行为等，其是信息流和资金流数据。

6）搜索行为数据。传统的互联网入口转向搜索引擎之后，用户的搜索行为和提问行为聚集了海量数据。单位存储价格的下降也为存储这些数据提供了经济上的可能。

上面所指的大数据不同于过去传统的数据，其产生方式、存储载体、访问方式、表现形式、来源特点等都与传统数据不同。大数据更接近于某个群体行为数据，它是全面的数据、准确的数据、有价值的数据。这些新类型数据相信大家都很熟悉，它们已经比传统数据类型更深入地走进了我们生活。

2. 数据管理

数据管理是利用计算机硬件与软件技术对数据进行有效的收集、存储、处理和应用的过程。其目的在于充分有效地发挥数据的作用，实现数据有效管理的关键是数据组织。

随着计算机技术的发展，数据管理经历了人工管理、文件系统、数据库系统三个发展阶段。在数据库系统中所建立的数据结构，更充分地描述了数据间的内在联系，便于数据修改、更新与扩充，同时保证了数据的独立性、可靠性、安全性与完整性，减少了数据冗余，故提高了数据共享程度及数据管理效率。

（1）人工管理阶段

20 世纪 50 年代中期以前，计算机主要用于科学计算，这一阶段数据管理的主要特征如下。

1）不能长期保存数据。在 20 世纪 50 年代中期之前，计算机一般在关于信息的研究机构里才能拥有，当时由于存储设备（纸带、磁带）的容量空间有限，都是在做实验的时候暂存实验数据，做完实验就把数据结果打在纸带上或者磁带上带走，所以一般不需要将数据长期保存。

2）数据并不是由专门的应用软件来管理，而是由使用数据的应用程序自己来管理。作为程序员，在编写软件时既要设计程序逻辑结构，又要设计物理结构以及数据的存取方式。

3）数据不能共享。在人工管理阶段，可以说数据是面向应用程序的，由于每一个应用程序都是独立的，一组数据只能对应一个程序，即使要使用的数据已经在其他程序中存在，但是程序间的数据是不能共享的，因此程序与程序之间有大量的数据冗余。

4）数据不具有独立性。应用程序中只要发生改变，数据逻辑结构或物理结构就相应地发生变化，因而程序员要修改程序就必须都要做出相应的修改，这给程序员的工作带来了很多负担。

(2) 文件系统阶段

20 世纪 50 年代后期到 60 年代中期，计算机开始应用于数据管理方面。此时，计算机的存储设备也不再是磁带和卡片了，硬件方面已经有了磁盘、磁鼓等可以直接存取的存储设备。软件方面，操作系统中已经有了专门的数据管理软件，一般称为文件系统，文件系统一般由三部分组成：与文件管理有关的软件、被管理的文件以及实施文件管理所需的数据结构。文件系统阶段存储数据就是以文件的形式来存储，由操作系统统一管理。文件系统阶段也是数据库发展的初级阶段，使用文件系统存储、管理数据具有以下 4 个特点。

1) 数据可以长期保存。有了大容量的磁盘作为存储设备，计算机开始被用来处理大量的数据并存储数据。

2) 有简单的数据管理功能。文件的逻辑结构和物理结构脱钩，程序和数据分离，这使得数据和程序有了一定的独立性，减少了程序员的工作量。

3) 数据共享能力差。由于每一个文件都是独立的，当需要用到相同的数据时，必须建立各自的文件，数据还是无法共享，也会造成大量的数据冗余。

4) 数据不具有独立性。在此阶段数据仍然不具有独立性，当数据的结构发生变化时，也必须修改应用程序，修改文件的结构定义；而应用程序的改变也将改变数据的结构。

(3) 数据库系统阶段

20 世纪 60 年代后期以来，计算机管理的对象规模越来越大，应用范围越来越广泛，数据量急剧增长，同时多种应用、多种语言互相覆盖地共享数据集合的要求越来越强烈，数据库技术便应运而生，出现了统一管理数据的专门软件系统——**数据库管理系统**。用数据库系统来管理数据比文件系统具有明显的优势，从文件系统到数据库系统，标志着数据库管理技术的飞跃，图 1-2 所示为数据库管理系统的组成。

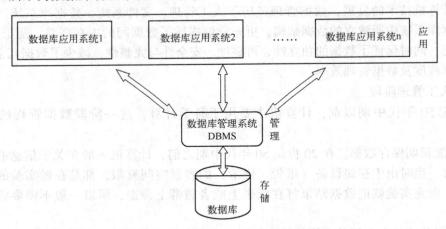

图 1-2　数据库管理系统的组成

1.3.3　数据仓库

(1) 数据仓库的定义

数据仓库之父比尔·恩门（Bill Inmon）在 1991 年出版的 "Building the Data Warehouse" 一书中所提出的定义被广泛接受，数据仓库是一个面向主题的（Subject Oriented）、集成的

(Integrate)、相对稳定的（Non-Volatile）、反映历史变化（Time Variant）的数据集合，用于支持管理决策。

数据仓库是一个过程而不是一个项目；数据仓库是一个环境，而不是一件产品。数据仓库提供用户用于决策支持的当前和历史数据，这些数据在传统的操作型数据库中很难或不能得到。数据仓库技术是为了有效地把操作型数据集成到统一的环境中以提供决策型数据访问的各种技术和模块的总称。所做的一切都是为了让用户更快更方便地查询所需要的信息，为用户提供决策支持。

(2) 数据仓库的特点

1) 面向主题。操作型数据库的数据组织面向事务处理任务，各个业务系统之间各自分离，而数据仓库中的数据是按照一定的主题域进行组织的。

2) 集成的。数据仓库中的数据是在对原有分散的数据库数据抽取、清理的基础上经过系统加工、汇总和整理得到的，必须消除源数据中的不一致性，以保证数据仓库内的信息是关于整个企业的一致的全局信息。

3) 相对稳定。数据仓库的数据主要供企业决策分析之用，所涉及的数据操作主要是数据查询，一旦某个数据进入数据仓库以后，一般情况下将被长期保留，也就是数据仓库中一般有大量的查询操作，但修改和删除操作很少，通常只需要定期地加载、刷新。

4) 反映历史变化。数据仓库中的数据通常包含历史信息，系统记录了企业从过去某一时点（如开始应用数据仓库的时点）到目前的各个阶段的信息，通过这些信息，可以对企业的发展历程和未来趋势做出定量分析和预测。

(3) 数据仓库的组成

1) 数据仓库数据库。数据仓库的数据库是整个数据仓库环境的核心，是数据存放的地方，提供对数据检索的支持。相对于操作型数据库来说，其突出的特点是对海量数据的支持和快速的检索技术。

2) 数据抽取工具。数据抽取工具把数据从各种各样的存储方式中拿出来，进行必要的转化、整理，再存放到数据仓库内。对各种不同数据存储方式的访问能力是数据抽取工具的关键，应能生成 COBOL 程序、MVS 作业控制语言（JCL）、UNIX 脚本、SQL 语句等，以访问不同的数据。数据转换包括：删除对决策应用没有意义的数据段；转换到统一的数据名称和定义；计算统计和衍生数据；给缺值数据赋予缺省值；把不同的数据定义方式统一。

3) 元数据。元数据是描述数据仓库内数据的结构和建立方法的数据。可将其按用途的不同分为两类：技术元数据和商业元数据。技术元数据是数据仓库的设计和管理人员用于开发与日常管理数据仓库时用的数据，包括数据源信息、数据转换的描述、数据仓库内对象和数据结构的定义、数据清理和数据更新时用的规则、源数据到目的数据的映射、用户访问权限、数据备份历史记录、数据导入历史记录、信息发布历史记录等。商业元数据从商业业务的角度描述了数据仓库中的数据，包括业务主题的描述，包含的数据、查询、报表。

元数据为访问数据仓库提供了一个信息目录，这个目录全面描述了数据仓库中都有什么数据、怎么得到和怎么访问这些数据。元数据是数据仓库运行和维护的中心，数据仓库服务器利用它来存储和更新数据，用户通过它来了解和访问数据。

4) 访问工具。为用户访问数据仓库提供手段。包括数据查询和报表工具、应用开发工具、经理信息系统（EIS）工具、联机分析处理（OLAP）工具、数据挖掘工具。

5) 数据集市（Data Marts）。为了特定的应用目的或应用范围，而从数据仓库中独立出来的一部分数据，也可称为部门数据或主题数据（Subject Area）。在数据仓库的实施过程中往往可以从一个部门的数据集市着手，以后再用几个数据集市组成一个完整的数据仓库。需要注意是，在实施不同的数据集市时，同一含义的字段定义一定要相容，这样在以后实施数据仓库时才不会造成大麻烦。

6）数据仓库管理。数据仓库管理包括安全和特权管理，跟踪数据的更新，数据质量检查，管理和更新元数据，审计和报告数据仓库的使用和状态，删除数据，复制、分割和分发数据，备份和恢复，存储管理。

7）信息发布系统。把数据仓库中的数据或其他相关的数据发送给不同的地点或用户。基于Web的信息发布系统是应对多用户访问的最有效方法。

1.3.4 数据挖掘

1. 数据挖掘（Data Mining）概述

随着信息科技的进步和网络的发达、计算机运算能力的增强以及数据存储技术的不断改进，人类社会正迈向信息时代。数据的爆炸式增长、广泛运用和巨大体量使我们的时代成为真正的数据时代。人们迫切需要功能强大和通用的工具，以便从大数据中发现有价值的信息，将这些数据转换成有用的信息和知识，所获取的信息和知识可以广泛用于各种应用，包括商务管理、生产控制、市场分析、工程设计和科学探索等。数据挖掘方法利用了来自许多领域的技术思想，如来自统计学的抽样估计和假设检验，来自人工智能、模式识别和机器学习的搜索方法、建模技术和学习理论，来自包括最优化、进化计算、信息论、信号处理、可视化和信息检索等的重要支撑。随着数据量的越来越大，源于高性能分布式并行计算和存储的技术在大数据挖掘和应用中显得尤为重要。

许多人把数据挖掘视为另一个流行术语——数据中的知识发现（KDD）的同义词，而另一些人只是把数据挖掘视为知识发现过程中的一个基本步骤。一般认为，知识发现由以下步骤的迭代序列组成。

- 数据清理——消除噪声和删除不一致数据。
- 数据集成——多种数据源可以组合在一起，形成数据集市或数据仓库。
- 数据选择——从数据库中提取与分析任务相关的数据。
- 数据变换——通过汇总或聚集操作，把数据经过变换统一成适合挖掘的形式。
- 数据挖掘——使用智能方法提取数据模式。
- 模式评估——根据某种兴趣度量，识别代表知识的真正有趣的模式。
- 知识表示——使用可视化和知识表示技术向用户提供挖掘的知识。

2. 数据挖掘的定义

（1）技术上的定义

数据挖掘就是从大量的、不完全的、有噪声的、模糊的、随机的实际应用数据中，提取隐含在其中的、人们事先不知道的、但又是潜在有用的信息和知识的过程。这个定义包括好几层含义：数据源必须是真实的、大量的、含噪声的；发现的是用户感兴趣的知识；发现的知识要可接受、可理解、可运用；并不要求发现放之四海皆准的知识，仅支持特定的发现问题。与数据挖掘相近的名词有数据融合、人工智能、商务智能、模式识别、机器学习、知识发现、数据分析和决策支持等。

何为知识？从广义上理解，数据、信息也是知识的表现形式，但是人们一般把概念、规则、模式、规律和约束等看作知识。人们把数据看作是形成知识的源泉，好像从矿石中采矿或淘金一样。原始数据可以是结构化的，如关系数据库中的数据；也可以是半结构化的，如文本、图形和图像数据；甚至是分布在网络上的异构型数据。发现知识的方法可以是数学的，也可以是非数学的；可以是演绎的，也可以是归纳的。发现的知识可以被用于信息管理、查询优化、决策支持和过程控制等，还可以用于数据自身的维护。因此，数据挖掘是一门交叉学科，它把人们对数据的应用从低层次的简单查询，提升到从数据中挖掘知识、提供决策支持。在这种需求的牵引下，汇聚了不同领域的研究者，尤其是数据库技术、人工智能技术、数理统计、可视化技术、并行计算等方面的学者和工程技术人员，投身到数据挖掘这一新兴的研究领域，形成新的技术热点。

这里所说的知识发现，不是要求发现放之四海而皆准的真理，也不是要去发现崭新的自然科学定理和纯数学公式，更不是什么机器定理证明。实际上，所有发现的知识都是相对的，是有特定前提和约束条件的，是面向特定领域的，同时还要能够易于被用户理解。最好能用自然语言表达所发现的结果。

（2）商业上的定义

数据挖掘是一种新的商业信息处理技术，其主要特点是对商业数据库中的大量业务数据进行抽取、转换、分析和其他模型化处理，从中提取辅助商业决策的关键性数据。

简而言之，数据挖掘其实是一类深层次的数据分析方法。数据分析本身已经有很多年的历史，只不过在过去数据收集和分析的目的是用于科学研究，另外，由于当时计算能力的限制，对大数据量进行分析的复杂数据分析方法受到很大限制。现在，由于各行业业务实现了自动化，商业领域产生了大量的业务数据，这些数据不再是为了分析的目的而收集的，而是由于纯粹的商业运作而产生。分析这些数据也不再是单纯为了研究的需要，更主要是为商业决策提供真正有价值的信息，进而获得利润。但所有企业面临的一个共同问题是：企业数据量非常大，而其中真正有价值的信息却很少，因此从大量的数据中经过深层分析，获得有利于商业运作、提高竞争力的信息，就像从矿石中淘金一样，数据挖掘也因此而得名。

因此，数据挖掘可以描述为：按企业既定业务目标，对大量的企业数据进行探索和分析，揭示隐藏的、未知的或验证已知的规律性，并进一步将其模型化的先进有效的方法。

3. 数据挖掘的常用方法

利用数据挖掘进行数据分析常用的方法主要有分类、回归分析、聚类、关联规则、特征、变化和偏差分析、Web页挖掘等，它们分别从不同的角度对数据进行挖掘。

（1）分类

分类是找出数据库中一组数据对象的共同特点并按照分类模式将其划分为不同的类，其目的是通过分类模型，将数据库中的数据项映射到某个给定的类别。它可以应用到客户的分类、客户的属性和特征分析、客户满意度分析、客户的购买趋势预测等，如一个汽车零售商将客户按照对汽车的喜好划分成不同的类，这样营销人员就可以将新型汽车的广告手册直接邮寄到有这种喜好的客户手中，从而大大增加了商业机会。常用的分类方法为决策树的剪枝分类法。

（2）回归分析

回归分析方法反映的是事务数据库中属性值在时间上的特征，产生一个将数据项映射到一个实值预测变量的函数，发现变量或属性间的依赖关系，其主要研究问题包括数据序列的趋势特征、数据序列的预测以及数据间的相关关系等。它可以应用到市场营销的各个方面，如客户寻求与保持、预防客户流失活动、产品生命周期分析、销售趋势预测及有针对性的促销活动等。常用的回归分析方法为逻辑回归分析、时间序列分析等。

(3) 聚类

聚类分析是把一组数据按照相似性和差异性分为几个类别，其目的是使属于同一类别的数据间的相似性尽可能大，不同类别中数据间的相似性尽可能小。它可以应用到客户群体的分类、客户背景分析、客户购买趋势预测、市场的细分等。常用的聚类方法有层次聚类分析、划分聚类分析、以密度为基础的聚类分析、以模式为基础的聚类分析。

(4) 关联规则

关联规则是描述数据库中数据项之间所存在的关系的规则，即根据一个事务中某些项的出现可导出另一些项在同一事务中也出现，即隐藏在数据间的关联或相互关系。在客户关系管理中，通过对企业的客户数据库里的大量数据进行挖掘，可以从大量的记录中发现关联关系，找出影响市场营销效果的关键因素，为产品定位、定价与定制客户群，客户寻求、细分与保持，市场营销与推销，营销风险评估和诈骗预测等决策支持提供参考依据。常用的关联规则方法有多维度关联规则、多阶层关联规则等。

(5) 特征分析

特征分析是从数据库中的一组数据中提取出关于这些数据的特征式，这些特征式表达了该数据集的总体特征。如营销人员通过对客户流失因素的特征提取，可以得到导致客户流失的一系列原因和主要特征，利用这些特征可以有效地预防客户的流失。

(6) 变化和偏差分析

偏差包括很大一类潜在有趣的知识，如分类中的反常实例、模式的例外、观察结果对期望的偏差等，其目的是寻找观察结果与参照量之间有意义的差别。在企业危机管理及其预警中，管理者更感兴趣的是那些意外规则。意外规则的挖掘可以应用到各种异常信息的发现、分析、识别、评价和预警等方面。

(7) Web 页挖掘

随着 Internet 的迅速发展及 Web 的全球普及，Web 上的信息量无比丰富，通过对 Web 的挖掘，可以利用 Web 的海量数据进行分析，收集政治、经济、政策、科技、金融、各种市场、竞争对手、供求关系、客户等有关的信息，集中精力分析和处理那些对企业有重大或潜在重大影响的外部环境信息和内部经营信息，并根据分析结果找出企业管理过程中出现的各种问题和可能引起危机的先兆，对这些信息进行分析和处理，以便识别、分析、评价和管理危机。

4. 数据挖掘的功能

数据挖掘通过预测未来趋势及行为，做出前摄的、基于知识的决策。数据挖掘的目标是从数据库中发现隐含的、有意义的知识，主要有以下 5 类功能。

(1) 自动预测趋势和行为

数据挖掘自动在大型数据库中寻找预测性信息，以往需要进行大量手工分析的问题如今可以迅速直接由数据本身得出结论。一个典型的例子是市场预测问题，数据挖掘使用过去有关促销的数据来寻找未来投资中回报最大的用户，其他可预测的问题包括预报破产以及认定对指定事件最可能做出反应的群体。

(2) 关联分析

数据关联是数据库中存在的一类重要的可被发现的知识。若两个或多个变量的取值之间存在某种规律性，就称为关联。关联可分为简单关联、时序关联、因果关联。关联分析的目的是找出数据库中隐藏的关联网。有时并不知道数据库中数据的关联函数，即使知道也是不确定的，因此关联分析生成的规则带有可信度。

（3）聚类

数据库中的记录可被划分为一系列有意义的子集，即聚类。聚类增强了人们对客观现实的认识，是概念描述和偏差分析的先决条件。聚类技术主要包括传统的模式识别方法和数学分类学。20世纪80年代初，Mchalski提出了概念聚类技术及其要点是，在划分对象时不仅考虑对象之间的距离，还要求划分出的类具有某种内涵描述，从而避免了传统技术的某些片面性。

（4）概念描述

概念描述就是对某类对象的内涵进行描述，并概括这类对象的有关特征。概念描述分为特征性描述和区别性描述，前者描述某类对象的共同特征，后者描述不同类对象之间的区别。生成一个类的特征性描述只涉及该类对象中所有对象的共性。生成区别性描述的方法很多，如决策树方法、遗传算法等。

（5）偏差检测

数据库中的数据常有一些异常记录，从数据库中检测这些偏差很有意义。偏差包括很多潜在的知识，如分类中的反常实例、不满足规则的特例、观测结果与模型预测值的偏差、量值随时间的变化等。偏差检测的基本方法是，寻找观测结果与参照值之间有意义的差别。

1.4 大数据可视化

数据可视化是关于数据之视觉表现形式的研究；其中，这种数据的视觉表现形式被定义为一种以某种概要形式提取出来的信息，包括相应信息单位的各种属性和变量。本节将对数据可视化的概念、数据可视化方法、数据可视化分类等方面做简要介绍。

1.4.1 什么是数据可视化

数据可视化旨在借助于图形化手段，清晰有效地传达与沟通信息。但是这不意味着，数据可视化就一定因为要实现其功能用途而令人感到枯燥乏味，或者是为了看上去绚丽多彩而显得极端复杂。为了有效地传达思想，美学形式与功能需要齐头并进，通过直观地传达关键的方面与特征，从而实现对于相当稀疏而又复杂的数据集的深入洞察。然而，设计人员往往并不能很好地把握设计与功能之间的平衡，从而创造出华而不实的数据可视化形式，无法达到其主要目的，也就是传达与沟通信息。

数据可视化与信息图形、信息可视化、科学可视化以及统计图形密切相关。当前，在研究、教学和开发领域，数据可视化乃是一个极为活跃而又关键的方面。"数据可视化"这条术语实现了成熟的科学可视化领域与较年轻的信息可视化领域的统一。

1.4.2 数据可视化的工具与方法

1. 常见的数据可视化工具

（1）Google Charts

谷歌的产品在数据行业是众所周知的，谷歌图表也是一个容易上手的工具，特别是对于初次使用的用户。

【例1-1】Google Charts实例。

在Google Charts中输入如下代码：

```
Sub 'LoadGoogleChartData'
&GoogleChartData.Categories.Add("2005")
&GoogleChartData.Categories.Add("2006")
&GoogleChartData.Categories.Add("2007")
&GoogleChartData.Categories.Add("2008")
&GoogleChartSeries = new()
&GoogleChartSeries.Name = "Sales"
&GoogleChartSeries.Values.Add(3045)
&GoogleChartSeries.Values.Add(4246)
&GoogleChartSeries.Values.Add(6537)
&GoogleChartSeries.Values.Add(2537)
&GoogleChartData.Series.Add(&GoogleChartSeries)
&GoogleChartSeries = new()
&GoogleChartSeries.Name = "Expenses"
&GoogleChartSeries.Values.Add(2045)
&GoogleChartSeries.Values.Add(3246)
&GoogleChartSeries.Values.Add(4537)
&GoogleChartSeries.Values.Add(5537)
&GoogleChartData.Series.Add(&GoogleChartSeries)
EndSub
Event Start
do 'LoadGoogleChartData'
EndEvent
```

运行以上程序代码后，得到如图 1-3 所示的图形。

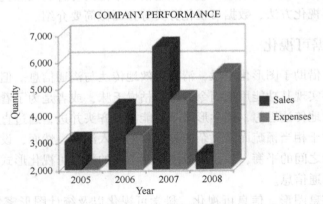

图 1-3　Geochat 生成的图形报表

（2）Datawrapper

这是一个在线工具，只要在线上传资料和数据，选择需要的可视化形式，它便可以帮助你创建交互式数据可视化。图 1-4 为使用 Datawrapper 生成的可视化图表。

（3）RAW

RAW 的好处包括它拥有大量现成的类型，使用户可以清晰、便捷地展现信息。整个使用过程相当简单：从一个电子表格或 Web 页面中复制数据，然后选择数据可视化类型，最后拖动所要分析的数据到预先定义的分析类别中即可完成数据可视化。该平台是开源的，所以可以提供自定义布局，或者使用其他的设计，图 1-5 为 Raw 形成的数据可视化。

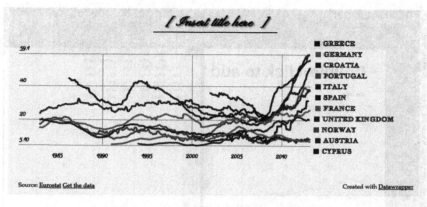

图 1-4　Datawrapper 生成的数据可视化

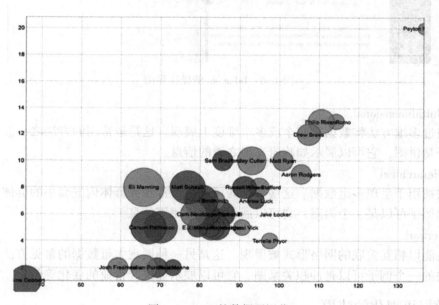

图 1-5　Raw 的数据可视化

（4）Infogram

Infogram 是另一款适合新手的工具。它可以链接可视化信息图表与实时大数据。即使要在浩如星海的图表、地图、视频等可视化模板中选择想要的一款，也只需几个简单步骤便可实现。图 1-6 为 Infogram 的操作界面。

2. 常见的数据可视化方法

（1）2Darea

这种方法使用地理空间数据可视化技术，往往与事件在某块特定区域的位置相关。2Darea 数据可视化的一个例子包括点分布图，该图可以显示某个区域中的犯罪等信息。

（2）Temporal

时间可视化是以线性方式展现数据。时间数据可视化的关键是有一个开始和一个结束的时间点。时间可视化的例子可以是一个连接的散点图，它可以展现诸如某一区域的温度等信息。

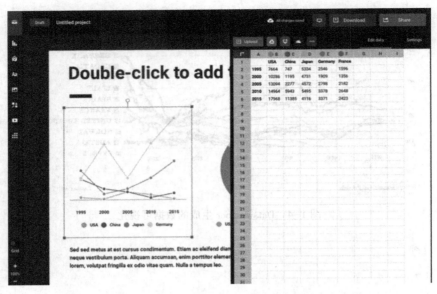

图1-6 Infogram 的操作界面

（3）Multidimensional

可以通过多维方法将数据在两个或多个维度上展现。这是最常用的方法之一。多维可视化的一个例子是饼图，它可以展示如政府支出之类的信息。

（4）Hierarchical

层次法被用于呈现多组数据。这些数据的可视化通常在大群体内嵌套小的群体。层次化数据可视化的例子可以是一个树图，它可以展示语言组团等信息。

（5）Network

数据也能以相互关联的网络形式被展现。这是另一种展现大量数据的常见方法。网络数据可视化方法的一个例子可以是冲积关系图，它可以展示如医疗行业的变化等信息。

1.4.3 数据可视化的建模

可视化建模（Visual Modeling）是利用围绕现实想法组织模型的一种思考问题的方法。模型对于了解问题、与项目相关的每个人（如客户、行业专家、分析师、设计者等）沟通、模仿企业流程、准备文档、设计程序和数据库来说都是有用的。建模促进了对需求的更好的理解、更清晰的设计、更加容易维护的系统。可视化建模就是以图形的方式描述所开发的系统的过程。可视化建模允许你提出一个复杂问题的必要细节，并过滤不必要的细节。它也提供了一种从不同的视角观察被开发系统的机制。

1.4.4 数据可视化分类

数据可视化分为：科学可视化、信息可视化、可视分析学这三个主要分支。

（1）科学可视化（Science Visualization）

面向的领域主要是自然科学，如物理、化学、气象气候、航空航天、医学、生物学等各个学科，这些学科需要对数据和模型进行解释、操作与处理，旨在寻找其中的模式、特点、关系以及异常情况。

（2）信息可视化（Information Visualization）

信息可视化处理的对象是抽象的、非结构化数据集（如文本、图表、层次结构、地图、软件、复杂系统等）。与科学可视化相比，信息可视化更关注抽象、高维数据。此类数据通常不具有空间中位置的属性，因此要根据特定数据分析的需求，决定数据元素在空间中的布局。因为信息可视化的方法与所针对的数据类型紧密相关，所以通常按数据类型分为如下几类。

- 时空数据可视分析。
- 层次与网络结构数据可视化。
- 文本和跨媒体数据可视化。
- 多变量数据可视化。

（3）可视分析学（Visual Analytics）

可视分析学，被定义为一门以可视交互界面为基础的分析推理科学；综合了图形学、数据挖掘和人机交互等技术，以可视交互界面为通道，将人的感知和认知能力以可视的方式融入数据处理过程，形成人脑智能和机器智能优势互补与相互提升，建立螺旋式信息交流与知识提炼途径，完成有效的分析推理和决策；包含数据分析、交互、可视化。

1.5 大数据相关工具

继云计算技术之后大数据时代快速来临，大数据充满世界的每个角落，发展势头盖过任何一门技术。以 Hadoop 大数据平台、Python 和 R 语言等为首的相关工具掀起一场狂潮。

1.5.1 Hadoop

Hadoop 是一个由 Apache 基金会所开发的分布式系统基础架构。用户可以在不了解分布式底层细节的情况下，开发分布式程序，充分利用集群的威力进行高速运算和存储。Hadoop 实现了一个分布式文件系统（Hadoop Distributed File System），简称 HDFS。HDFS 有高容错性的特点，并且设计用来部署在低廉的硬件上；而且它提供高吞吐量来访问应用程序的数据，适合那些有着超大数据集的应用程序。HDFS 放宽了 POSIX 的要求，可以以流的形式访问文件系统中的数据。Hadoop 的框架最核心的设计就是：HDFS 和 MapReduce。HDFS 为海量的数据提供了存储，MapReduce 则为海量的数据提供了计算框架。图 1-7 为 Hadoop 图标。

图 1-7 Hadoop 图标

Hadoop 在大数据处理中的广泛应用得益于其自身在数据提取、变形和加载（ETL）方面上的天然优势。Hadoop 的分布式架构，将大数据处理引擎尽可能地靠近存储，对例如像 ETL 这样的批处理操作相对合适，因为类似这样操作的批处理结果可以直接走向存储。Hadoop 的 MapReduce 功能实现了将单个任务打碎，并将碎片任务（Map）发送到多个节点上，之后再以单个数据集的形式加载（Reduce）到数据仓库里。

Hadoop 由许多元素构成。其最底部是 HDFS，它存储 Hadoop 集群中所有存储节点上的文件。HDFS 的上一层是 MapReduce 引擎，该引擎由 JobTrackers 和 TaskTrackers 组成。Hadoop 分布式计算平台的核心技术包括分布式文件系统 HDFS、MapReduce 处理过程，以及数据仓库工具 Hive 和分布式数据库 Hbase。

【例 1-2】 在 **Hadoop** 编辑器中输入下列代码。

```
public class HelloHadoop{
        public static void main(String[ ] args){
                System.out.printIn("Hello Hadoop");
        }
}
```

执行程序后可得到下列结果：

HelloHadoop

1.5.2 R 语言

R 语言诞生于 1980 年左右，是统计领域广泛使用的 S 语言的一个分支。可以认为，R 语言是 S 语言的一种实现。而 S 语言是由 AT&T 贝尔实验室开发的一种用来进行数据探索、统计分析和作图的解释型语言。最初 S 语言的实现版本主要是 S-Plus。S-Plus 是一个商业软件，它基于 S 语言，并由 MathSoft 公司的统计科学部进一步完善。后来新西兰奥克兰大学的 RobertGentleman 和 Ross Ihaka 及其他志愿人员开发了一个 R 系统，由 "R 开发核心团队" 负责开发。R 可以看作贝尔实验室（AT&T BellLaboratories）的 RickBecker, JohnChambers 和 AllanWilks 开发的 S 语言的一种实现。当然，S 语言也是 S-Plus 的基础。所以，两者在程序语法上可以说几乎是一样的，可能只是在函数方面有细微差别，程序十分容易地就能被移植到程序中，而很多的程序只要稍加修改也能运用于 R。图 1-8 为 R 语言图标。

R 是一套由数据操作、计算和图形展示功能整合而成的套件，包括有效的数据存储和处理功能，一套完整的数组计算操作符；完整体系的数据分析工具，为数据分析和显示提供的强大图形功能；一套完善、简单、有效的编程语言（包括条件、循环、自定义函数、输入输出功能）。在这里使用"环境"是为了说明 R 的定位是一个完善、统一的系统，而非其他数据分析软件那样作为一个专门、不灵活的附属工具。

图 1-8　R 语言图标

与其说 R 是一种统计软件，还不如说 R 是一种数学计算的环境，因为 R 并不是仅仅提供若干统计程序、使用者只需指定数据库和若干参数便可进行统计分析。R 的思想是：它可以提供一些集成的统计工具，但更大量的是它提供各种数学计算、统计计算的函数，从而使使用者能灵活机动地进行数据分析，甚至创造出符合需要的新的统计计算方法。

该语言的语法表面上类似 C，但在语义上是函数设计语言（Functional Programming Language）的变种，并且和 Lisp 以及 APL 有很强的兼容性。特别的是，它允许在"语言上计算"。这使得它可以把表达式作为函数的输入参数，而这种做法对统计模拟和绘图非常有用。

R 是一个免费的自由软件，它有 UNIX、Linux、MacOS 和 Windows 版本，都是可以免费下载和使用的。在 https：//jingyan.baidu.com/article/647f0115d11aab7f20489875.html 可以下载到 R 的安装程序。在 R 的安装程序中只包含了 8 个基础模块，其他外在模块可以通过 CRAN

18

获得。

R 的功能能够通过由用户撰写的套件增强。增加的功能有特殊的统计技术、绘图功能，以及编程界面和数据输出/输入功能。这些软件包是由 R 语言、LaTeX、Java 及 C 语言和 Fortran 撰写。下载的执行档版本会附加一批核心功能的软件包，而根据 CRAN 纪录有过千种不同的软件包。其中有几款较为常用，如用于经济计量、财经分析、人文科学研究以及人工智能。

【例 1-3】在 R 语言编辑器中的提示符后输入下列代码，然后按下回车即可看到结果。

```
> print ("Hello,World") #输入命令后需按下回车
[1] "Hello, World"
```

或输入下列指令，可得到结果：

```
> x <- c (1,1,2,3,5,8,13,21,34,55)
> mean (x)
[1] 14.3
```

1.5.3 Python 语言

Python 是一种广泛使用的高级编程语言，属于通用型编程语言，由吉多·范罗苏姆创造，第一版发布于 1991 年，可以视之为一种改良（加入一些其他编程语言的优点，如面向对象）的 LISP（表处理语言）。作为一种解释型语言，Python 的设计哲学强调代码的可读性和简洁的语法（尤其是使用空格缩进划分代码块，而非使用大括号或者关键词）。相比于 C++或 Java，Python 让开发者能够用更少的代码表达想法。不管是小型还是大型程序，该语言都试图让程序的结构清晰明了。与 Scheme、Ruby、Perl、Tcl 等动态类型编程语言一样，Python 拥有动态类型系统和垃圾回收功能，能够自动管理内存使用，并且支持多种编程范式，包括面向对象、命令式、函数式和过程式编程。其本身拥有一个巨大而广泛的标准库。图 1-9 为 Python 图标。

Python 解释器本身几乎可以在所有的操作系统中运行。Python 的正式解释器 CPython 是用 C 语言编写的、由社群驱动的自由软件，目前由 Python 软件基金会管理。

Python 是完全面向对象的语言（函数、模块、数字、字符串都是对象），并且完全支持继承、重载、派生、多重继承，有益于增强源代码的复用性。Python 支持重载运算符，因此 Python 也支持泛型设计。相对于 LISP 这种传统的函数式编程语言，Python 对函数式设计只提供了有限的支持。有两个标准库提供了与 Haskell 和 Standard ML 中类似的函数式程序设计工具。虽然 Python 可能被粗略地分类为"脚本语言"，但实际上一些大规模软件开发项目（如 Zope、Mnet、BitTorrent、Google）也广泛地使用它。

图 1-9　Python 图标

Python 本身被设计为可扩充的。并非所有的特性和功能都集成到语言核心。Python 提供了丰富的 API 和工具，以便程序员能够轻松地使用 C、C++、Cython 来编写扩充模块。Python 编译器本身也可以被集成到其他需要脚本语言的程序内。Python 的设计哲学是优雅、明确、简单。Python 开发者的哲学是"用一种方法，最好是只有一种方法来做一件事"，也因此它和拥有明显个人风格的其他语言很不一样。在设计 Python 语言时，如果面临多种选择，Python 开发者一般会拒绝华而不实的语法，而选择明确没有或者很少有歧义的语法。这些准则被称为"Python 格言"。在 Python 解释器内运行"import this"可以获得完整的列表。

【例1-4】在 Python 编辑器内输入以下代码并得到结果。

>>> print("I Love Python")
I Love Python

1.5.4　RapidMiner

RapidMiner 是世界领先的数据挖掘解决方案，RapidMiner 具有丰富的数据挖掘分析和算法功能，常用于解决各种商业关键问题，如营销响应率、客户细分、客户忠诚度及终身价值、资产维护、资源规划、预测性维修、质量管理、社交媒体监测和情感分析等典型商业案例。其解决方案覆盖了各个领域，包括汽车、银行、保险、生命科学、制造业、石油和天然气、零售业及快消行业、通信业、公用事业等各个行业。图 1-10 为 RapidMiner 图标。

图 1-10　RapidMiner 图标

1.5.5　Tableau

Tableau 致力于帮助人们查看并理解数据。Tableau 帮助用户快速分析、可视化并分享信息。超过 42,000 家客户通过使用 Tableau 在办公室或随时随地快速获得结果。数以万计的用户使用 Tableau Public 在博客与网站中分享数据。Tableau 公司将数据运算与美观的图表完美地嫁接在一起。它的程序很容易上手，各公司可以用它将大量数据拖放到数字"画布"上，转眼间就能创建好各种图表。这一软件的理念是，界面上的数据越容易操控，公司对自己所在业务领域里的所作所为到底是正确还是错误就能了解得越透彻。图 1-11 为 Tableau 图标。

图 1-11　Tableau 图标

1.6　大数据时代的新机遇

互联网高端技术的创新与发展给人类社会带来了巨大的变化。今后数十年全球将步入大数据新时代，面对一个新时代的来临，我们该如何发现新机遇、迎接新挑战呢？

1.6.1　数据价值

众所周知，企业数据本身就蕴藏着价值，但是将有用的数据与没有价值的数据进行区分可能是一个棘手的问题。显然，企业所掌握的人员情况、工资表和客户记录对于企业的运转至关重要，但是其他数据也拥有转化为价值的力量。一段记录着人们如何在商店浏览购物的视频、人们在购买服务前后的所作所为、如何通过社交网络联系客户、是什么吸引合作伙伴加盟、客户如何付款以及供应商喜欢的收款方式，所有这些场景都提供了很多指向，将它们抽丝剥茧，透过特殊的棱镜观察，将其与其他数据集对照，或者以与众不同的方式分析解剖，就能让企业管理者的行事方式发生天翻地覆的转变。

企业需要向创造和取得数据方面的投入索取回报。近年来产生的数据在数量上持续膨胀；音频、视频和图像等媒体需要新的方法来发现；电子邮件、IM、Tweet和社交网络等合作和交流系统以非结构化文本的形式保存数据，必须用一种智能的方式来解读。但是应该将这种复杂性看成是一种机会而不是问题。处理方法正确时，产生的数据越多，结果就会越成熟可靠。数据的价值在于将正确的信息在正确的时间交付到正确的人手中。未来将属于那些能够驾驭所拥有数据的公司，这些数据与公司自身的业务和客户相关，通过对数据的利用，发现新的洞见，帮助他们找出竞争优势。

1.6.2 应用价值

大数据技术可运用到各行各业。宏观经济方面，IBM日本公司建立经济指标预测系统，从互联网新闻中搜索影响制造业的480项经济数据，计算采购经理人指数的预测值。印第安纳大学利用谷歌公司提供的心情分析工具，从近千万条网民留言中归纳出6种心情，进而对道琼斯工业指数的变化进行预测，准确率达到87%。制造业方面，华尔街对冲基金依据购物网站的顾客评论，分析企业产品销售状况；一些企业利用大数据分析实现对采购和合理库存量的管理，通过分析网上数据了解客户需求、掌握市场动向。

在农业领域，硅谷某气候公司从美国气象局等数据库中获得几十年的天气数据，将各地降雨、气温、土壤状况与历年农作物产量的相关度做成精密图表，预测农场来年产量，向农户出售个性化保险。在商业领域，沃尔玛公司通过分析销售数据，了解顾客购物习惯，得出适合搭配在一起出售的商品，还可从中细分顾客群体，提供个性化服务。在金融领域，华尔街"德温特资本市场"公司分析3.4亿社交账户留言，判断民众情绪，依据人们高兴时买股票、焦虑时抛售股票的规律，决定公司股票的买入或卖出。阿里公司根据在淘宝网上中小企业的交易状况筛选出财务健康和讲究诚信的企业，对他们发放无需担保的贷款。

在医疗保健领域，"谷歌流感趋势"项目依据网民搜索内容分析全球范围内流感等病疫的传播状况，与美国疾病控制和预防中心提供的报告对比，追踪疾病的精确率达到97%。社交网络为许多慢性病患者提供临床症状交流和诊治经验分享平台，医生借此可获得通常在医院得不到的临床效果统计数据。基于对人体基因的大数据分析，可以实现对症下药的个性化治疗。在社会安全管理领域，通过对手机数据的挖掘，可以分析实时动态的流动人口来源、实时交通客流信息及拥堵情况；利用短信、微博、微信和搜索引擎，可以收集热点事件，挖掘舆情，还可以追踪造谣信息的源头。美国麻省理工学院通过对十多万人手机的通话、短信和空间位置等信息进行处理，提取人们行为的时空规律性，进行犯罪预测。在科学研究领域，基于密集数据分析的科学发现成为继实验科学、理论科学和计算科学之后的第四个范例，基于大数据分析的材料基因组学和合成生物学等正在兴起。

1.6.3 发展前景

大数据技术的运用前景是十分光明的。当前，我国工业化、信息化、城镇化、农业现代化任务很重，建设下一代信息基础设施，发展现代信息技术产业体系，健全信息安全保障体系，推进信息网络技术广泛运用，是实现四化同步发展的保证。大数据分析对我们深刻领会世情和国情，把握规律，实现科学发展，做出科学决策具有重要意义，我们必须重新认识数据的重要价值。

为了开发大数据这一金矿，我们要做的工作还很多。首先，大数据分析需要有大数据的技术与产品支持。发达国家一些信息技术（IT）企业已提前发力，通过加大开发力度和兼并等多种手段，努力向成为大数据解决方案提供商转型。国外一些企业打出免费承接大数据分析的招牌，既是为了练兵，也是为了获取情报。过分依赖国外的大数据分析技术与平台，难以回避信息泄密风险。有些日常生活信息看似无关紧要，其实从中也可摸到国家经济和社会脉搏。因此，我们需要有自主可控的大数据技术与产品。

大数据时代呼唤创新型人才。据 Gartner 预测，到 2019 年，全球将新增 440 万个与大数据相关的工作岗位，且会有 25% 的组织设立首席数据官职位。2018 年 2 月，清华大学计算机系吴永薇教授透露在未来 3～5 年内，中国需要的大数据人才达 180 万人，但目前国内大数据人才仅有约 30 万人。由此可见，能理解与应用大数据的创新人才是当今社会的稀缺资源。

1.7 本章小结

本章介绍了大数据兴起的时代背景，阐述了大数据的结构与特征，解释了何为大数据可视化技术并给出了相关工具的数据可视化界面，使读者对每种工具有一个大致的了解，最后分三点说明了当前大数据时代的新机遇。本章还重点介绍了大数据的相关概念，包括大数据的关键技术、数据类型与数据管理、数据仓库与数据挖掘的相关概念。同时介绍了大数据相关的工具，以便于读者后续章节的理解。

1.8 习题

1. 大数据的结构分为哪几种？每种结构的数据来源有哪些？
2. 大数据的特征有哪些？
3. 数据管理经历了哪几个阶段？
4. 数据挖掘的常用方法有哪些？

第 2 章　大数据处理架构 Hadoop

信息数据已经渗透到人们生活中的点点滴滴，是各行各业中极为重要的一部分。但随着数据量的日益庞大，人们需要在海量数据中挖掘出有效信息并利用，因而出现了诸多相关框架，其中 Hadoop 架构是最成功也是最重要的。

本章通过对 Hadoop 的基础知识、Hadoop 发展史、Hadoop 体系结构等方面的简单介绍，让读者对 Hadoop 有一个简单的认识。

2.1　Hadoop 简介

中国进入大数据风起云涌的时代，而以 Hadoop 为代表的一系列软件占据大数据处理的地盘。Hadoop 也从小众领域，变成了大数据开发的标准之一，甚至在 Hadoop 原有技术基础之上，出现了 Hadoop 家族产品。Hadoop 在大数据技术体系中的地位至关重要，可以说 Hadoop 是大数据技术的基础，要想在大数据技术道路上越走越远，必须扎实掌握 Hadoop 基础知识。

Hadoop 是一个由 Apache 基金会所开发的分布式系统基础架构。用户可以在不了解分布式底层细节的情况下，开发分布式程序，能够十分便利地利用集群的强大能力进行程序运算，解决高可用问题。

Hadoop 框架最核心的设计就是：HDFS 和 MapReduce。Hadoop 实现了一个分布式文件系统（Hadoop Distributed File System，HDFS）。HDFS 有高容错性特点，并且设计用来部署在低廉的硬件上。它为海量的数据提供了存储，而 MapReduce 为海量的数据提供了计算。

2.2　Hadoop 发展史及特点

1. Hadoop 的发展历程

关于 Hadoop 的起源，就不得不提到 Google 公司。Google 在自身多年的搜索引擎业务中构建了突破性的 GFS，从此文件系统进入分布式时代。而 Hadoop 来源于一款名为 Google MapReduce 的编程模型包。MapReduce 框架可以把一个应用程序分解为许多并行计算指令，大量的计算节点运行非常巨大的数据集，一个典型例子就是在网络数据上运行的搜索算法。

在 2002—2004 年间，Google 以三大论文的发布向世界推送了其云计算的核心组成部分 GFS、MapReduce 以及 BigTable。Google 虽然没有将其核心技术开源，但是这三篇论文已经向开源社区的开发者们指明了方向。

Doug Cutting 使用 Java 语言对 Google 的云计算核心技术做了开源的实现。后来，Apache 基金会整合 Doug Cutting 以及其他 IT 公司（如 Facebook 等）的贡献成果，开发并推出了 Hadoop 生态系统。Hadoop 是一个搭建在廉价 PC 上的分布式集群系统架构，它具有高可用性、高容错性和高可扩展性等优点。由于它提供了一个开放式的平台，用户可以在完全不了解底层实现细节的情形下，开发适合自身应用的分布式程序。

2004 年 12 月，Google 发表了 MapReduce 论文，MapReduce 允许跨服务器集群，运行超大

规模并行计算。Doug Cutting 意识到可以用 MapReduce 来解决 Lucene 的扩展问题。Doug Cutting 根据 GFS 和 MapReduce 的思想创建了开源 Hadoop 框架。2006 年 1 月，Doug Cutting 加入 Yahoo，领导 Hadoop 的开发。

2. Hadoop 的特点

Hadoop 是一个能够让用户轻松架构和使用的分布式计算平台。用户可以轻松地在 Hadoop 上开发和运行处理海量数据的应用程序。它主要有以下几个优点。

1）高可靠性。Hadoop 按位存储和处理数据的能力值得人们信赖。它假设计算元素和存储会失败，因此它维护多个工作数据副本，确保能够针对失败的节点重新分布处理。

2）高扩展性。Hadoop 是在可用的计算机集簇间分配数据并完成计算任务的，这些集簇可以方便地扩展到数以千计的节点中。

3）高效性。Hadoop 以并行的方式工作，能够在节点之间动态地移动数据，并保证各个节点的动态平衡，因此处理速度非常快。

4）高容错性。Hadoop 能够自动保存数据的多个副本，并且能够自动将失败的任务重新分配。

5）低成本。与一体机、商用数据仓库以及 QlikView、Yonghong Z-Suite 等数据集市相比，Hadoop 是开源的，依赖于社区服务，项目的软件成本因此会大大降低，任何人都可以使用。

Hadoop 带有用 Java 语言编写的框架，也可以使用其他语言编写。

2.3 Hadoop 体系结构

Hadoop 体系结构包括许多内容，最底层的是 HDFS，它存储 Hadoop 集群中所有存储节点上的文件。HDFS 的上一层是 MapReduce 引擎，由 JobTrackers 和 TaskTrackers 组成。除此之外，Hadoop 体系结构还包括数据仓库 Hive、数据流处理 Pig、数据挖掘库 Mahout 和实时分布式数据库 Hbase 等，但最根本的、最重要的还是 HDFS 和 MapReduce。Hadoop 体系结构如图 2-1 所示。

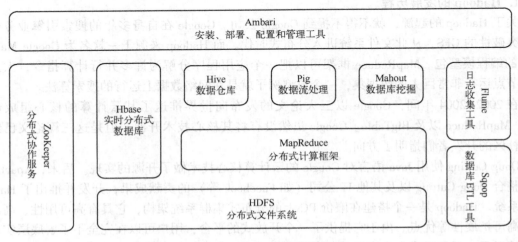

图 2-1 Hadoop 体系结构

2.3.1 HDFS 体系结构

HDFS 对外部客户机而言，就像一个传统的分级文件系统，可以创建、删除、移动或重命名文件等。但是 HDFS 的架构是基于一组特定的节点构建的，这是由它自身的特点决定的。HDFS 是一个主/从（Mater/Slave）体系结构，其中有两类节点，一类是元数据节点 NameNode，另一类是数据节点 DataNode。两类节点分别承担 Master 和 Worker 具体任务的执行节点。体系中只有一个 NameNode，它在 HDFS 内部提供元数据服务；体系中有多个 DataNode，它为 HDFS 提供存储块。由于分布式存储的性质，客户端联系 NameNode 以获取文件的元数据，而真正的文件 I/O 操作是直接和 DataNode 进行交互的。但由于 NameNode 只有一个，如果 NameNode 出现问题，则 Hadoop 无法正常使用，这是 HDFS 的一个缺点。

（1）NameNode（名称节点）——管理文件系统的命名空间

NameNode 是一个通常在 HDFS 实例中的单独机器上运行的软件，它负责管理文件系统名称空间和控制外部客户机的访问。NameNode 决定是否将文件映射到 DataNode 的复制块上。有三个常见复制块，其中第一个和第二个复制块存储在同一机架的不同节点上，最后一个复制块存储在不同机架的某个节点上。

要注意经过 NameNode 的不是实际具体的 I/O 事务，而是表示 DataNode 和块的文件映射的元数据。当外部客户机发送请求要求创建文件时，NameNode 会以块标识和该块的第一个副本的 DataNode IP 地址作为响应。此 NameNode 还会通知其他将要接收该块副本的 DataNode。

（2）DataNode（数据节点）——文件系统中真正存储数据的地方

DataNode 也是一个通常在 HDFS 实例中的单独机器上运行的软件。DataNode 通常以机架的形式组织，机架通过一个交换机将所有系统连接起来。Hadoop 的一个假设是：机架内部节点之间的传输速度快于机架间节点的传输速度。

DataNode 响应来自 HDFS 客户机的读写请求。它们还响应来自 NameNode 的创建、删除和复制块的命令。DataNode 每 3s 向 NameNode 发送一个心跳（从节点的通信时间间隔）。每 10 次心跳后，向 NameNode 发送一条信息，每条消息都包含一个块报告，NameNode 可以根据这个报告验证块映射和其他文件系统元数据，确保每个数据块有足够的副本。如果 DataNode 不能发送心跳消息，NameNode 将采取修复措施，重新复制在该节点上丢失的块。过程如图 2-2～图 2-4 所示。

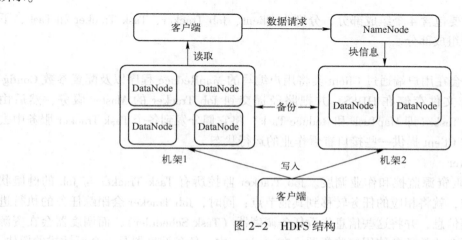

图 2-2 HDFS 结构

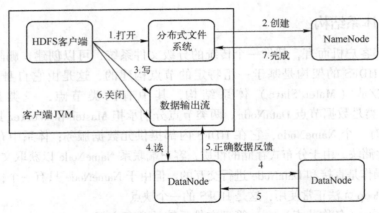

图 2-3 HDFS 写入数据的流程

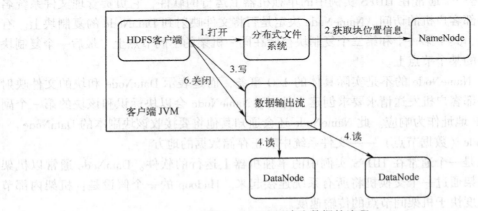

图 2-4 HDFS 读取数据的流程

存储在 HDFS 中的文件被分成块，然后将这些块复制到多个计算机中。这与传统的 RAID 架构大不相同。块的大小（通常为 64 MB）和复制的块数量在创建文件时由客户机决定。NameNode 可以控制所有文件操作。HDFS 内部的所有通信都基于标准的 TCP/IP。

2.3.2 MapReduce 体系结构

MapReduce 主要包含 4 个组成部分，分别为 Client、Job Tracker、Task Tracker 和 Task，下面详细介绍这 4 个组成部分。

（1）Client

每一个 Job 都会在用户端通过 Client 类将用户编写的 MapReduce 程序以及配置参数 Configuration 打包成 JAR 文件存储在 HDFS，并把路径提交到 Job Tracker 的 Master 服务，然后由 Master 创建每一个 Task（即 MapTask 和 Reduce Task）将它们分发到各个 Task Tracker 服务中去执行。用户可通过 Client 提供一些接口查看作业的运行状态。

（2）Job Tracker

Job Tracke 负责资源监控和作业调度。Job Tracker 监控所有 Task Tracker 与 Job 的健康状况，一旦发现失败，就将相应的任务转移到其他节点；同时，Job Tracker 会跟踪任务的执行进度、资源使用量等信息，并将这些信息告诉任务调度器（Task Scheduler），而调度器会在资源出现空闲时，选择合适的任务使用这些资源。在 Hadoop 中，任务调度器是一个可插拔的模块，用户可以根据自己的需要设计相应的调度器。

（3）Tas Tracker

Task Tracker 会周期性地通过 Heartbeat 将本节点上资源的使用情况和任务的运行进度汇报给 Job Tracker，同时接收 Job Tracker 发送过来的命令并执行相应的操作（如启动新任务、杀死任务等）。Task Tracker 使用"slot"等量划分本节点上的资源量。slot 代表计算资源（CPU、内存等）。一个 Task 获取到一个 slot 后才有机会运行，而 Hadoop 调度器的作用就是将各个 Task Tracker 上的空闲 slot 分配给 Task 使用。slot 分为 Map slot 和 Reduce slot 两种，分别供 Map Task 和 Reduce Task 使用。Task Tracker 通过 slot 数目限定 Task 的并发度。

（4）Task

Task 分为 Map Task 和 Reduce Task 两种，均由 Task Tracker 启动。HDFS 以固定大小的 block 为基本单位存储数据，而对于 MapReduce 而言，其处理单位是 split。split 是一个逻辑概念，它只包含一些元数据信息，比如数据起始位置、数据长度、数据所在节点等。它的划分方法完全由用户自己决定。需要注意的是，split 的多少决定了 Map Task 的数目，因为每个 split 只会交给一个 Map Task 处理。Map Task 执行过程如图 2-5 所示。

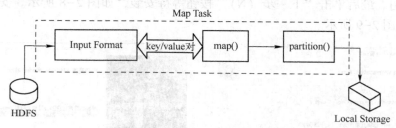

图 2-5　Map Task 执行过程

由图 2-5 可知，Map Task 先将对应的 split 迭代解析成一个个 key/value 对，依次调用用户自定义的 map() 函数进行处理，最终将临时结果存放到本地磁盘上，其中临时数据被分成若干个 partition，每个 partition 被一个 Reduce Task 处理。Reduce Task 执行过程如图 2-6 所示。

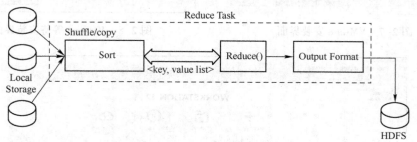

图 2-6　Reduce Task 执行过程

上述过程分为三个阶段。Shuffle 阶段：从远程节点上读取 Map Task 中间结果。Sort 阶段：按照 key 对 key/value 对进行排序。Reduce 阶段：依次读取< key, value list>，调用用户自定义的 reduce() 函数处理，并将最终结果存到 HDFS 上。

2.4　配置 Linux 环境

在大数据处理中，基于 Linux 在数据处理方面的优点，使用 Linux 来进行大数据处理效果较好。本节主要介绍关于 Linux 的基本操作，使用虚拟机来模拟使用 Linux，为大数据处理做准备。

> Linux 是一套免费使用和自由传播的类 UNIX 操作系统，是一个基于 POSIX 和 UNIX 的多用户、多任务、支持多线程及多 CPU 的操作系统。

2.4.1 安装 VMware12 虚拟机

首先在官网上下载 VMware Workstation 12，下载地址：https://my.vmware.com/cn/web/vmware。然后进行安装。安装过程中可以改变安装目录，也可以选择是否生成桌面快捷方式、是否固定到"开始"屏幕。之后输入产品永久密钥。双击打开安装程序，首先出现如图 2-7 所示界面。

单击"下一步（N）"按钮，读者可以自行修改安装目录文件。单击"下一步（N）"按钮后选择生成桌面快捷方式、固定到"开始屏幕"。再单击"下一步（N）"按钮，输入上述提供的永久密钥。最后单击"下一步（N）"按钮等待安装，如图 2-8 所示。安装完成，打开 VMware 界面如图 2-9 所示。

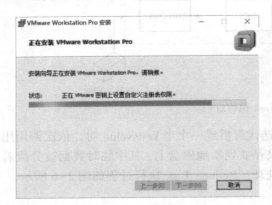
图 2-7　VMware 安装界面

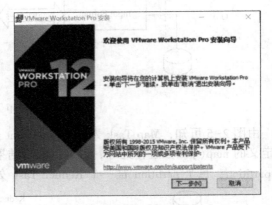
图 2-8　VMware 等待安装界面

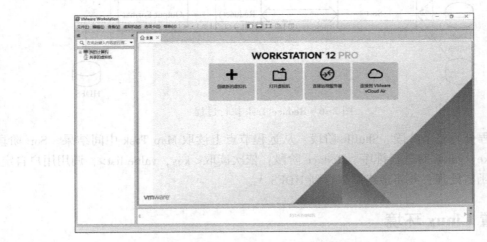
图 2-9　VMware 用户界面

2.4.2 部署 CentOS 64 位操作系统

基于 Linux 内核的系统有 CentOS、Ubuntu 等，在本书中将介绍关于 CentOS 64 位操作系统的部署。

1）在 CentOS 官网（https://www.centos.org/download/）上下载 Centos7 的镜像文件。本书下载的是 CentOS-7-x86_64-DVD-1804.iso。下载镜像后进入 VMware 进行配置。

2）找到桌面上的虚拟机图标，双击后，启动 VMware 界面，选择"创建新的虚拟机"，如图 2-9 所示，即会弹出虚拟机向导。

3）选择"自定义（高级）（C）"并单击"下一步（N）"按钮，如图 2-10 所示。

4）硬件兼容性，选择"Workstation 12.0"，单击"下一步（N）"按钮，如图 2-11 所示。

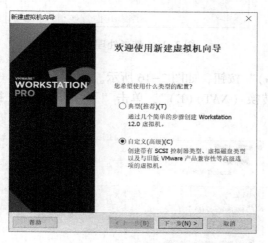

图 2-10 安装虚拟机界面

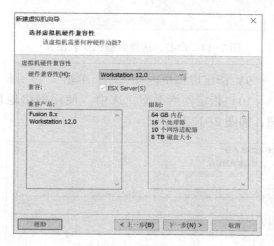

图 2-11 虚拟机向导

5）选中"安装程序光盘映像文件（ios）(M)"，单击"浏览（R）"按钮，找到对应的映像文件，然后单击"下一步（N）"按钮，如图 2-12 所示。

6）选择客户机操作系统为 Linux，单击"下一步（N）"按钮，如图 2-13 所示。

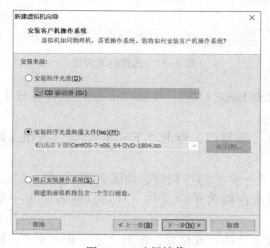

图 2-12 选择镜像

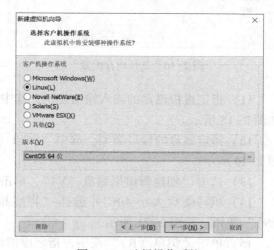

图 2-13 选择操作系统

7) 指定虚拟机名以及在硬盘中的安装位置，单击"下一步（N）"按钮，如图 2-14 所示。

8) 指定建立的虚拟机 CPU 个数，单击"下一步（N）"按钮，如图 2-15 所示。

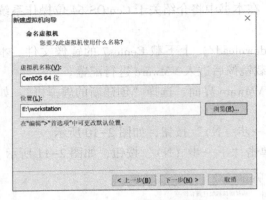 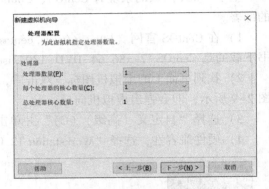

图 2-14　命名，选择虚拟机安装位置　　　　图 2-15　选择处理器配置

9) 指定虚拟机内存大小，单击"下一步（N）"按钮，如图 2-16 所示。

10) 指定网络类型，选中"使用网络地址转换（NAT）(E)"，单击"下一步（N）"按钮，如图 2-17 所示。

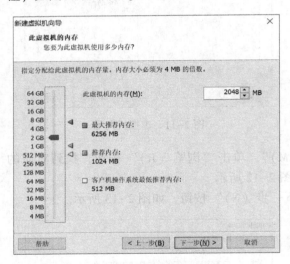 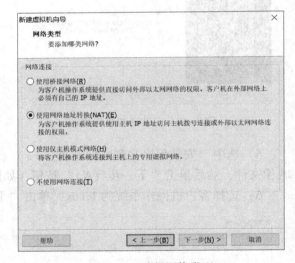

图 2-16　选择内存配置　　　　图 2-17　选择网络类型

11) 指定虚拟磁盘的输入输出控制，选中"LSI Logic（L）"，单击"下一步（N）"按钮，如图 2-18 所示。

12) 指定磁盘的接口类型，选中"SCSI（S）（推荐）"，单击"下一步（N）"按钮，如图 2-19 所示。

13) 选中"创建新虚拟磁盘（V）"，单击"下一步（N）"按钮，如图 2-20 所示。

14) 填写硬盘大小 40G 并选择"将虚拟磁盘存储为单个文件（O）"，单击"下一步（N）"按钮，如图 2-21 所示。

15) 单击"浏览（R）"按钮，指定虚拟磁盘文件的存放位置，单击"下一步（N）"，如图 2-22 所示。

16）单击"完成"按钮，表示虚拟机创建完成，如图2-23所示。

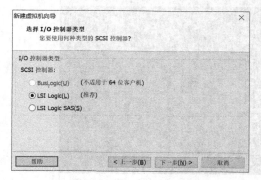

图2-18 选择I/O控制器类型

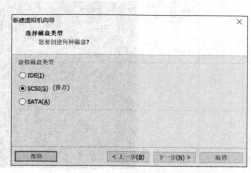

图2-19 指定磁盘类型

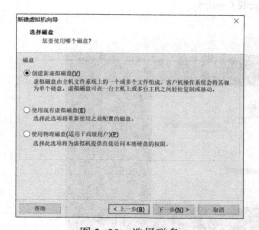

图2-20 选择磁盘

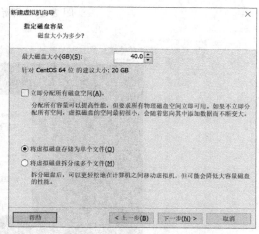

图2-21 指定磁盘容量

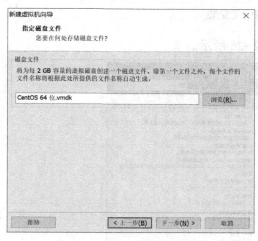

图2-22 指定磁盘存放位置

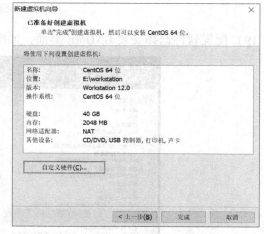

图2-23 虚拟机创建完成

17）打开虚拟机，首先显示的界面如图2-24所示，选择安装CentOS 7，之后按〈Enter〉键确认安装。等待安装完成后，显示可视化界面。

18）选择语言为中文，单击"确定"按钮，如图2-25所示。

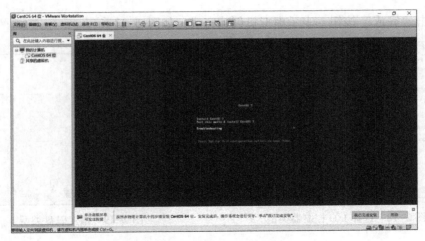

图 2-24 开始安装 CentOS

图 2-25 选择中文安装

19）配置软件选择安装 GNOME 桌面，如图 2-26 所示。

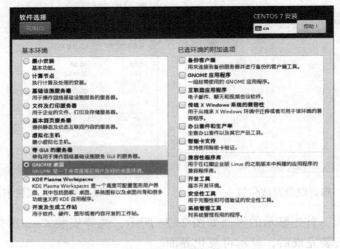

图 2-26 选择软件

20）选择安装位置，选中本地标准磁盘，选择"我要配置分区"，完成后如图 2-27 所示。

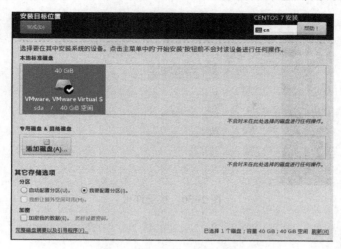

图 2-27　选择安装目标位置

21）选择自动创建它们，使用默认配置，单击"接受更改（A）"按钮，如图 2-28 所示。

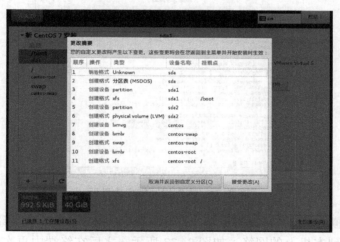

图 2-28　更改管理

22）配置用户密码，单击"完成（D）"按钮，如图 2-29 所示。

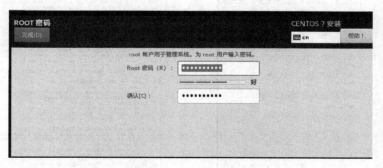

图 2-29　配置 root 用户密码

33

23）重启后完成剩余配置，首先接受许可，如图 2-30 所示。完成配置，即可进入 Linux 的可视化界面。

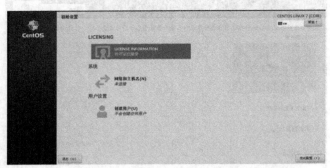

图 2-30　接受许可

2.4.3　配置网络

首先打开虚拟机，进入终端，输入 ifconfig，显示如图 2-31 所示。

图 2-31　未配置网络成功界面

以上表明，虚拟机网络并未配置成功。打开配置中的网络，将有线网络打开，即以有线的方式将虚拟机连接到本机上的网络，如图 2-32 所示，之后在终端中再次输入 ifconfig 查看状态，如图 2-33 所示，表明连接成功，然后就可以使用网络了。

图 2-32　打开网络

图 2-33　配置成功界面

2.4.4 Linux 终端

Linux 系统在诞生之初就被设计成一个单主机—多终端模式的多用户系统。各个终端与终端服务器相连，各个主机也与终端服务器相连。当终端启动时，终端服务器询问用户要登录哪个主机，用户指定主机后，再输入用户名和密码登录相应的主机。这种拓扑结构很像今天的家庭网络，终端服务器相当于路由器。Linux 的终端即是用户直接与计算机系统交互的平台，如图 2-34 所示。

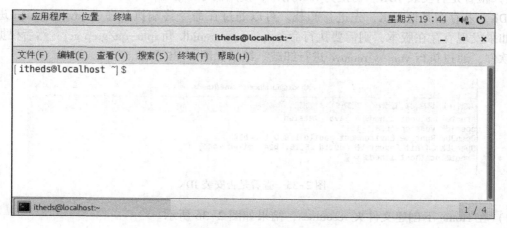

图 2-34　Linux 终端

只需要单击右键打开终端（Terminal）即可。Linux 的终端与 Windows 上的 DOS 命令相似。常用终端命令如下。

1）打开目录：cd。
2）查看文件：cat。
3）编辑文件：vi。
4）查看当前目录文件：ls。
5）在当前目录下创建目录：mkdir。
6）在当前目录下创建文件：touch。
7）为文件赋予权限：chmod。
8）为用户赋予权限：chown。
9）编译：gcc。

只要所登入的是 root 用户，在 Linux 的终端上可以直接对 Linux 系统进行操作。Linux 的命令集方便而又简洁，在控制权限、处理文件、调整网络等方面都有着极大的优点。

2.5　Hadoop 环境搭建

Hadoop 架构有很多的组件，在 2.6 节中会有介绍，本节主要针对 Hadoop 的搭建进行简单描述，主要使用 Linux 命令进行搭建。

📖 以下打开文件用的 Linux 命令是 gedit，如果出现打开文件是只读、无法修改的情况，请将 gedit 命令改为 vim 命令即可。vim 编辑器的使用方法和一般的编辑器方法不同，在这里不做过多介绍。如果不想使用 vim，可以在代码前加 sudo。

2.5.1 JDK 安装和测试

1) 检查是否安装 JDK。切换为 root 用户，使用命令 "java -version" 查看是否已经安装了 java JDK。若存在其他 JDK，先进行卸载。可以通过在命令终端执行命令 java-version 进行检测。如果发现有存在版本，则需要执行命令 rpm-qa/grepjdk 和 rpm-qa/grep gcj。然后根据查找到的软件，通过执行 yum-y remove 进行卸载。结果如图 2-35 所示。

图 2-35 查看是否安装 JDK

2) 在 Home 下创建文件夹 resourses，结果如图 2-36 所示。
3) 将 JDK 的资源复制到 resourses 中，如图 2-37 所示。

图 2-36 创建文件夹

图 2-37 将 JDK 的资源复制到 resourses 中

4) 复制文件到 /usr/java 下。
5) 解压。
① 使用 Linux 命令解压，输入命令：

>> tar -zxvfjdk-7u67-linux-x64.tar.gz

结果如图 2-38 所示。

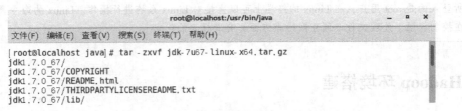

图 2-38 字符界面解压

② 如果是图形界面的话，选择提取即可，如图 2-39 所示。

图 2-39　图形界面解压

6）配置环境变量。输入代码：

>>gedit /etc/profile

在文件尾部添加代码：

>> export　JAVA_HOME=/usr/java/jdk1.7.0_67/
>> export　PATH=$JAVA_HOME/bin:$PATH

📖 /usr/java/jdk1.7.0_67 是解压缩之后自动创建的文件夹，可根据实际安装位置进行更改。

输入以下代码，使修改生效：

>> source /etc/profile

📖 该过程不会返回任何信息。

再次执行"java-version"测试，结果如图 2-40 所示。

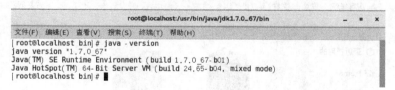

图 2-40　"java-version"测试

2.5.2　Hadoop 安装和配置

在开始安装之前，先设置主机名，切换用户 root，如图 2-41 所示。

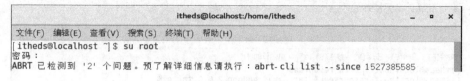

图 2-41　切换用户 root

打开文件。

>>gedit /etc/sysconfig/network

输入以下代码，其中 master 是主机名。

>>NETWORKING=yes
>>HOSTNAME=master

使文件生效。

>>hostname master

关闭终端，重新打开终端，结果如图2-42所示。

图2-42 重新打开终端后结果

重启虚拟机后，名字没有变成master，所以还要在hostname文件中修改，将内容改为master，即主机名。

>>gedit /etc/hostname

其他虚拟机的主机名也从默认的localhost更改为对应的slave0和slave1。现在开始进行Hadoop安装和配置。

（1）解压hadoop压缩包

将Hadoop的安装包放到Home下的resources中，如图2-43所示。

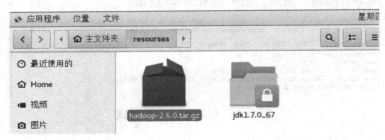

图2-43 将Hadoop的安装包放到Home下的resources中

进入resources，解压安装包，结果如图2-44所示。

>>tar -zxvf hadoop-2.6.0.tar.gz

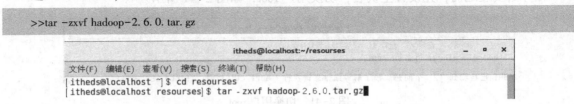

图2-44 解压安装包

解压之后会在用户目录下自动创建文件夹，如图2-45所示，作为Hadoop的安装目录。但如果想要使用Hadoop，还需要完成一系列的配置。

（2）配置Hadoop环境变量

hadoop-env.sh是Hadoop的环境变量文件，位于hadoop-2.6.0/etc/hadoop子目录下。我

们只需配置该文件的 JDK 路径即可。

>>gedit /home/itheds/hadoop-2.6.0/etc/hadoop/hadoop-env.sh

将文件前面的 "export JAVA_HOME=${JAVA_HOME}" 改成实际的 JDK 安装路径。

>>export JAVA_HOME=/home/itheds/resourses/jdk1.7.0_67/

如图 2-46 所示，编辑完成后保存退出。

图 2-45　自动创建文件夹　　　　　图 2-46　修改 JDK 路径

（3）配置 Yarn 环境变量

需要更改的环境变量为 yarn-env.sh，其余的与 Hadoop 环境变量配置方法一致。

（4）配置核心组件文件

core-site.xml 是 Hadoop 的核心组件文件，位于 hadoop-2.6.0/etc/hadoop 子目录下，打开该文件。

>> gedit /home/itheds/hadoop-2.6.0/etc/hadoop/core-site.xml

将以下配置代码放在文件的<configuration></configuration>之间，结果如图 2-47 所示，编辑后保存退出。

>><property>
>><name>fs.defaultFS</name>
>><value>hdfs://master:9000</value>
>></property>
>><property>
>><name>hadoop.tmp.dir</name>
>><value>/home/csu/hadoopdata</value>
>></property>

（5）配置文件系统

hdfs-site.xml 是 Hadoop 的文件系统配置文件，位于 hadoop-2.6.0/etc/hadoop 子目录下，打开该文件。

>> gedit /home/itheds/hadoop-2.6.0/etc/hadoop/hdfs-site.xml

将以下配置代码放在文件的<configuration></configuration>之间，如图 2-48 所示，编辑后保存退出。

>><property>
>><name>dfs.replication</name>
>><value> 1 </value>
>></property>

```
<configuration>↵
    <property>↵
        <name>fs.defaultFS</name>↵
        <value>hdfs://master:9000</value>↵
    </property>↵
    <property>↵
        <name>hadoop.tmp.dir</name>↵
        <value>/home/csu/hadoopdata</value>↵
    </property>↵
</configuration>↵
```

```
<configuration>↵
    <property>↵
        <name>dfs.replication</name>↵
        <value>1</value>↵
    </property>↵
</configuration>↵
```

图 2-47　配置核心组件文件结果　　　　　　图 2-48　配置文件系统结果

> 这里的 1 指的是 HDFS 数据块的副本数，因为 HDFS 最大副本数是 3，所以超过 3 没有任何意义。

（6）配置 yarn-site.xml

yarn-site.xml 是 Hadoop 的站点配置文件，位于 hadoop-2.6.0/etc/hadoop 子目录下，打开该文件。

>> gedit /home/itheds/hadoop-2.6.0/etc/hadoop/yarn-site.xml

将以下配置代码放在文件的<configuration></configuration>之间，结果如图 2-49 所示，编辑后保存退出。

```
>><property>
>><name>yarn.nodemanager.aux-services</name>
>><value>mapreduce_shuffle</value>
>></property>
>><property>
>><name>yarn.resourcemanager.address</name>
>><value>master:18040</value>
>></property>
>><property>
>><name>yarn.resourcemanager.scheduler.address</name>
>><value>master:18030</value>
>></property>
>><property>
>><name>yarn.reourcemanager.resource-tracker.address</name>
>><value>master:18025</value>
>></property>
>><property>
>><name>yarn.resourcemanager.admin.address</name>
>><value>master:18141</value>
>></property>
>><property>
>><name>yarn.resourcemanager.webapp.address</name>
>><value>master:18088</value>
>></property>
```

（7）配置 MapReduce 计算框架文件

在 hadoop-2.6.0/etc/hadoop 子目录下找到 mapred-site.xml.template 文件，在当前目录下复制改名并打开文件。

```
<configuration>
<!--Site specific YARN configuration properties -->
    <property>
        <name>yarn.nodemanager.aux-services</name>
        <value>mapreduce_shuffle</value>
    </property>
    <property>
        <name>yarn.resourcemanager.address</name>
        <value>master:18040</value>
    </property>
    <property>
        <name>yarn.resourcemanager.scheduler.address</name>
        <value>maste:18030</value>
    </property>
    <property>
        <name>yarn.resourcemanager.resource-tracker.address</name>
        <value>maste:18025</value>
    </property>
    <property>
        <name>yarn.resourcemanager.admin.address</name>
        <value>master:18141</value>
```

图 2-49　配置 yarn-site.xml 后结果

```
>> cp  ~/hadoop-2.6.0/etc/hadoop/mapred-site.xml.template  ~/hadoop-2.6.0/etc/hadoop/ mapred-site.xml
>> gedit /home/itheds/hadoop-2.6.0/etc/hadoop/mapred-site.xml
```

在文件下方添加下列代码，结果如 2-50 所示。

```
<configuration>
<property>
    <name>mapreduce.framework.name</name>
    <value>yarn</value>
</property>
</configuration>
```

图 2-50　配置 MapReduce 计算框架文件结果

```
>><property>
>><name>mapreduce.framework.name</name>
>><value>yarn</value>
>></property>
```

（8）配置 Master 的 slaves 文件

slaves 文件给出 Hadoop 集群的 Slave 节点列表，因此十分重要。在启动 Hadoop 时，系统根据该文件中的节点名称列表启动集群，不在表中的节点不会被视为计算节点。

```
>> gedit /home/itheds/hadoop-2.6.0/etc/hadoop/slaves
```

编辑 slaves 文件。

```
>> slaves0
>> slaves1
```

> 用户根据自己搭建的集群情况进行编辑。

复制 Master 上的 Hadoop 到 Slave 节点,如要提高系统部署效率,复制 Master 上的 Hadoop 到 Slave 节点是一个更好的选择。每个节点复制一次,以 slave0 为例,命令如下:

```
>>scp -r /home/iTheds/hadoop-2.6.0 iTheds@slave0:~/
```

在这一步当中需要进行密码验证,下一节将会对如何免密登录进行讲解。

2.5.3 SSH 免密码配置

SSH 是 Secure Shell 的缩写,由 IETF 的网络工作小组制定,SSH 是建立在应用层和传输层上的安全协议,专为远程登录会话和其他网络服务提供安全性的协议。目前 SSH 相对比较可靠。在大数据集群中的 Linux 计算机之间要频繁地通信,而 Linux 的通信需要进行用户的身份验证,即输入登录密码。小规模通信的耽误时间可以忽略,如果是大规模的通信,工作效率会因为输入密码而降低,如果能够免密登录,就会大大提高效率。

免密登录是指两台 Linux 机器自检使用 SSH 连接时不需要用户名和密码。下面的配置分为在 Master 节点和所有 Slave 节点的操作。

> 本章使用的是普通用户 iTheds。

(1) Master 节点配置
首先,在终端生成密钥:

```
>>ssh-keygen -t rsa
```

输入该命令后会有一系列的提示,默认直接按〈Enter〉键 4 次即可,执行完上面的命令后会生成 id_rsa(私钥)和 id_rsa.pud(公钥)文件,结果如图 2-51 所示。

```
[itheds@localhost ~]$ ssh-keygen -t rsa
Generating public/private rsa key pair.
Enter file in which to save the key (/home/itheds/.ssh/id_rsa):
Created directory '/home/itheds/.ssh'.
Enter passphrase (empty for no passphrase):
Enter same passphrase again:
Your identification has been saved in /home/itheds/.ssh/id_rsa.
Your public key has been saved in /home/itheds/.ssh/id_rsa.pub.
The key fingerprint is:
SHA256:7NWlOauOBAtj+QsxqF6PbiYwLB7himwHoO8BOLAa4tU itheds@localhost.localdomain
The key's randomart image is:
+---[RSA 2048]----+
|             .   |
|          . o    |
|       .+o .o .  |
|       %...EB S .o .|
|      OO...B + . |
|     B= . . . . |
|     o=o+oo . oo |
|     . . +o .   |
|     +---[SHA256]-----+
```

图 2-51 生成密钥

ssh-keygen 是用来生成 private 和 public 密钥对的命令,将 public 密钥复制到远程集群后,使用 SSH 到另一台机器就不用密码了。-t 是指定加密算法的参数,这里使用的加密算法是基于大数因式分解的 rsa 算法,也是应用最广泛的非对称加密算法。

生成的密钥在 .ssh 目录下，切换到该目录，查看文件详细信息，结果如图 2-52 所示。

```
[itheds@localhost ~]$ cd .ssh
[itheds@localhost .ssh]$ ls -l
总用量 8
-rw-------. 1 itheds itheds 1675 6月  7 23:45 id_rsa
-rw-r--r--. 1 itheds itheds  410 6月  7 23:45 id_rsa.pub
[itheds@localhost .ssh]$
```

图 2-52　文件的详细信息

将公钥文件复制到 .ssh 下。

```
>> cat ~/.ssh/id_rsa.pub >> ~/.ssh/authorized_keys
```

修改 authorized_keys 文件的权限为 600。

```
>>chmod 600 ~/.ssh/authorized_keys
```

此时各文件的详细信息如图 2-53 所示。

```
[itheds@localhost .ssh]$ chmod 600 ~/.ssh/authorized_keys
[itheds@localhost .ssh]$ ls -l
总用量 12
-rw-------. 1 itheds itheds  410 6月  7 23:54 authorized_keys
-rw-------. 1 itheds itheds 1675 6月  7 23:45 id_rsa
-rw-r--r--. 1 itheds itheds  410 6月  7 23:45 id_rsa.pub
```

图 2-53　各文件的详细信息

将 authorized_keys 文件复制到所有的 Slave 节点。以复制到 Slave0 节点上为例，使用如下命令，结果如图 2-54 所示。

```
>>scp ~/.ssh/authorized_keys iTheds@slave0:~/
```

```
[root@localhost itheds]# scp ~/.ssh/authorized_keys iTheds@slave0:~/
The authenticity of host 'slave0 (192.168.122.1)' can't be established.
ECDSA key fingerprint is SHA256:qCAlIQr4rWPTOOGPj+rtZbBD+XVbZzsz4l2NvXJUH3g.
ECDSA key fingerprint is MD5:66:9c:3e:a5:78:70:92:09:6d:85:b4:30:20:3e:d1:16.
Are you sure you want to continue connecting (yes/no)? yes
Warning: Permanently added 'slave0,192.168.122.1' (ECDSA) to the list of known hosts.
iTheds@slave0's password:
Permission denied, please try again.
iTheds@slave0's password:
Permission denied, please try again.
iTheds@slave0's password:
Permission denied (publickey,gssapi-keyex,gssapi-with-mic,password).
lost connection
```

图 2-54　将 authorized_keys 文件复制到所有的 Slave 节点

（2）Slave 节点配置

在 slave0 和 slave1 上搭建 Slave 节点环境，其配置步骤与 Master 的配置步骤相同，该过程中使用的 authorized_keys 文件是从 Master 复制过来的，移动到 .ssh 目录下，修改权限为 600。因过程基本一致，具体操作就留给读者自行搭建。测试使用命令“ssh slave0”即可。

2.6　Hadoop 关键组件

认知和学习 Hadoop，必须得了解 Hadoop 的构成，其中 HDFS 和 MapReduce 是 Hadoop 的核心组件，它们的产生都是基于 Google 的思想，Google 的 GFS（分布式文件系统）带来了我们现在所认识的 HDFS。本章还将介绍其他几个不可或缺的 Hadoop 组件，如 Hbase、Hive、ZooKeeper和 Pig 等。

2.6.1 HDFS

Hadoop 分布式文件系统（Hadoop Distributed File System，HDFS）是 Hadoop 核心组件之一。支持以流式数据访问模式来存取超大文件，活动在集群之上。

HDFS 被设计成适合运行在通用硬件上的分布式文件系统。HDFS 有着高容错性的特点，并且设计用来部署在低廉的硬件上。而且它提供高吞吐量来访问应用程序的数据，适合那些有着超大数据集的应用程序。HDFS 放宽了 POSIX 的要求，这样可以实现流的形式访问文件系统中的数据。

HDFS 的主要目标就是在存在故障的情况下也能可靠地存储数据。三种最常见的故障是名字节点故障、数据节点故障和网络断开。

一个数据节点周期性发送一个心跳包到名字节点。网络断开会造成一组数据节点子集和名字节点失去联系。名字节点根据缺失的心跳信息判断故障情况。名字节点将这些数据节点标记为死亡状态，不再将新的 I/O 请求转发到这些数据节点上，这些数据节点上的数据将对 HDFS 不再可用，可能会导致一些块的复制因子降低到指定的值。

名字节点检查所有需要复制的块，并开始复制它们到其他的数据节点上。重新复制在有些情况下是不可或缺的。从数据节点上取一个文件块有可能是坏块，坏块的出现可能是存储设备错误、网络错误或软件的漏洞。HDFS 客户端实现了 HDFS 文件内容的校验。当一个客户端创建一个 HDFS 文件时，它会为每一个文件块计算一个校验码并将校验码存储在同一个 HDFS 命名空间下的一个单独的隐藏文件中。当客户端访问此文件时，它根据对应的校验文件来验证从数据节点接收到的数据。如果校验失败，客户端可以选择从其他拥有该块副本的数据节点获取这个块。HDFS 的工作原理如图 2-55 所示。

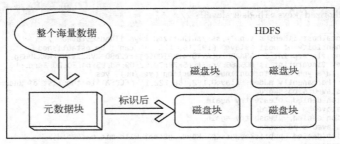

图 2-55　HDFS 的工作流程

2.6.2 HBase

HBase 是 Hadoop Database 的简称，是一个高可靠性、高性能、面向列、可伸缩的分布式存储系统，利用 HBase 技术可在廉价 PC Server 上搭建起大规模结构化存储集群。Hbase 利用 Hadoop HDFS 作为其文件存储系统，利用 Hadoop MapReduce 来处理 Hbase 中的海量数据，利用 ZooKeeper 作为协调工具。图 2-56 为 Hbase 的商标。

图 2-56　Hbase 的商标

HBase 有两个模型，分别是逻辑模型和物理模型。其中，逻辑模型主要是从用户角度考虑的，而物理模型则是从实现 HBase 的角度来讨论。HBase 中的所有数据文件都存储在 Hadoop HDFS 上，主要包括两种文件类型，分别是 Hfile、HLog File。

Hfile 是 HBase 中 Key Value 数据的存储格式，HFile 是 Hadoop 的二进制格式文件。HFile 文件是不定长的，长度固定的只有 Trailer 和 FileInfo。HFile 里的每个 KeyValue 对都是一个简单的 byte 数组，有固定的结构。开始是两个固定长度的数值，分别表示 Key 的长度和 Value 的长度。Key 部分有复杂的结构，主要包括 RowKey、Family、Qualifier 等，在这里不做过多介绍；Value 部分没有这么复杂的结构，就是纯粹的二进制数据。

HLog File 是 HBase 中 WAL（Write Ahead Log）的存储格式。其实 HLog 文件就是一个普通的 Hadoop Sequence File，Sequence File 的 Key 是 HLogKey 对象，HLogKey 中记录了写入数据的归属信息，除了 table 和 region 名字外，同时还包括 sequence number 和 timestamp，timestamp 是"写入时间"，sequence number 的起始值为 0。HLog Sequece File 的 Value 是 HBase 的 Key Value 对象，即对应 HFile 中的 Key Value。

2.6.3 MapReduce

MapReduce 是 Hadoop 系统的核心组件，由 Google 的 MapReduce 系统经过演变而来，主要解决海量大数据计算，也是众多分布式计算模型中比较流行的一种，可以单独使用，一般配合 HDFS 一起使用。

MapReduce 是一种编程模型，用于大规模数据集（大于 1TB）的并行运算。它极大地方便了编程人员在没有掌握分布式并行编程的情况下，将自己的程序运行在分布式系统上。当前的软件实现是指定一个 Map（映射）函数，用来把一组键值对映射成一组新的键值对，指定并发的 Reduce（归约）函数，用来保证所有映射的每一个键值对共享相同的键组。

MapReduce 的思想就是"分而治之"。比方说，1 个人送 100 件货需要 5 天，而 5 个人一起送货就只需要 1 天，把货物分成 5 个部分同时派送，就能提高效率。Mapper 负责"分"，即把复杂的任务分解为若干个"简单的任务"来处理。"简单的任务"包含三层含义：一是数据或计算的规模相对原任务要大大缩小；二是就近计算原则，即任务会分配到存放着所需数据的节点上进行计算；三是这些小任务可以并行计算，彼此间几乎没有依赖关系。Reducer 负责对 map 阶段的结果进行汇总。至于需要多少个 Reducer，用户可以根据具体问题，通过在 mapred-site.xml 配置文件里设置参数 mapred.reduce.tasks 的值，缺省值为 1。

【例 2-1】 使用 **MapReduce** 完成简易的单词去重功能。

```
public classtestquchong{
static String INPUT_PATH="hdfs://master:9000/quchong";        //待统计的文件
static String OUTPUT_PATH="hdfs://master:9000/quchong/qc";    //统计结果存放的路径
static classMyMapper extends Mapper<Object,Text,Text,Text>{
    private static Text line=new Text();                      //text 相当于 string
    protected void map(Object key,Text value,Context context) throwsIOException,InterruptedException{
    line=value;
    context.write(line,new Text(","));      //以","规定格式,统计 key,因为 key 值是唯一的
    }
}
static classMyReduce extends Reducer<Text,Text,Text,Text>{
    protected void reduce(Text key,Iterable<Text> values,Context context) throws IOException,InterruptedException
```

```
        }
        context.write(key,new Text(""));
    }
}
    public static void main(String[] args) throws Exception{
        Path outputpath=new Path(OUTPUT_PATH);
        Configuration conf=new Configuration();
        Job job=Job.getInstance(conf);
        job.setMapperClass(MyMapper.class);
        job.setReducerClass(MyReduce.class);
        job.setCombinerClass(MyReduce.class);
        job.setOutputKeyClass(Text.class);
        job.setOutputValueClass(Text.class);
        FileInputFormat.setInputPaths(job,INPUT_PATH);
        FileOutputFormat.setOutputPath(job,outputpath);
        job.waitForCompletion(true);
    }
}
```

2.6.4 Hive

Hive 是基于 Hadoop 的一个数据仓库工具，可以将结构化的数据文件映射为一张数据库表，并提供简单的 SQL 查询功能，可以将 SQL 语句转换为 MapReduce 任务运行，Hive 在 Hadoop 之上提供了数据查询功能，主要解决非关系型数据查询问题。Hive 定义了简单的类 SQL 查询语言，称为 HQL，它允许熟悉 SQL 的用户查询数据。Hive 学习成本低，可以通过类 SQL 语句快速实现简单的 MapReduce 统计，不必开发专门的 MapReduce 应用，十分适合数据仓库的统计分析。Hive 在加载数据过程中不会对数据进行任何的修改，只是将数据移动到 HDFS 中 Hive 设定的目录下，因此 Hive 不支持对数据的改写和添加，所有的数据都是在加载的时候确定的。

Hive 并不适合那些需要低延迟的应用，最佳使用场合是大数据集的批处理作业，例如，网络日志分析。Hive 的设计很有特点，如支持索引，加快数据查询；有不同的存储类型（如纯文本文件、HBase 中的文件）；将元数据保存在关系数据库中等。图 2-57 为 Hbase 的架构图。

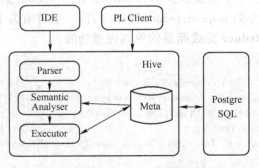

图 2-57 Hbase 架构图

📖 Hive 没有专门的数据格式。

2.6.5 Pig

Apache Pig 是一个高级过程语言，适合于使用 Hadoop 和 MapReduce 平台来查询大型半结构化数据集。通过对分布式数据集进行类似 SQL 的查询，Pig 可以简化 Hadoop 的使用。

如果业务比较复杂，用 MapReduce 进行数据分析会是一个很复杂的事情。Pig 的出现简化了这一过程，用户只需要专注于数据及业务本身，不用再纠结于数据的格式转换以及 MapReduce 程序的编写。本质上来说，当你使用 Pig 进行处理时，Pig 本身会在后台生成一系列的 MapReduce 操作来执行任务，但是这个过程对用户来说是透明的。图 2-58 为 Pig 在数据处理环节中的位置。

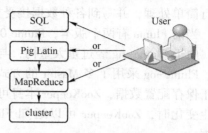

图 2-58　Pig 在数据处理环节的位置

2.6.6 Mahout

Mahout 简单来说就是一个提供可扩展的机器学习领域经典的算法库，旨在帮助开发人员更加方便快捷地创建智能应用程序。Mahout 包含许多实现，包括聚类、分类、推荐过滤、频繁子项挖掘。通过使用 Apache Hadoop 库，Mahout 可以有效地扩展到 Hadoop 集群。此外，通过使用 Apache Hadoop 库，Mahout 可以有效地扩展到云中。

2.6.7 ZooKeeper

ZooKeeper 是一种为分布式应用所设计的高可用、高性能且一致的开源协调服务，能使大型系统的分布式进程相互同步，这样所有提出请求的客户端就可以得到一致的数据。它是一个为分布式应用提供一致性服务的软件，提供的功能包括维护配置信息、名字服务、分布式同步、组服务等。这些服务都被应用在分布式应用程序或者其他形式上。

由于 ZooKeeper 的开源特性，后来开发者在分布式锁的基础上，摸索出了其他的使用方法，如配置维护、组服务、分布式消息队列、分布式通知/协调等。ZooKeeper 服务是 Hadoop 的一个子项目，由一个服务器集群来提供，以避免单点故障。图 2-59 为 ZooKeeper 的工作架构。

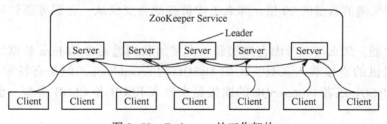

图 2-59　Zookeeper 的工作架构

> **注意**：ZooKeeper 性能上的特点决定了它能够被用在大型的、分布式的系统当中。从可靠性方面来说，它并不会因为一个节点的错误而崩溃。除此之外，它严格的序列访问控制意味着复杂的控制原语可以应用在客户端上。ZooKeeper 在一致性、可用性、容错性上的保证，也是 ZooKeeper 的成功之处，它获得的一切成功都与它采用的协议——Zab 协议是密不可分的。

2.6.8 Flume

Flume 是 Cloudera 提供的一个高可用、高可靠、分布式的海量日志采集、聚合和传输的系统。Flume 支持在日志系统中定制各类数据发送方，用于收集数据；同时，Flume 具备对数据进行简单处理，并写到各种数据接受方的能力。

当前 Flume 有两个版本，Flume 0.9X 版本的统称 Flume-og，Flume1.X 版本的统称 Flume-ng。由于 Flume-ng 经过重大重构，与 Flume-og 有很大不同，使用时请注意区分。

Flume-og 采用了多 Master 的方式。为了保证配置数据的一致性，Flume 引入了 ZooKeeper 用于保存配置数据，ZooKeeper 本身可保证配置数据的一致性和高可用性。另外，在配置数据发生变化时，ZooKeeper 可以通知 Flume Master 节点。Flume Master 间使用 Gossip 协议同步数据。

Flume-ng 最明显的改动就是取消了集中管理配置的 Master 和 ZooKeeper，变为一个纯粹的传输工具。Flume-ng 另一个主要的不同点是读入数据和写出数据现在由不同的工作线程处理（称为 Runner）。在 Flume-og 中，读入线程同样做写出工作，如果写出慢的话，它将阻塞 Flume 接收数据的能力。这种异步的设计使读入线程可以顺畅地工作而无需关注下游的任何问题。

2.6.9 Sqoop

Sqoop 是一个用来将 Hadoop 和关系型数据库中的数据相互转移的工具，可以将一个关系型数据库（如 MySQL、Oracle、Postgres 等）中的数据导入 Hadoop 的 HDFS 中，也可以将 HDFS 的数据导入关系型数据库中。Sqoop 专为大数据批量传输设计，能够分割数据集并创建 Hadoop 任务来处理每个区块。

尽管有以上的优点，在使用 Sqoop 的时候还有一些事情需要注意。

首先，对于默认的并行机制要小心。默认情况下的并行意味着 Sqoop 假设大数据在分区键范围内是均匀分布的，这在当你的源系统是使用一个序列号发生器来生成主键的时候工作效率是比较高的。比方说，当你有一个 10 个节点的集群，那么工作负载是在这 10 台服务器上平均分配。但是，如果你的分割键是基于字母数字的，例如以"A"作为开头的键值的数量会是以"M"作为开头键值数量的 20 倍，那么工作负载就会变成从一台服务器倾斜到另一台服务器上。

如果担心性能，那么可以考虑直接加载。直接加载绕过通常的 Java 数据库连接导入，使用数据库本身提供的直接载入工具，比如 MySQL 的 mysqldump。但是有特定数据库的限制。比如不能使用 MySQL 或者 PostgreSQL 的连接器来导入 BLOB 和 CLOB 类型。也没有驱动支持从视图的导入。

2.6.10 Ambari

Ambari 是 Hortonworks 开源的 Hadoop 平台的管理软件，具备 Hadoop 组件的安装、管理、运维等基本功能，提供 Web UI 进行可视化的集群管理，降低了大数据平台的安装、使用难度。

Ambari 通过 HDP 将 Hadoop 的组件进行集成，通过栈的形式提供 Service 的组合使用，它主要解决的问题如下。

1）简化了部署过程。在 HDP 栈中支持的 Service 只需要图形化的安装即可，可以方便地指定 Master 所在的节点，使集群快速运行起来。

2）通过 Ambari Metrics 实现集群状态的监控，并通过集成 Grafana 进行数据的展示（CPU、内存、负载等）。

3）Service 的高级配置。集群部署之后，可以方便地通过 dashboard 进行参数的修改（如 HDFS 的 core-site 等）。

4）快速链接。Ambari 提供快速导向 Hadoop 组件原生管理界面的链接。

5）节点的扩展。

6）可定制的 Alert 功能。Ambari 的报警信息可以自定义，使得用户可以根据自己的需要，设置哪些情况下需要报警，哪些不需要。

7）增值功能。如 HDFS 的 Rebalance DataNode、NameNode 的 HA 等。

8）Ambari 自身的用户管理，基于 RBAC 赋予用户对 Hadoop 集群的管理权限。

Ambari 并没有对 Hadoop 组件进行过多的功能集成，如日志分析等，只是提供了安装、配置、启停等功能，尽量保持了跟原生 Hadoop 组件的隔离性，对于该组件的具体操作，通过 Quick Links 直接导向原生的管理界面（如 HBase Master UI），它的做法保持了对于 Hadoop 组件的低侵入性。

2.7 本章小结

Hadoop 是一个能够让用户轻松架构和使用的分布式计算平台。用户可以轻松地在 Hadoop 上开发和运行处理海量数据的应用程序。它主要有以下几个优点：高可靠性、高扩展性、高效性、高容错性、低成本。在 Hadoop 中，最核心的结构是 HDFS 和 MapReduce。

本章介绍了 HDFS 和 MapReduce 的体系结构。HDFS 是一个主/从（Mater/Slave）体系结构，其中有两类节点，一类是元数据节点 NameNode，另一类是数据节点 DataNode。两类节点分别承担 Master 和 Worker 具体任务的执行节点。MapReduce 包含 4 个组成部分，分别为 Client、Job Tracker、Task Tracker 和 Task，同时本章也简单介绍了 Hadoop 其他的组件。

2.8 习题

一、填空题

1. Hadoop 的核心结构是_____和_____。
2. HBase 是一个高可靠性、高性能、面向列、可伸缩的_____存储系统。
3. Hadoop 的四大组件分别是_____、_____、_____和_____。

二、判断题

1. HDFS 的主要目标就是在存在故障的情况下也能可靠地存储数据。（　　）
2. HFile 文件是不定长的。（　　）
3. Hive 有专门的数据格式。（　　）

三、简述题

1. 简述 HDFS 的体系结构。
2. 简述 MapReduce 的进程。

第3章 分布式文件系统 HDFS

大数据时代必须解决海量数据的高效存储问题，为此，Google 开发了分布式文件系统（Google File System，GFS），通过网络实现文件在多台机器上的分布式存储，较好地满足了大规模数据存储的需求。Hadoop 分布式文件系统 HDFS 是针对 GFS 的开源实现，它是 Hadoop 两大核心部分之一，提供了在廉价服务器集群中进行大规模分布式文件存储的能力。HDFS 具有很好的容错能力，并且兼容廉价的硬件设备，因此，可以以较低的成本，利用现有机器实现大流量和大数据量的读写工作。

本章首先介绍分布式文件系统的基本概念、结构和设计需求，然后介绍 HDFS，详细阐述它的重要概念、体系结构、存储原理和读写过程，最后介绍一些 HDFS 编程实践方面的知识。

3.1 HDFS 概念

分布式文件系统是指文件系统管理的物理存储资源不一定直接连接在本地节点上，而是通过计算机网络与节点相连。分布式文件系统的设计基于客户机/服务器模式。HDFS 提供了一个高度容错性和高吞吐量的海量数据存储解决方案，是 Apache Hadoop Core 项目的一部分，也是 GFS 提出之后出现的另外一种文件系统。它有一定高度的容错性，而且提供了高吞吐量的数据访问，非常适合大规模数据集上的应用。HDFS 就是将多台机器的存储当作一个文件系统来使用，因为在大数据的情景下，单机的存储量已经完全不够用了，所以采取分布式的方法来扩容，解决本地文件系统在文件大小、文件数量、打开文件数等方面的限制问题。

3.1.1 HDFS 简介

HDFS 是 Hadoop 的一个分布式文件系统，被设计成适合运行在通用硬件（Commodity Hardware）上的分布式文件系统。它和现有的分布式文件系统有很多共同点，但同时和其他分布式文件系统的区别也很明显。HDFS 是一个高度容错性的系统，适合部署在廉价机器上。HDFS 能提供高吞吐量的数据访问，非常适合大规模数据集上的应用。HDFS 放宽了一部分 POSIX 约束，以实现流式读取文件系统数据的目的。HDFS 在最开始是作为 Apache Nutch 搜索引擎项目基础架构而开发的。

HDFS（Hadoop Distributed File System）是 Hadoop 项目的核心子项目，是分布式计算中数据存储管理的基础。Hadoop 整合了众多文件系统，在其中有一个综合性的文件系统抽象，它提供了文件系统实现的各类接口，HDFS 只是这个抽象文件系统的一个实例；提供了一个高层的文件系统抽象类 org.apache.hadoop.fs.FileSystem，这个抽象类展示了一个分布式文件系统，并有几个具体实现，如表 3-1 所示。

表 3-1 Hadoop 的文件系统

文件系统	URI 方案	Java 实现	定义
Local	file	fs.LocalFileSystem	支持有客户端校验和本地文件系统，带有校验和本地系统文件在 fs.RawLocalFileSystem 中

(续)

文件系统	URI 方案	Java 实现	定义
HDFS	hdfs	hdfs.DistributionFileSystem	Hadoop 的分布式文件系统
HFTP	hftp	hdfs.HftpFileSystem	支持通过 HTTP 方式以只读的方式访问 HDFS，distcp 经常用在不同的 HDFS 集群间复制数据
HSFTP	hsftp	Hdfs.HsftpFileSystem	支持通过 HTTPS 以只读的方式访问 HDFS
HAR	har	fs.HarFileSystem	构建在 Hadoop 文件系统之上，对文件进行归档。Hadoop 归档文件主要用来减少 NameNode 的内存使用
KFS	kfs	fs.kfs.KosmosFileSystem	Cloudstore 文件系统（其前身是 Kosmos 文件系统）是类似于 HDFS 和 Google 的 GFS 文件系统，使用 C++编写
FTP	ftp	fs.ftp.FtpFileSystem	由 FTP 服务器支持的文件系统
S3（本地）	s3n	fs.s3native.NativeS3FileSystem	基于 AmazonS3 的文件系统
S3（基于块）	s3	fs.s3.NativeS3FileSystem	基于 AmazonS3 的文件系统，以块格式存储解决了 S3 的 5GB 文件大小的限制

3.1.2 HDFS 相关概念

HDFS 采用 master/slave 架构。一个 HDFS 集群是由一个 NameNode（NN）和一定数目的 DataNode（DN）组成。NameNode 是一个中心服务器，负责管理文件系统的名字空间（Namespace）以及客户端对文件的访问。集群中的 DataNode 一般是一个节点一个，负责管理它所在节点上的存储。HDFS 暴露了文件系统的名字空间，用户能够以文件的形式在上面存储数据。从内部看，一个文件其实被分成一个或多个数据块，这些块存储在一组 DataNode 上。NameNode 执行文件系统的名字空间操作，比如打开、关闭、重命名文件或目录，它也负责确定数据块到具体 DataNode 节点的映射。DataNode 负责处理文件系统客户端的读写请求。在 NameNode 的统一调度下进行数据块的创建、删除和复制。

1. 数据块（Block）

大文件会被分割成多个块进行存储，块大小默认为 64 MB。每一个块会在多个 DataNode 上存储多份副本，默认是 3 份。HDFS 被设计成支持大文件，适用 HDFS 的是那些需要处理大规模数据集的应用。这些应用都是只写入数据一次，但却读取一次或多次，并且读取速度应能满足流式读取的需要。HDFS 支持文件的"一次写入、多次读取"语义。一个典型的数据块大小是 64 MB。因而，HDFS 中的文件总是按照 64 MB 被切分成不同的块，每个块尽可能地存储于不同的 DataNode 中。

2. HDFS 数据存放策略

分块存储+副本存放，副本存储结构如图 3-1 所示。

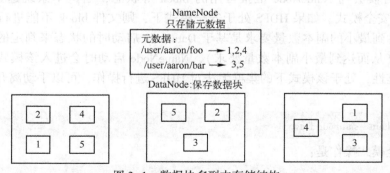

图 3-1 数据块多副本存储结构

3. 数据拓扑结构（即数据备份）

默认存放 3 份，可以通过修改配置文件 hdfs-site.xml 修改备份数量，如果本机在集群中，第一份就会存放到本节点即本机上，如果不在集群中，就通过负载均衡存放到一个相应的随机节点上，第二份存放在同机柜的不同节点上，第三份存放在不同机柜的某个节点上。

4. 数据查找

就近原则，先在本节点上查找，再从本机柜上查找，最后再去不同机柜上查找。

5. 单点故障

在 Hadoop1 中，一个集群只有 NameNode，一旦 NameNode 宕机，整个集群就无法使用。

6. RPC（Remote-Procedure-Call，远程过程调用）

RPC 是 Hadoop 构建的基础，一种协议通过网络从远程计算机程序上请求服务，采用客户机/服务器客户机/服务机模式，客户端发送请求，结果返回给客户端而不是服务器端，RPC 机制如图 3-2 所示。

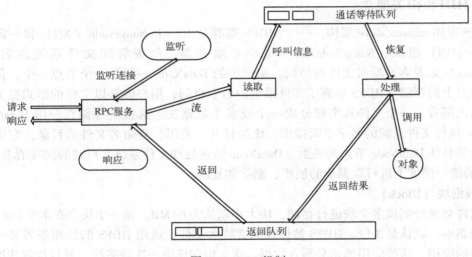

图 3-2 RPC 机制

7. 安全模式

安全模式是 HDFS 所处的一种特殊状态，在这种状态下，文件系统只接受读数据请求，而不接受删除、修改等变更请求。在 NameNode 主节点启动时，HDFS 首先进入安全模式，DataNode 在启动的时候会向 NameNode 汇报可用的 block 等状态，当整个系统达到安全标准时，HDFS 自动离开安全模式。如果 HDFS 处于安全模式下，则文件 block 不能进行任何的副本复制操作，因此达到最小的副本数量要求是基于 DataNode 启动时的状态来判定的，启动时不会再做任何复制（从而达到最小副本数量要求），NameNode 启动时会进入该模式进行检测，检查数据块的完整性，处于该模式下的集群无法对 HDFS 进行操作，可以手动离开安全模式，操作如下。

```
#hadoop dfsadmin –saftmode leave
```

而进入安全模式操作是：

```
#hadoop dfsadmin –saftmode enter
```

进入安全模式整体流程如图 3-3 所示。

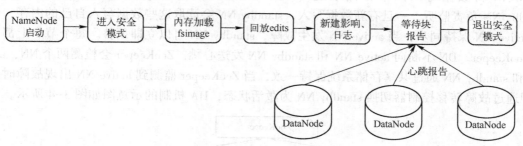

图 3-3 安全模式流程图

8. 负载均衡

让 DataNode 处于均衡状态，可以调整数据块、DataNode 的工作任务等。例如，现有一个任务要分配给从节点运行，但是有些 slave 内存比较小，有些内存比较大，又有些 slave 正在执行别的任务，有些是空闲的，为了让各个 slave 既要饱和又要性能最好，就需要调整；再例如，原本有 8 个子节点，现在扩充了 2 个子节点，原先的 8 个子节点都要数据存储，也有相应的任务需要执行，而后加的 2 个子节点是空的，此时也需要负载均衡进行重新分配数据的存储和任务的执行。手动启动该机制运行，操作如下。

```
# /sbin/start-balancer.sh
```

9. 机架感知

机架之间的交互用机架感知来进行。机架之间是通过交换机、路由器、光纤等进行通信的，需要通过机架感知来交互。不同机架之间相互访问网络耗费较大且延迟也较高，所以理想状态下要查找数据刚好就在本机上，就不用耗费资源查找了，这就需要通过机架感知。大型 Hadoop 集群通过机架形式组织，而且同一机架上不同节点间的网络状况比不同机架之间的更为理想。

10. 心跳机制

1) HDFS 是 master/slave 结构，master 包括 NameNode 和 resourcemanager，slave 包括 DataNode 和 nodemanager。

2) master 启动时会开启一个 IPC 服务，等待 slave 连接。

3) slave 启动后，会主动连接 IPC 服务，并且每隔 3 秒连接一次，这个时间是可以调整的，设置 heartbeat，这个每隔一段时间连接一次的机制，称为心跳机制。slave 通过心跳给 master 汇报自己的信息，master 通过心跳下达命令。

4) NameNode 通过心跳得知 DataNode 状态，resourcemanager 通过心跳得知 nodemanager 状态。

5) 当 master 长时间没有收到 slave 信息时，就认为 slave 挂掉了。

超长时间计算：默认为 630 s，而默认的 heartbeat.recheck.interval 大小为 5 min，dfs.heartbeat.interval 默认的大小为 3 s。recheck 的时间单位为 ms，heartbeat 的时间单位为 s。计算公式为 2×recheck+10×heartbeat。

11. HA（High Availablity，高可用性）机制

Hadoop2.x 版本中用于解决 NameNode 的单点故障问题。通过配置 active/standby 两个 NameNode 解决热备份问题。active（动作）NN 对外提供服务，standby（备用）NN 只做备份，

active NN 将数据写入共享存储系统（NFS-NetWorkSystem、QJM、BooKeeper 等）中，而 standby NN 负责监听，一旦有新数据写入，standby NN 会读取这些数据写入自己的内存，保证和 active NN 保持同步，当 active NN 发生故障，standby NN 可以立即顶替。每个节点上都有一个 ZooKeeper。DN 不断向 active NN 和 standby NN 发送心跳，ZooKeeper 会检测两个 NN，active NN 和 standby NN 通过共享存储系统保持一致，当 ZooKeeper 监测到 active NN 出现故障时，会立即通过故障转移控制器切换 standby NN 为激活状态，HA 机制的示意图如图 3-4 所示。

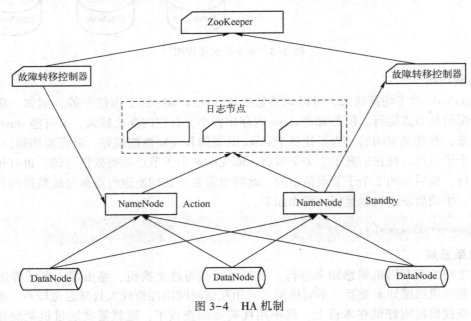

图 3-4　HA 机制

> 注意：SecondaryNameNode 不是 HA，只是阶段性合并 edits 和 fsimage，用以缩短 NN 启动的时间，NN 失效时 SecondaryNN 不能立即提供服务，而且也不能保证数据和 NN 的一致性。

12. Federation 机制

Federation 机制也是用来解决 NN 的单点故障的，但是并非是最佳方案。Federation 机制是指集群中存在多个 NN，各 NN 分别管理一部分命名空间，但共享 DN 的存储资源，各 NN 负责不同元数据的存储，隔离性较好，当 NN 启动时会把所有元数据信息加载到内存中，对装有 NN 的机器内存压力比较大，Federation 机制提供了多个 NN 来存储元数据，但并不能根本上解决单点故障的问题，因为多个 NN 的其中一个宕机，元数据信息还是会丢失，这就意味着需要为每个 NN 部署一个备份 NN 应对宕机的问题，Federation 机制如图 3-5 所示。

13. QJM（Qurom Journal Manager 共享存储系统）

QJM 管理的节点为 JournalNode（日志节点），NameNode 往这些 JournalNode 上读/写 editlog 信息。在每次的写操作过程中，这些信息会发送到所有的 JournalNode 中，关键的一点是，它并不需要所有节点成功地回复信息，只需要多数以上（这里指半数以上）的成功信息即可。

14. JournalNode

QJM 存储段进程，提供日志读写、存储、修复等服务。

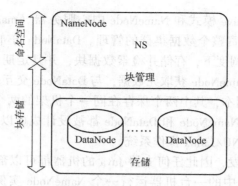

图 3-5 Federation 机制

【例 3-1】如果 heartbeat.recheck.interval 设置为 5,000（ms），dfs.heartbeat.interval 设置为 3（s，默认），则总的超时时间为多少？

根据公式 2 * rechek+10 * heartbet 得总的超时时间为 40 s。

3.2 HDFS 体系结构

HDFS 采用 master/slave 的架构来存储数据，这种架构主要由 4 个部分组成，分别为 HDFS Client、NameNode、DataNode 和 Secondary NameNode。下面分别介绍这 4 个组成部分及其功能。

（1）Client——客户端

1）文件切分。文件上传 HDFS 的时候，Client 将文件切分成一个一个的 Block，然后进行存储。

2）与 NameNode 交互，获取文件的位置信息。

3）与 DataNode 交互，读取或者写入数据。

4）Client 提供一些命令来管理 HDFS，比如启动或者关闭 HDFS。

5）Client 可以通过一些命令来访问 HDFS。

（2）NameNode——master 是一个主管

1）管理 HDFS 的名称空间。

2）管理数据块（Block）映射信息。

3）配置副本策略。

4）处理客户端读写请求。

（3）DataNode-slave（NameNode 下达命令，DataNode 执行实际的操作）

1）存储实际的数据块。

2）执行数据块的读/写操作。

（4）Secondary NameNode

并非 NameNode 的热备。当 NameNode 挂掉的时候，它并不能马上替换 NameNode 并提供服务。

1）辅助 NameNode，分担其工作量。

2）定期合并 fsimage 和 fsedits，并推送给 NameNode。

3）在紧急情况下，可辅助恢复 NameNode。

HDFS 总体架构为主从结构，主节点只有一个（NameNode），从节点有很多个

(DataNode)，采用master-slave模式和NameNode中心服务器（master）来维护文件系统树以及整棵树内的文件目录、负责整个数据集群的管理。DataNode分布在不同的机架上（slave）：在客户端或者NameNode的调度下，存储并检索数据块，并且定期向NameNode发送所存储的数据块的列表。客户端与NameNode获取元数据，与DataNode交互获取数据。默认情况下，每个DataNode都保存了三个副本，其中两个保存在同一个机架的两个不同的节点上。另一个副本放在不同机架的节点上。NameNode和DataNode都被设计成可以在普通商用计算机上运行。这些计算机通常运行的是GNU/Linux操作系统。

HDFS采用Java语言开发，因此任何支持Java的机器都可以部署NameNode和DataNode。一个典型的部署场景是集群中的一台机器运行一个NameNode实例，其他机器分别运行一个DataNode实例。当然，并不排除一台机器运行多个DataNode实例的情况。集群中单一的NameNode的设计大大简化了系统的架构。NameNode是所有HDFS元数据的管理者，用户数据永远不会经过NameNode。HDFS总体架构和物理网络环境如图3-6和图3-7所示。

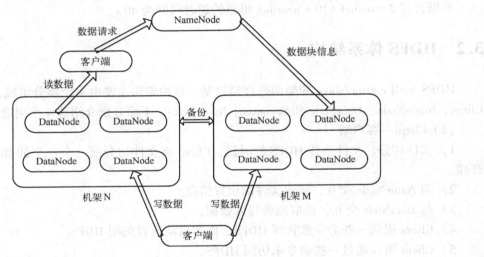

图3-6　HDFS总体架构

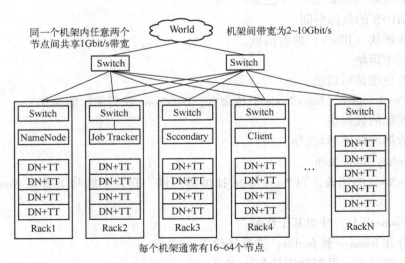

图3-7　HDFS物理网络环境

【实验一】 NameNode

1) 通过 maven 下载源代码,查看 hdfs-default.xml 配置文件。

```
<property>
<name>dfs.namenode.name.dir</name>
<value>file://${hadoop.tmp.dir}/dfs/name</value>
<description>Determines where on the localfilesystem the DFS name node
    should store the name table(fsimage). If this is a comma-delimited list
    of directories then the name table is replicated in all of the
    directories, for redundancy. </description>
</property>
```

描述信息为:确定在本地文件系统上的 DFS 名称节点存储名称表(fsimage)。fsimage 的内容会被存储到以逗号分隔的列表的目录中,然后在所有的目录中复制名称表目录,用于冗余。在实际应用中只需要将上述的源代码复制到 hdfs-site.xml 中,将<value>中的值改为以逗号分隔的列表即可。

> **注意**:逗号后千万不可加空格再写文件。

2) 通过源代码信息的查找,寻找 dfs.NameNode.name.dir 的信息,首先应该找到 hadoop.tmp.dir 的配置信息,从而寻找到 core-site.xml。

```
[root@ neusoft-master sbin]# vi ../etc/hadoop/core-site.xml
<!-- Put site-specific property overrides in this file. -->
<configuration>
<property>
<name>fs.default.name</name>
<value>hdfs://neusoft-master:9000</value>
</property>
<property>
<name>hadoop.tmp.dir</name>
<value>/opt/hadoop-2.6.0-cdh5.6.0/tmp</value>
</property>
```

3) 根据上述分析查找 tmp 目录及其子目录的详细信息,如图 3-8 所示。

```
[root@neusoft-master sbin]# ls /opt/hadoop-2.6.0-cdh5.6.0/tmp/dfs/
namesecondary
[root@neusoft-master sbin]# ls /opt/hadoop-2.6.0-cdh5.6.0/tmp/dfs/namesecondary/
current  in_use.lock
[root@neusoft-master sbin]# ls /opt/hadoop-2.6.0-cdh5.6.0/tmp/dfs/namesecondary/current/
edits_0000000000000005469-0000000000000005495  fsimage_0000000000000005468.md5  VERSION
edits_0000000000000005496-0000000000000005497  fsimage_0000000000000005497
fsimage_0000000000000005468                    fsimage_0000000000000005497.md5
[root@neusoft-master sbin]#
```

图 3-8 tmp 目录及其子目录信息

4) VERSION 信息的内容。

```
[root@ neusoft-master sbin]# more /opt/hadoop-2.6.0-cdh5.6.0/tmp/dfs/namesecondary/current/VERSION
```

显示内容:

```
#MonFeb 06 23:54:55 CST 2017
namespaceID=457699475    #命名空间,hdfs 格式化会改变命名空间 ID,当首次格式化的时候 DataNode
```

和 NameNode 会产生一个相同的 namespaceID，然后读取数据就可以，如果你重新执行格式化的时候，NameNode 的 namespaceID 改变了，但是 DataNode 的 namespaceID 没有改变，两边就不一致了，如果重新启动或进行读写 Hadoop 就会挂掉。
clusterID=CID-409e0084-39f0-4386-8184-dd555478a3d6   #hdfs 集群
cTime=0
storageType=NAME_NODE
blockpoolID=BP-625280320-192.168.191.130-1483628038952   #hdfs 联邦中使用，就是里面的 NameNode 是共享的
layoutVersion=-60

【例 3-2】 多次格式化 NameNode 的问题原因解释

（1）启动服务器 bin/hdfs oiv-i 某个 fsimage 文件。

（2）查看内容 bin/hdfs dfs-ls-R webhdfs。//hdfs 格式化会改变命名空间 ID，首次格式化时 DataNode 和 NameNode 会产生一个相同的 namespaceID，然后读取数据即可，如果你重新执行格式化的时候，NameNode 的 namespaceID 改变了，但是 DataNode 的 namespaceID 没有改变，两边就不一致了，如果重新启动或进行读写 Hadoop 就会挂掉。

解决方案：hdfs namenode-format-force 进行强制的格式化会同时格式化 NameNode 和 DataNode。

-format [-clusterid cid] [-force] [-nonInteractive]

完整的命令为 hdfs namenode[-format[-clusterid cid][-force][-nonInteractive]]。

查看 NameNode 内容：

1) 启动服务器 bin/hdfs oiv-i 某个 fsimage 文件，如图 3-9 所示。

图 3-9 启动服务器

2) 查看内容 bin/hdfs dfs-ls-R webhdfs://127.0.0.1:5978/，如图 3-10 所示。

图 3-10 查看内容

3) 导出结果 bin/hdfs oiv-p XML-itmp/dfs/name/current/fsimage_0000000000000000055-o fsimage.xml。

4) 查看 edtis 内容 bin/hdfs oev-i tmp/dfs/name/current/edits_0000000000000000057-0000000000000000186-o edits.xml，如图 3-11 所示。

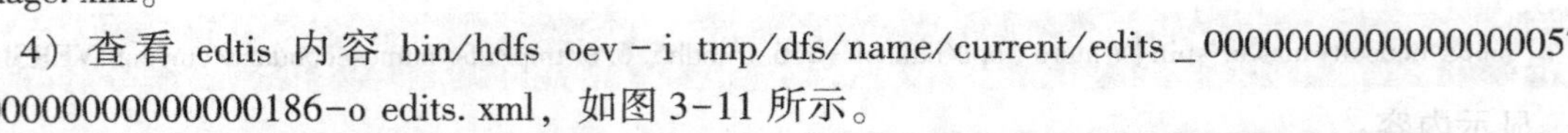

图 3-11 查看 edtis 内容

在 Hadoop2 中，NameNode 的 50030 端口换成 8088，新的 yarn 平台默认是 8088，如图 3-12 所示。也可以通过 yarn-site.xml 进行如下配置。

```
1  <property>
2  <name>yarn.resourcemanager.webapp.address</name>
3  <value>neusoft-master:8088</value>
4  </property>
```

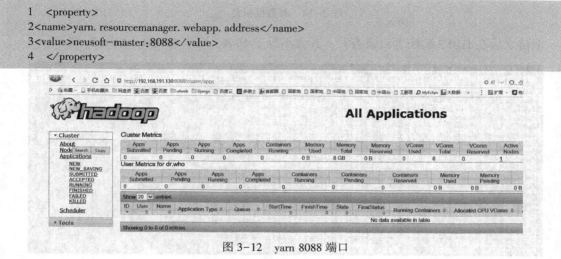

图 3-12 yarn 8088 端口

【实验二】 DataNode

1）HDFS 块大小如何设定？

```
hdfs-default.xml
<property>
<name>dfs.blocksize</name>      #块存储的配置信息
<value>134217728</value>        #这里的块的容量最大是 128 MB,请注意
<description>
      The default block size for new files, in bytes.
      You can use the following suffix (case insensitive):
  k(kilo), m(mega), g(giga), t(tera), p(peta), e(exa) to specify the size (such as 128k, 512m, 1g, etc.),
      Or provide complete size in bytes (such as 134217728 for 128 MB).
</description>
</property>
```

描述信息：新文件的默认块大小（以字节为单位），可以使用以下后缀（不区分大小写）指定大小（例如 128 k，512 m，1 g 等），包括 k（千），m（兆），g（giga），t（tera），p（拍）；或提供完整的大小（以 128 MB 为单位的 134217728）。

2）如何修改默认的块大小？

只需要修改上述配置文件即可，但是这种方式是全局的修改。64 M = 67108864，如果想针对文件修改，只要使用命令修改即可：hadoop fs -Ddfs.blocksize = 134217728 -put ./test.txt/test。

修改数据块的测试，如图 3-13 所示。

```
[root@ neusoft-master filecontent]#hdfs dfs -Ddfs.blocksize=67108864 -put hellodemo /neusoft/hello2
```

```
[root@neusoft-master filecontent]# hdfs dfs -Ddfs.blocksize=67108864 -put hellodemo /neusoft/hello2
17/02/07 01:46:21 WARN util.NativeCodeLoader: Unable to load native-hadoop library for your platform... using bu
iltin-java classes where applicable
```

图 3-13 修改数据块测试

源数据信息如图 3-14 所示。

```
-rw-r--r-- 1 root root   19 Feb  1 00:37 hellodemo
```

图 3-14　源数据信息

上传之后在 HDFS 的配置目录查看，其大小等于 19 B，而非 64 MB，如图 3-15 所示。

```
[root@neusoft-master subdir2]# pwd
/opt/hdfs/data/current/BP-625280320-192.168.191.130-1483628038952/current/finalized/subdir0/subdir2
[root@neusoft-master subdir2]# ll
total 76
-rw-r--r-- 1 root root   91 Feb  5 19:49 blk_1073742336
-rw-r--r-- 1 root root   11 Feb  5 19:49 blk_1073742336_1514.meta
-rw-r--r-- 1 root root 5068 Feb  5 21:13 blk_1073742348
-rw-r--r-- 1 root root   47 Feb  5 21:13 blk_1073742348_1526.meta
-rw-r--r-- 1 root root  879 Feb  6 23:50 blk_1073742400
-rw-r--r-- 1 root root   15 Feb  6 23:50 blk_1073742400_1578.meta
-rw-r--r-- 1 root root  267 Feb  6 23:51 blk_1073742401
-rw-r--r-- 1 root root   11 Feb  6 23:51 blk_1073742401_1579.meta
-rw-r--r-- 1 root root   91 Feb  6 23:51 blk_1073742402
-rw-r--r-- 1 root root   11 Feb  6 23:51 blk_1073742402_1580.meta
-rw-r--r-- 1 root root   19 Feb  7 01:28 blk_1073742403
-rw-r--r-- 1 root root   11 Feb  7 01:28 blk_1073742403_1581.meta
-rw-r--r-- 1 root root   19 Feb  7 01:38 blk_1073742404
-rw-r--r-- 1 root root   11 Feb  7 01:38 blk_1073742404_1582.meta
-rw-r--r-- 1 root root   19 Feb  7 01:46 blk_1073742405
-rw-r--r-- 1 root root   11 Feb  7 01:46 blk_1073742405_1583.meta
-rw-r--r-- 1 root root   19 Feb  7 02:14 blk_1073742406
-rw-r--r-- 1 root root   11 Feb  7 02:14 blk_1073742406_1584.meta
```

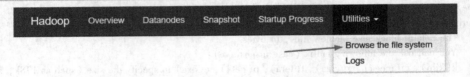

图 3-15　修改块大小

或者通过浏览器查看，如图 3-16 和图 3-17 所示。

```
1. http://192.168.191.130:50070/explorer.html#/neusoft/。
2. #如果 Windows 上配置了 hosts,这里可以写主机名。
```

图 3-16　选择浏览器

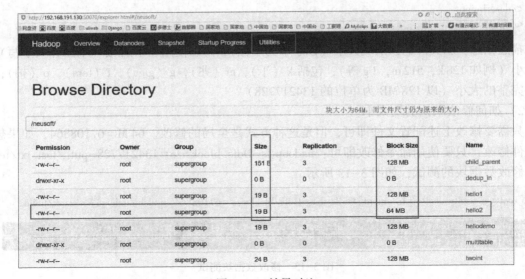

图 3-17　效果对比

> **注意**：一个文件可以产生多个块，多个文件是不可能成为一个块信息的，为了减轻 NameNode 的压力，最好的方式就是一个文件一个块。

3）文件块存放路径查看与具体信息解释。

查找 DataNode 存放数据的位置，配置信息在 hdfs-site.xml 中，如图 3-18 所示。

图 3-18 配置信息

进入 DataNode 存放信息的目录查看。

1. [root@ neusoft-master subdir0]# cd /opt/hdfs/data/current/BP-
2. 625280320-192.168.191.130-
3. 1483628038952/current/finalized/subdir0/subdir0

可以查看到元数据的信息以及数据信息，如图 3-19 所示。

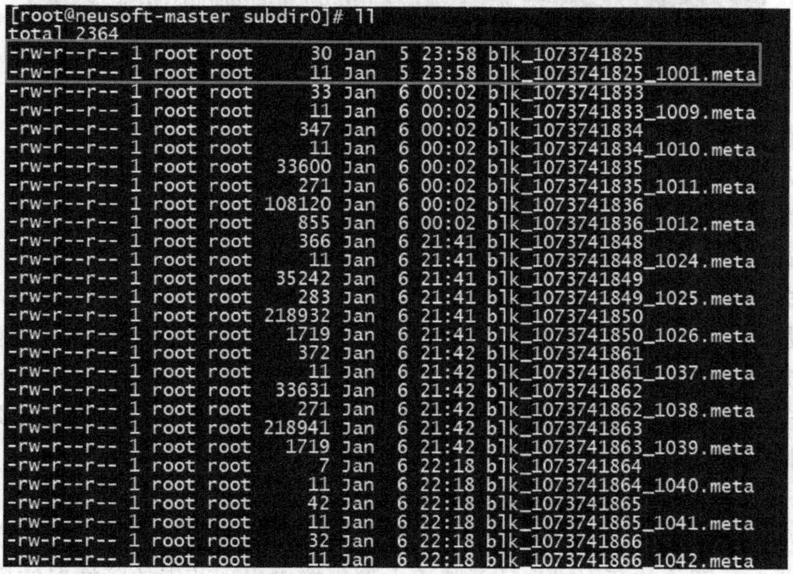

图 3-19 元数据信息

> **注意**：可以在本地新建一个文件，上传到 HDFS 中，查看是否增加了块信息。

副本机制：默认为3。vi hdfs-site.xml 可以修改，配置文件对全局生效。

```
1  <configuration>
2    <property>
3      <name>dfs.replication</name>
4      <value>3</value>
5    </property>
6  </configuration>
```

如果想一部分文件副本为3，一部分文件副本为2，同样在命令行执行操作即可，如图3-20和图3-21所示。

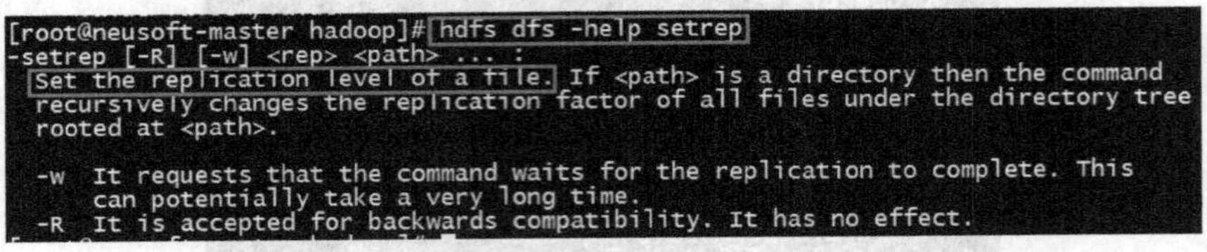

图 3-20　查看副本

[root@ neusoft-master hadoop]#hdfs dfs –setrep   2   /neusoft/hello1

图 3-21　副本数修改

HDFS 的优缺点总结如下。

1. HDFS 的优点

（1）处理超大文件

这里的超大文件通常是指数百 MB、甚至数百 TB 大小的文件。目前在实际应用中，HDFS 已经能用来存储管理 PB 级的数据了。

（2）流式的访问数据

HDFS 的设计建立在更多地响应"一次写入、多次读写"任务的基础上。这意味着一个数据集一旦由数据源生成，就会被复制分发到不同的存储节点中，然后响应各种各样的数据分析任务请求。在多数情况下，分析任务都会涉及数据集中的大部分数据，也就是说，对 HDFS 来说，请求读取整个数据集要比读取一条记录更加高效。

（3）运行于廉价的商用机器集群上

Hadoop 设计对硬件需求比较低，只需运行在低廉的商用硬件集群上，而无需运行在昂贵的高可用性机器上。廉价的商用机也就意味着大型集群中出现节点故障情况的概率非常高。这就要求设计 HDFS 时要充分考虑数据的可靠性、安全性及高可用性。

2. HDFS 的缺点

（1）不适合低延迟数据访问

如果要处理一些用户要求时间比较短的低延迟应用请求，则 HDFS 不适合。HDFS 是为了处理大型数据集分析任务的，主要是为达到高的数据吞吐量而设计的，这就可能要求以高延迟作为代价。

改进策略：对于那些有低延时要求的应用程序，HBase 是一个更好的选择。通过上层数据管理项目来尽可能地弥补这个不足。在性能上有了很大的提升，它的口号就是实时进行。使用缓存或多 master 设计可以降低 client 的数据请求压力，以减少延时。

（2）无法高效存储大量小文件

因为 NameNode 把文件系统的元数据放置在内存中，所以文件系统所能容纳的文件数目是由 NameNode 的内存大小来决定的。一般来说，每一个文件、文件夹和 Block 需要占据 150 B 左右的空间，所以，如果你有 100 万个文件，每一个占据一个 Block，就至少需要 300 MB 内存。当前来说，数百万的文件还是可行的，当扩展到数十亿时，对于当前的硬件水平来说就无法实现了。还有一个问题就是，因为 Maptask 的数量是由 splits 来决定的，所以用 MapReduce 处理大量的小文件时，就会产生过多的 Maptask，线程管理开销将会增加作业时间。

举个例子，处理 10,000 MB 的文件，若每个 split 为 1 MB，那就会有 10,000 个 Maptask，会有很大的线程开销；若每个 split 为 100 MB，则只有 100 个 Maptask，每个 Maptask 将会有更多的事情做，而线程的管理开销也将减小很多。

改进策略：要想让 HDFS 能处理好小文件，有以下几种方法。

1）利用 SequenceFile、MapFile、Har 等方式归档小文件，这个方法的原理就是把小文件归档起来管理，HBase 就是基于此的。对于这种方法，如果想找回原来的小文件内容，就必须得知道与归档文件的映射关系。

2）横向扩展，一个 Hadoop 集群能管理的小文件有限，那就把几个 Hadoop 集群拖在一个虚拟服务器后面，形成一个大的 Hadoop 集群。Google 也曾经这样做过。

3）多 master 设计，这个作用显而易见。正在研发中的 GFS II 也改为分布式多 Master 设计，还支持 master 的故障转移，而且 Block 大小改为 1 MB，有意要调优处理小文件。

（3）不支持多用户写入及任意修改文件

在 HDFS 的一个文件中只有一个写入者，而且写操作只能在文件末尾完成，即只能执行追加操作。目前 HDFS 还不支持多个用户对同一文件的写操作以及在文件任意位置进行修改。

3.3 HDFS 文件存储机制

在 Hadoop 中数据的存储是由 HDFS 负责的，HDFS 是 Hadoop 分布式计算的存储基石，Hadoop 的分布式文件系统和其他分布式文件系统有很多类似的特质。那么 HDFS 相比于其他的文件系统有什么特征呢？简单总结如下。

1）对于整个集群有单一的命名空间。

2）数据一致性。适合一次写入多次读取的模型，客户端在文件没有被成功创建之前无法看到文件存在。

3）文件会被分割成多个文件块，每个文件块被分配存储到数据节点上，而且根据配置会有复制文件块来保证数据的安全性。

在 Hadoop 中数据存储涉及 HDFS 的三个重要角色，分别为：名称节点（NameNode）、数据节点（DataNode）、客户端。

NameNode 可以看作是分布式文件系统中的管理者，主要负责管理文件系统的命名空间、集群配置信息、存储块的复制。NameNode 会在内存中存储文件系统的 Metadata，这些信息主要包括文件信息，即每一个文件对应的文件块的信息，以及每一个文件块在 DataNode 的信息。

DataNode 是负责存储文件数据的节点。HDFS 中文件的存储方式是将文件按块（block）切分，默认一个 block 为 64 MB（该大小可配置）。若文件大小超过一个 block 的容量可能会被切分为多个 block，并存储在不同的 DataNode 上；若文件大小小于一个 block 的容量，则文件只有一个 block，实际占用的存储空间为文件大小容量加上一点额外的校验数据。也可以这么说，一个文件至少由一个或多个 block 组成，而一个 block 仅属于一个文件。block 是一个逻辑概念对象，由 DataNode 基于本地文件系统来实现。每个 block 在本地文件系统中由两个文件组成，第一个文件包含文件数据本身，第二个文件则记录 block 的元信息（Metadata），如数据校验和（checksum）。所以每一个 block 对象实际物理对应两个文件，但 DataNode 不会将文件创建在同一个目录下。因为本机文件系统可能不能高效地支持单目录下的大量文件，DataNode 会使用启发式方法决定单个目录下存放多少文件合适，并在适当时候创建子目录。

文件数据存储的可靠性依赖多副本保障，对于单一 DataNode 节点而言只需保证自己存储的 block 是完整且无损坏的。DataNode 会主动周期性地运行一个 block 扫描器（Scanner）通过比对 checksum 来检查 block 是否损坏。另外还有一种被动的检查方式，就是当读取时检查。DataNode 是文件存储的基本单元。它将 block 存储在本地文件系统中，保存了 block 的 Metadata，同时周期性地发送所有存在的 block 的报告给 NameNode。Client（客户端）就是需要获取分布式文件系统文件的应用程序。数据存储中的读取和写入过程如图 3-22 所示。

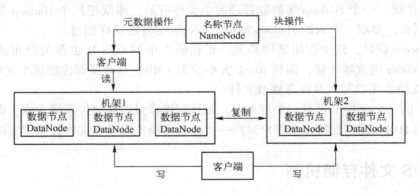

图 3-22　HDFS 存储结构

从图 3-22 可以看到，数据存储过程中主要通过三个操作来说明 NameNode、DataNode、Client 之间的交互关系。根据图 3-22 所示的内容简单分析一下 Hadoop 存储中数据写入和读取访问的基本流程。

1. 文件读取 HDFS 的基本流程（详细过程查看 3.4.1 节）

1）Client 向 NameNode 发起文件读取的请求。

2）NameNode 返回文件存储的 DataNode 的信息。

3）Client 读取文件信息。

2. 文件写入 HDFS 的基本流程（详细过程查看 3.4.2 节）

1）Client 向 NameNode 发起文件写入的请求。

2）NameNode 根据文件大小和文件块配置情况，向 Client 返回它所管理的 DataNode 的信息。

3）Client 将文件划分为多个 block，根据 DataNode 的地址信息，按顺序写入每一个 DataNode 中。

3. 在 HDFS 中复制文件块的基本流程

1）NameNode 发现部分文件的 block 不符合最小复制数这一要求或部分 DataNode 失效。

2）通知 DataNode 相互复制 block。

3）DataNode 开始相互复制。

【例 3-3】 HDFS 设置 block 的目的？

减少硬盘寻道时间（Disk Seek Time）。HDFS 设计的前提是支持大容量的流式数据操作，所以即使是一般的数据读写操作，涉及的数据量都是比较大的。假如数据块设置过少，那需要读取的数据块就比较多，由于数据块在硬盘上非连续存储，普通硬盘因为需要移动磁头，所以随机寻址较慢，读越多的数据块就增大了总的硬盘寻道时间。当硬盘寻道时间比 IO 响应时间还要长得多时，那么硬盘寻道时间就成了系统的一个瓶颈。合适的块大小有助于减少硬盘寻道时间，提高系统吞吐量。

减少 NameNode 内存消耗。HDFS 只有一个 NameNode 节点，其内存相对于 DataNode 来说是极其有限的。然而，NameNode 需要在其内存 fsimage 文件中记录在 DataNode 中的数据块信息，假如数据块大小设置过小，而需要维护的数据块信息过多，那 NameNode 的内存可能就不能满足需求了。

3.4 HDFS 的数据读写过程

在介绍 HDFS 数据读写过程之前，需要简单介绍一下相关的类。File System 是一个通用文件系统的抽象基类，可以被分布式文件系统继承，所有可能使用 Hadoop 文件系统的代码都要使用到这个类。Hadoop 为 File System 这个抽象类提供了多种具体的实现，Distributed File System 就是 File System 在 HDFS 文件系统中的实现。FileSystem 的 open( ) 方法返回的是一个输入流 FS Data Input Stream 对象，在 HDFS 文件系统中，具体的输入流就是 DFS Input Stream；File System 中的 create( ) 方法返回的是一个输入流 FS Data Output Stream 对象，在 HDFS 文件系统中，具体的输出流就是 DFS Output Stream。

3.4.1 读数据的过程

1. 概述

客户端将要读取的文件路径发送给 NameNode，NameNode 获取文件的元信息（主要是 block 的存放位置信息）返回给客户端，客户端根据返回的信息找到相应 DataNode 逐个获取文件的 block 并在客户端本地进行数据追加合并，从而获得整个文件。

2. 读数据步骤详解

1）如图 3-23 所示客户端向 NameNode 发起 RPC 调用，请求读取文件数据。

2）NameNode 检查文件是否存在，如果存在则获取文件的元信息（blockID 以及对应的 DataNode 列表）。

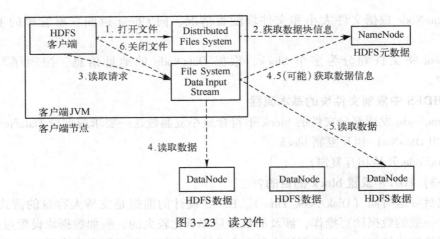

图 3-23 读文件

3) 客户端收到元信息后,选取一个距离网络最近的 DataNode,依次请求读取每个数据块。客户端首先要校检文件是否损坏,如果损坏,客户端会选取另外的 DataNode 请求。

4) DataNode 与客户端 socket 连接,传输对应的数据块,客户端收到数据缓存到本地之后写入文件。

5) 依次传输剩下的数据块,直到整个文件合并完成。

从某个 DataNode 获取的数据块有可能是损坏的,损坏可能是由 DataNode 的存储设备错误、网络错误或者软件 bug 造成的。HDFS 客户端软件实现了对 HDFS 文件内容的校验和检查。当客户端创建一个新的 HDFS 文件,会计算这个文件每个数据块的校验和,并将校验和作为一个单独的隐藏文件保存在同一个 HDFS 名字空间下。当客户端获取文件内容后,它会检验从 DataNode 获取的数据跟相应的校验和文件中的校验和是否匹配,如果不匹配,客户端可以选择从其他 DataNode 获取该数据块的副本。

3.4.2 写数据的过程

1. 概述

客户端要向 HDFS 写数据,首先要跟 NameNode 通信以确认可以写文件并获得接收文件 block 的 DataNode,然后客户端按顺序逐个将 block 传递给相应 DataNode,并由接收到 block 的 DataNode 负责向其他 DataNode 复制 block 的副本。

2. 写数据步骤详解

1) 如图 3-24 所示,客户端向 NameNode 发送上传文件请求,NameNode 对要上传的目录和文件进行检查,判断是否可以上传,并向客户端返回检查结果。

2) 客户端得到上传文件的允许后读取客户端配置,如果没有指定配置则会读取默认配置(例如副本数和块大小默认为 3 MB 和 128 MB,副本是由客户端决定的)。向 NameNode 请求上传一个数据块。

3) NameNode 会根据客户端的配置来查询 DataNode 信息,如果使用默认配置,那么最终结果会返回同一个机架的两个 DataNode 和另一个机架的 DataNode。这称为"机架感知"策略。

4) 客户端在开始传输数据块之前会把数据缓存在本地,当缓存大小超过了一个数据块的大小时,客户端就会从 NameNode 获取要上传的 DataNode 列表。之后会在客户端和第一个 Da-

taNode 建立连接开始流式地传输数据,这个 DataNode 会一小部分一小部分(4 KB)地接收数据然后写入本地仓库,同时会把这些数据传输到第二个 DataNode,第二个 DataNode 也同样一小部分一小部分地接收数据并写入本地仓库,同时传输给第三个 DataNode,依次类推。这样逐级调用和返回之后,待这个数据块传输完成,客户端会告诉 NameNode 数据块传输完成,这时候 NameNode 才会更新元数据信息记录操作日志。

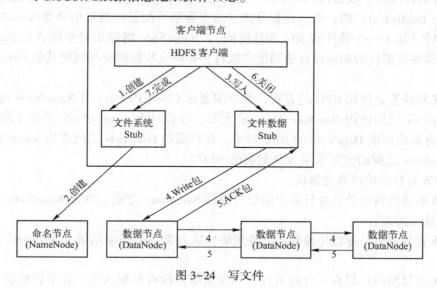

图 3-24 写文件

5)第一个数据块传输完成后会使用同样的方式传输下面的数据块,直到整个文件上传完成。

3. HDFS 数据删除

HDFS 删除数据比较流程相对简单,只列出详细步骤。

1)客户端向 NameNode 发起 RPC 调用,请求删除文件。NameNode 检查合法性。

2)NameNode 查询文件相关元信息,向存储文件数据块的 DataNode 发出删除请求。

3)DataNode 删除相关数据块,返回结果。

4)NameNode 返回结果给客户端。

当用户或应用程序删除某个文件时,这个文件并没有立刻从 HDFS 中删除。实际上,HDFS 会将这个文件重命名转移到/trash 目录。只要文件还在/trash 目录中,该文件就可以被迅速地恢复。文件在/trash 中保存的时间是可配置的,当超过这个时间时,NameNode 就会将该文件从名字空间中删除。删除文件会使得该文件相关的数据块被释放。注意,从用户删除文件到 HDFS 空闲空间的增加之间会有一定的时间延迟。只要被删除的文件还在/trash 目录中,用户就可以恢复这个文件。如果用户想恢复被删除的文件,可以浏览/trash 目录找回该文件。/trash 目录仅仅保存被删除文件的最后副本。/trash 目录与其他的目录没有什么区别,除了一点:在该目录上 HDFS 会应用一个特殊策略来自动删除文件。目前的默认策略是删除/trash 中保留时间超过 6 h 的文件。将来,这个策略可以通过一个被良好定义的接口配置。

当一个文件的副本系数被减小后,NameNode 会选择过剩的副本删除。下次心跳检测时,会将该信息传递给 DataNode。DataNode 遂即移除相应的数据块,集群中的空闲空间加大。同样,在调用 setReplication API 结束和集群中空闲空间增加之间,也会有一定的延迟。

4. 安全模式

NameNode 启动后会进入一个被称为安全模式的特殊状态。处于安全模式的 NameNode 是不会进行数据块复制的。NameNode 从所有的 DataNode 接收心跳信号和块状态报告。块状态报告包括某个 DataNode 所有的数据块列表。每个数据块都有一个指定的最小副本数。当 NameNode 检测确认某个数据块的副本数目达到这个最小值，那么该数据块就会被认为是副本安全（Safely Replicated）的；在一定百分比（这个参数可配置）的数据块被 NameNode 检测确认是安全之后（加上一个额外的 30 s 等待时间），NameNode 将退出安全模式状态。接下来它会确定还有哪些数据块的副本没有达到指定数目，并将这些数据块复制到其他 DataNode 上。

5. 细节

1）请求和应答是使用 RPC 的方式，客户端通过 Client Protocol 与 NameNode 通信，NameNode 和 DataNode 之间使用 DataNode Protocol 交互。在设计上，NameNode 不会主动发起 RPC，而是响应来自客户端或 DataNode 的 RPC 请求。客户端和 DataNode 之间使用 socket 进行数据传输，和 NameNode 之间的交互采用 NIO 封装的 RPC。

2）HDFS 有自己的序列化协议。

3）在数据块传输成功后并且客户端没有告诉 NameNode 之前，如果 NameNode 宕机，那么这个数据块就会丢失。

4）在流式复制时，逐级传输和响应采用响应队列来等待传输结果。队列响应完成后返回给客户端。

5）在流式复制时如果有一台或两台（不是全部）没有复制成功，并不影响最后结果，只不过 DataNode 会定期向 NameNode 汇报自身信息。如果发现异常 NameNode 会指挥 DataNode 删除残余数据和完善副本，如果副本数量少于某个最小值就会进入安全模式。

3.5 HDFS 应用实践

本节介绍关于 HDFS 文件操作的常用 Shell 命令，利用 Web 界面查看和管理 Hadoop 文件系统，以及利用 Hadoop 提供的 Java API 进行基本的文件操作。

3.5.1 HDFS 常用命令

HDFS 文件的相关操作主要使用 hadoop fs、hadoop dfs、hdfs dfs 命令，以下对最常用的相关命令进行简要说明。

（1）ls 命令

```
hadoop fs -ls /
```

列出 HDFS 根目录下的目录和文件。

```
hadoop fs -ls -R /
```

列出 HDFS 所有的目录和文件。

（2）put 命令

```
hadoop fs -put < local file >< hdfs file >
```

hdfs file 的父目录一定要存在，否则命令不会执行。

```
hadoop fs –put  < local file or dir >...< hdfs dir >
```

hdfs dir 一定要存在，否则命令不会执行。

```
hadoop fs –put – < hdsf  file>
```

从键盘读取输入到 hdfs file 中，按〈Ctrl+D〉键结束输入，hdfs file 不能存在，否则命令不会执行。

（3）moveFromLocal 命令

```
hadoop fs –moveFromLocal  < local src >... < hdfs dst >
```

与 put 相类似，命令执行后源文件 local src 被删除，也可以从键盘读取输入到 hdfs file 中。

（4）copyFromLocal 命令

```
hadoop fs –copyFromLocal  < local src >... < hdfs dst >
```

与 put 相类似，也可以从键盘读取输入到 hdfs file 中。

（5）get 命令

```
hadoop fs –get < hdfs file ><local file or dir>
```

local file 和 hdfs file 名字不能相同，否则会提示文件已存在，没有重名的文件会复制到本地。

```
hadoop fs –get < hdfs file or dir >... < local   dir >
```

复制多个文件或目录到本地时，本地为文件夹路径，如果用户不是 root，local 路径为用户文件夹下的路径，否则会出现权限问题。

（6）copyToLocal 命令

```
hadoop fs –copyToLocal < local src >... < hdfs dst >
```

与 get 相类似。

（7）rm 命令

```
hadoop fs –rm < hdfs file >...
hadoop fs –rm –r < hdfs dir>...
```

每次可以删除多个文件或目录。

（8）mkdir 命令

```
hadoop fs –mkdir < hdfs path>
```

只能一级一级地创建目录，父目录不存在的话使用这个命令会报错。

```
hadoop fs –mkdir –p < hdfs path>
```

所创建的目录中，如果父目录不存在就创建该父目录。

（9）getmerge 命令

```
hadoop fs –getmerge < hdfs dir >< local file >
```

将 hdfs 指定目录下所有文件排序后合并到 local 指定的文件中，文件不存在时会自动创建，文件存在时会覆盖里面的内容。

```
hadoop fs -getmerge -nl < hdfs dir >< local file >
```

加上 nl 后，合并到 local file 中的 hdfs 文件之间会空出一行。

（10）cp 命令

```
hadoop fs -cp  < hdfs file >< hdfs file >
```

目标文件不能存在，否则命令不能执行，相当于给文件重命名并保存，源文件还存在。

```
hadoop fs -cp < hdfs file or dir >... < hdfs dir >
```

目标文件夹要存在，否则命令不能执行。

（11）mv 命令

```
hadoop fs -mv < hdfs file >< hdfs file >
```

目标文件不能存在，否则命令不能执行，相当于给文件重命名并保存，源文件不存在。

```
hadoop fs -mv  < hdfs file or dir >...  < hdfs dir >
```

源路径有多个时，目标路径必须为目录，且必须存在，跨文件系统的移动（local 到 hdfs，或者反过来）都是不允许的。

（12）count 命令

```
hadoop fs -count < hdfs path >
```

统计 hdfs 对应路径下的目录个数、文件个数、文件总计大小，显示为目录个数、文件个数、文件总计大小，输入路径。

（13）du 命令

```
hadoop fs -du < hdsf path>
```

显示 hdfs 对应路径下每个文件夹和文件的大小。

```
hadoop fs -du -s < hdsf path>
```

显示 hdfs 对应路径下所有文件的大小。

```
hadoop fs -du - h < hdsf path>
```

显示 hdfs 对应路径下每个文件夹和文件的大小，文件的大小用方便阅读的形式表示，例如用 64 M 代替 67108864。

（14）text 命令

```
hadoop fs -text < hdsf file>
```

将文本文件或某些格式的非文本文件通过文本格式输出。

（15）setrep 命令

```
hadoop fs -setrep -R 3 < hdfs path >
```

改变一个文件在 hdfs 中的副本个数，上述命令中数字 3 为所设置的副本个数，-R 选项可以对一个目录下的所有目录和文件递归执行改变副本个数的操作。

(16) stat 命令

hdoop fs -stat [format] < hdfs path >

返回对应路径的状态信息。[format] 可选参数有:%b（文件大小）,%o（block 大小）,%n（文件名）,%r（副本个数）,%y（最后一次修改日期和时间）。

> **注意**：可以这样书写 hadoop fs -stat %b%o%n < hdfs path >，不过不建议，这样每个字符输出的结果不太容易分清楚。

(17) tail 命令

hadoop fs -tail < hdfs file >

在标准输出中显示文件末尾的 1KB 数据。

(18) archive 命令

hadoop archive -archiveName name.har -p < hdfs parent dir >< src >* < hdfs dst >

命令中参数 name：压缩文件名，自己任意取；< hdfs parent dir >：压缩文件所在的父目录；< src >：要压缩的文件名；< hdfs dst >：压缩文件存放路径。

示例：hadoop archive -archiveName hadoop.har -p/user 1.txt 2.txt/des。示例中将 hdfs 中/user 目录下的文件 1.txt，2.txt 压缩成一个名叫 hadoop.har 的文件存放在 hdfs 中/des 目录下，如果 1.txt，2.txt 不写就是将/user 目录下所有的目录和文件压缩成一个名叫 hadoop.har 的文件存放在 hdfs 中/des 目录下。

显示 jar 的内容可以用如下命令：

hadoop fs -ls /des/hadoop.jar

显示 har 压缩的是哪些文件可以用如下命令：

hadoop fs -ls -R har:///des/hadoop.har

> **注意**：har 文件不能进行二次压缩。如果想给.har 加文件，只能找到原来的文件，重新创建一个。har 文件中原来文件的数据并没有变化，har 文件真正的作用是减少 NameNode 和 DataNode 过多的空间浪费。

(19) balancer 命令

hdfs balancer

如果管理员发现某些 DataNode 保存数据过多，某些 DataNode 保存数据相对较少，可以使用上述命令手动启动内部的均衡过程。

(20) dfsadmin 命令

hdfs dfsadmin -help

管理员可以通过 dfsadmin 管理 HDFS，通过上述命令可以查看。

hdfs dfsadmin -report

显示文件系统的基本数据。

```
hdfs dfsadmin –safemode < enter | leave | get | wait >
```

enter：进入安全模式；leave：离开安全模式；get：获知是否开启安全模式；wait：等待离开安全模式。

3.5.2 HDFS 的 Web 界面

1. 启动顺序

（1）启动 Hadoop

执行 bin/start-dfs.sh（注意：第一次启动 Hadoop 之前必须 namenode-format），启动完成后，使用 jps 命令查看。

master 上有两个进程：namenode 和 secondarynamenode。

slave 上有一个进程：datanode。如图 3-25 所示。

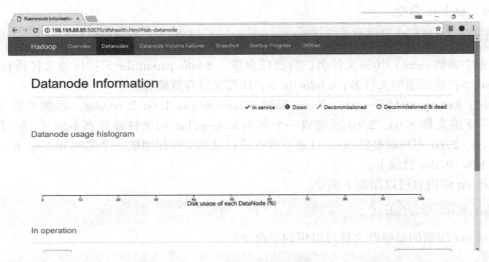

图 3-25　DatoNode 进程

（2）启动 yarn

执行 bin/start-yarn.sh，启动完成后，使用 jps 命令查看。

master 上又启动了一个新进程：resourcemanager。

slave 上又启动了一个新进程：nodemanager。如图 3-26 所示。

图 3-26　nodemanager 进程

（3）启动 ZooKeeper

执行 bin/zkServer.sh start（master 和 slave 上都要启动，第一步和第二步只在 master 上启动即可），启动完成后，使用 jps 命令查看。

master 和 slave 上又多了一个新进程：quorunpeermain。

（4）启动 HBase

bin/start-hbase.sh，启动完成后，使用 jps 命令查看。

master 上多了一个进程：HMaster。

slave 上多了一个进程：HRegionserver。

至此，启动完成，可以进入 Hbase shell，进行建表、添加数据等操作。

2. 使用 Web 查看 Hadoop 的运行状态

（1）查看 HDFS 集群状态

访问如下地址：http://198.199.89.85:50070，界面如图 3-27 所示。

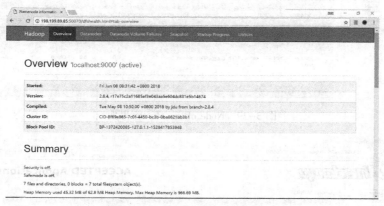

图 3-27　查看 HDFS 集群状态

（2）查看 Web 控制台状态

访问如下地址：http://master:8088（yarn.resourcemanager.webapp.address）。

（3）查看 HBase 的状态

访问如下地址：http://localhost:60010。对于 Hadoop2.2.0，只发现了上述两个 Web 地址，可能还有其他的，Hadoop1.x 和 Hadoop0.20.x 的 Web 地址对应的端口可能不太一样，也可能和配置文件有关，了解完 Hadoop，下面从视觉上看看 Hadoop 如何使用，如图 3-28 所示。

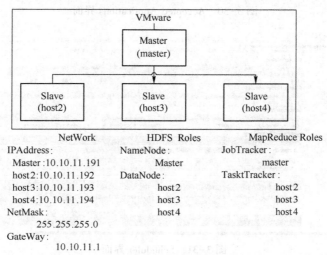

图 3-28　实际运行

可以在 Windows 7 系统上，通过 Web 界面在浏览器地址栏输入地址 198.199.89.85：50070，直接查看 Hadoop 的运行情况。由此可以看到 Map/Reduce 的管理情况，如图 3-29 ~ 图 3-31 所示。

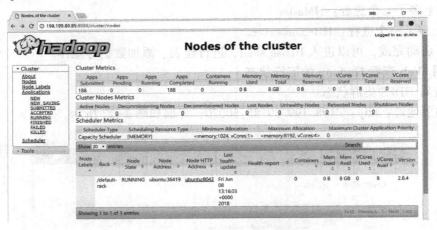

图 3-29　Node of the cluster 界面

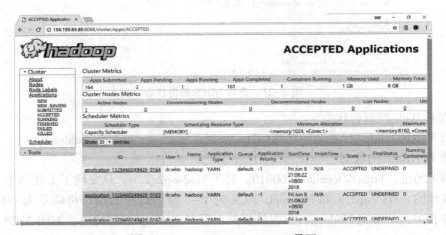

图 3-30　Accepted Applications 界面

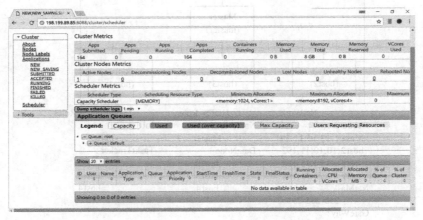

图 3-31　Scheduler 界面

3.5.3 HDFS 常用 Java API 及应用实例

打开 Eclipse，开始创建项目，选择顶部菜单 File → New → Java Project，创建名为 HadoopTest 的项目，如图 3-32 所示。

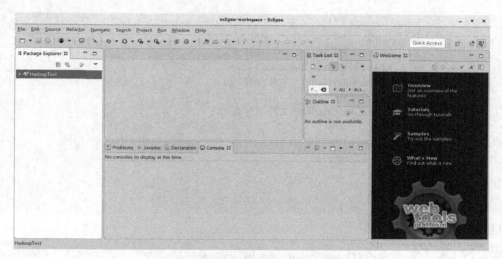

图 3-32 创建 Hadoop Test 项目

为项目加载所需要的 jar 包。首先获取 jar 包，Java API 所在的 jar 包都在已经安装好的 Hadoop 文件夹中，路径为：<hadoop_home>/share/hadoop。本项目所需的 Hadoop jar 包主要有 hadoop-common-2.9.0.jar 和 hadoop-hdfs-2.9.0.jar。

加载 jar 包的具体操作为：右击所选的 Eclipse 项目→在弹出菜单中选择 Properties→Java Build Path→Libraries→Add Externall JARS。另外，为了避免报"ClassNotFound"异常，还需要向项目中加入 Hadoop API 所依赖的第三方包，这些包在<hadoop_home>/share/hadoop/common/lib/文件夹下，将该 lib 文件整个复制到项目根目录下，并在 Eclipse 中刷新项目，选中 lib 下的所有 jar 包，右击选择 Build Path→Add to Build Path，如图 3-33 所示。

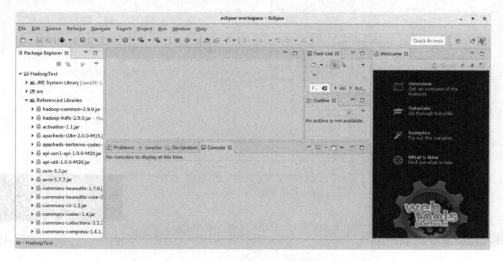

图 3-33 路径选择

编写一个简单的程序来测试伪分布文件系统 HDFS 上是否存在 test.txt 文件。

```java
import org.apache.hadoop.conf.Configuration;
import org.apache.hadoop.fs.FileSystem;
import org.apache.hadoop.fs.Path;
public class Chapter3 {
    public static void main(String[] args) {
        try {
            String filename = "hdfs://localhost:9000/user/hadoop/test.txt";
            Configuration conf = new Configuration();
            FileSystem fs = FileSystem.get(conf);
            if(fs.exists(new Path(filename))) {
                System.out.println("文件存在");
            } else {
                System.out.println("文件不存在");
            }
        } catch(Exception e) {
            e.printStackTrace();
        }
    }
}
```

直接运行会报以下错误。

Wrong FS:hdfs://localhost:9000/user/hadoop/test.txt, expected: file:///

该错误的解决方法是将<hadoop_home>/etc/hadoop/ 文件夹下的 core-site.xml 文件和 hdfs-site.xml 文件复制到项目的 src/ 目录下。

再运行还会报以下错误。

NoFileSystem for scheme "hdfs"

需要添加 hadoop-hdfs-client-2.9.0.jar 包到 Build Path 下。

运行成功后结果如图 3-34 所示。

图 3-34　添加 hadoop-hdfs-client-2.9.0.jar 包

【实例一】：使用 java. net. URL 访问 HDFS。

操作：显示 HDFS 文件夹中的文件内容。

- 使用 java. net. URL 对象打开数据流。
- 使用静态代码块使得 Java 程序识别 Hadoop 的 HDFS url。

操作代码如下：

```
packageTestHdfs;
import java. io. InputStream;
import java. net. URL;
import org. apache. hadoop. fs. FsUrlStreamHandlerFactory;
import org. apache. hadoop. io. IOUtils;
/**
 * @authorSimonsZhao
 * HDFS 的 API 使用
 * 1. 如果要访问 HDFS,HDFS 客户端必须有一份 HDFS 的配置文件
 * 也就是 hdfs-site. xml,从而读取 NameNode 的信息。
 * 2. 每个应用程序也必须拥有访问 Hadoop 程序的 jar 文件
 * 3. 操作 HDFS,也就是 HDFS 的读和写,最常用的类 FileSystem
 *操作:显示 HDFS 文件夹中的文件内容
 * 1. 使用 java. net. URL 对象打开数据流
 * 2. 使用静态代码块使得 Java 程序识别 Hadoop 的 HDFS url
 */
public classMyCat {
    static {
        URL. setURLStreamHandlerFactory( new FsUrlStreamHandlerFactory( ) );
    }
    public static void main(String[ ] args) {
        InputStream input = null;
        try {
            input = new URL(args[0]). openStream( );
            IOUtils. copyBytes( input, System. out,4096, false);
        } catch (Exception e) {
            System. err. println("Error");
        } finally {
            IOUtils. closeStream( input);
        }
    }
}
```

1) 在指定文件夹下创建示例文件 demo，如图 3-35 所示。

[root@ neusoft-master filecontent]# vi demo

图 3-35 创建 demo 文件

2) 上传文件至 HDFS 的 data 目录，需要首先创建 data 目录，如图 3-36 所示。

[root@ neusoft-master filecontent]# hadoop dfs -put demo /data/

```
[root@neusoft-master filecontent]# hadoop dfs -put demo /data/
DEPRECATED: Use of this script to execute hdfs command is deprec
Instead use the hdfs command for it.

17/03/20 11:39:00 WARN util.NativeCodeLoader: Unable to load nat
```

图 3-36 创建 data 目录

3）查看是否上传成功，如图 3-37 所示。

[root@ neusoft-master filecontent]#hadoop dfs -ls/data/

```
[root@neusoft-master filecontent]# hadoop dfs -ls /data/
DEPRECATED: Use of this script to execute hdfs command is deprecated.
Instead use the hdfs command for it.

17/03/20 11:39:13 WARN util.NativeCodeLoader: Unable to load native-hadoop
Found 3 items
-rw-r--r--   3 root supergroup       2214 2017-02-01 11:26 /data/HTTP_20130
-rw-r--r--   3 root supergroup         28 2017-03-20 11:39 /data/demo
-rw-r--r--   3 root supergroup         19 2017-02-01 00:39 /data/hellodemo
```

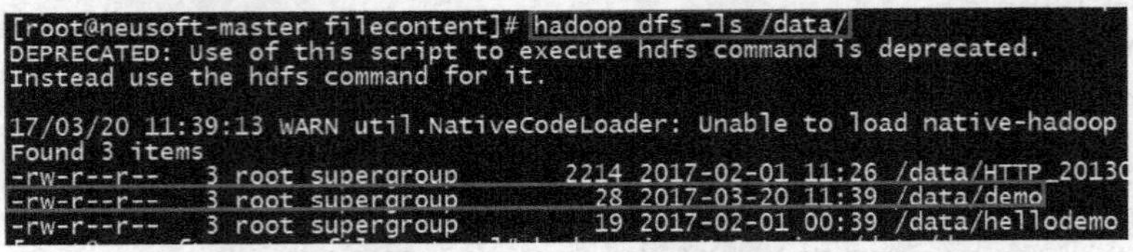

图 3-37 查看上传结果

4）将已经打包好的 jar 文件上传至 Linux 并切换到相应文件夹运行 Hadoop 命令执行，从结果可以看出 demo 文件的内容，如图 3-38 所示。

[root@ neusoft-master filecontent]#hadoop jar MyCat. jar hdfs://neusoft-master:9000/data/demo

```
[root@neusoft-master filecontent]# hadoop jar MyCat.jar hdfs://neusoft-master:9000/data/demo
17/03/20 11:40:06 WARN util.NativeCodeLoader: Unable to load native-hadoop library for your p
welcome to neusoft collage~
[root@neusoft-master filecontent]#
The network connection was aborted by the local system.
```

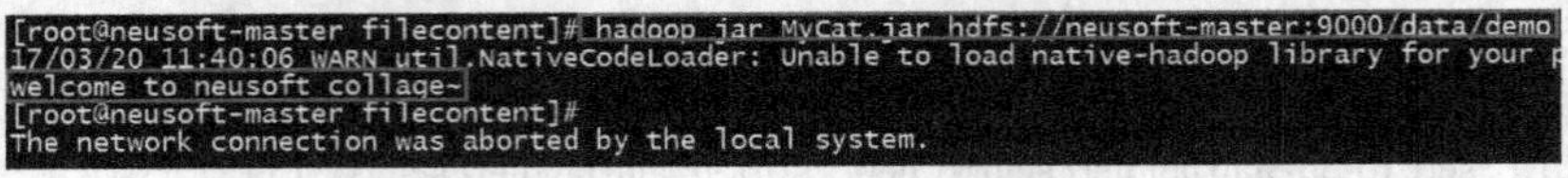

图 3-38 demo 文件内容

【实例二】：使用 **FileSystem** 访问 **HDFS**。

操作：将本地文件系统的文件通过 java-API 写入到 HDFS 文件。

1）本地文件系统和 HDFS 中应该首先创建指定的目录。

Linux 中创建文件命令：mkdir test。

HDFS 中创建文件夹命令：hadoop dfs -mkdir /data/。

String source="/usr/local/filecontent/demo";//Linux 中的文件路径,demo 存在一定数据,这里存储了一行英语句子,如 welcome to.....
String destination="hdfs://neusoft-master:9000/data/test";//HDFS 的路径

2）程序源代码如下。

```
packageTestHdfs;
import java.io.BufferedInputStream;
import java.io.FileInputStream;
import java.io.FileNotFoundException;
import java.io.InputStream;
import java.io.OutputStream;
import java.net.URI;

import org.apache.hadoop.conf.Configuration;
import org.apache.hadoop.fs.FSDataOutputStream;
import org.apache.hadoop.fs.FileSystem;
```

```
import org.apache.hadoop.fs.Path;
import org.apache.hadoop.io.IOUtils;

/**
 * @authorSimonsZhao
 *将本地文件系统的文件通过java-API写入到HDFS文件
 */
public classFileCopyFromLocal{
    public static void main(String[] args) throws Exception {
        String source="/usr/local/filecontent/demo";//Linux 中的文件路径,demo 存在一定数据
        String destination="hdfs://neusoft-master:9000/data/test";//HDFS 的路径
        InputStream in = new BufferedInputStream(new FileInputStream(source));
        //HDFS 读写的配置文件
        Configuration conf = new Configuration();
        //调用Filesystem的create方法返回的是FSDataOutputStream对象
        //该对象不允许在文件中定位,因为HDFS只允许一个已打开的文件顺序写入或追加
        FileSystem fs = FileSystem.get(URI.create(destination),conf);
        OutputStream out = fs.create(new Path(destination));
        IOUtils.copyBytes(in, out, 4096, true);
    }
}
```

3)程序打包并传至 Linux 文件系统中,请参考实例一的打包过程。

4)程序运行及结果分析。

① 查看指定 jar 包是否成功上传,在 Linux 中使用 ls 或 ll 命令。

② 执行 jar 命令,运行结果如图 3-39 所示。

[root@ neusoft-master filecontent]#hadoop jar FileSystemDemoCat.jar

```
[root@neusoft-master filecontent]# hadoop jar FileSystemDemoCat.jar
17/03/20 17:50:16 WARN util.NativeCodeLoader: Unable to load native-
welcome to neusoft collage~
[root@neusoft-master filecontent]# ll
```

图 3-39 程序运行结果

③ 结果显示"welcome to...."说明操作正确回到导航。

【实例三】:创建 HDFS 目录。

操作:HDFS 创建 test2 目录。

1)明确在 HDFS 中创建目录的具体地址,在程序中通过 args[0]参数提供用户输入,例如:

hdfs://neusoft-master:9000/data/test2

2)程序源代码如下。

```
packageTestHdfs;
import java.net.URI;
import org.apache.hadoop.conf.Configuration;
import org.apache.hadoop.fs.FileSystem;
import org.apache.hadoop.fs.Path;
/**
 * @authorSimonsZhao
```

```
 * 创建 HDFS 目录
 * 实例:HDFS 创建 test2 目录
 * hadoop jar CreateDir.jar hdfs://neusoft-master:9000/data/test2
 */
public classCreateDirction {
    public static void main(String[] args) {
        //HDFS 路径:hdfs://neusoft-master:9000/data/test2
        String uri = args[0];//从键盘输入路径参数
        Configuration conf = new Configuration();
        try {
        FileSystem fs = FileSystem.get(new URI(uri),conf);
            Path dfs = new Path(uri);
            fs.mkdirs(dfs);
        } catch (Exception e) {
            e.printStackTrace();
        } finally {
            System.out.println("SUCESS");
        }
    }
}
```

3) 将 jar 包上传到 Linux,请参考第一个程序的导出 jar 包的过程。
4) 程序运行及结果分析如图 3-40 所示。

[root@neusoft-master filecontent]#hadoop jar CreateDir.jar hdfs://neusoft-master:9000/data/test2

```
[root@neusoft-master filecontent]# hadoop jar CreateDir.jar hdfs://neusoft-master:9000/data/test2
17/03/20 20:10:11 WARN util.NativeCodeLoader: Unable to load native-hadoop library for your platfo
SUCESS
[root@neusoft-master filecontent]# hadoop dfs -ls /data/
DEPRECATED: Use of this script to execute hdfs command is deprecated.
Instead use the hdfs command for it.

17/03/20 20:10:31 WARN util.NativeCodeLoader: Unable to load native-hadoop library for your platfo
Found 5 items
-rw-r--r--   3 root supergroup       2214 2017-02-01 11:26 /data/HTTP_20130313143750.dat
-rw-r--r--   3 root supergroup         28 2017-03-20 11:39 /data/demo
-rw-r--r--   3 root supergroup         19 2017-02-01 00:39 /data/hellodemo
-rw-r--r--   3 root supergroup         28 2017-03-20 19:30 /data/test
drwxr-xr-x   - root supergroup          0 2017-03-20 20:10 /data/test2
```
指定的参数

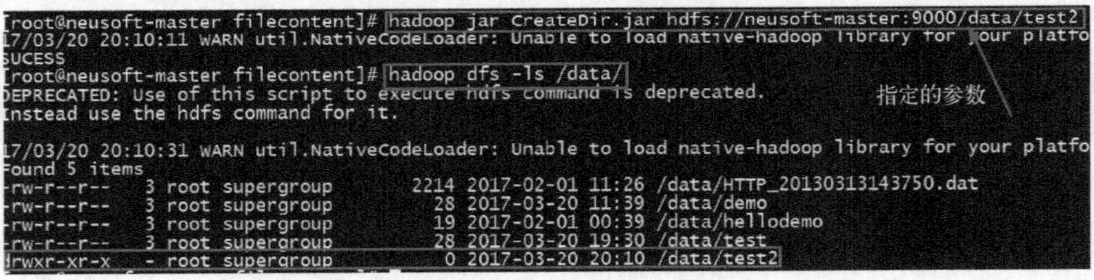

图 3-40 test 2 目录创建

【实例四】:删除 HDFS 目录。
源代码如下:

```
packageTestHdfs;
import java.net.URI;
import org.apache.hadoop.conf.Configuration;
import org.apache.hadoop.fs.FileSystem;
import org.apache.hadoop.fs.Path;
/**
 * @authorSimonsZhao
 * 删除 HDFS 上面的文件
 */
public classDeleteFile {
    public static void main(String[] args) {
        String uri = "hdfs://neusoft-master:9000/data/test2";
        Configuration conf = new Configuration();
```

```
        try {
            FileSystem fs =FileSystem.get(new URI(uri), conf);
            Path f = new Path(uri);
                //递归删除文件夹下所有文件
                booleanisDelete= fs.delete(f, true);
                //递归删除文件夹下所有文件
                //booleanisDelete= fs.delete(f, false);
                String str=isDelete?"Sucess":"Error";
                System.out.println("删除"+str);
        } catch (Exception e) {
                System.out.println("删除出错~");
        }
    }
}
```

将 jar 包上传到 Linux（请参考第一个程序的导出 jar 包的过程）。

程序运行及结果分析：执行程序之后，通过 hadoop dfs-ls/查看是否成功删除 HDFS 上面的文件。

【实例五】：查看文件或目录是否存在。

源代码如下：

```
packageTestHdfs;
import java.net.URI;
import org.apache.hadoop.conf.Configuration;
import org.apache.hadoop.fs.FileSystem;
import org.apache.hadoop.fs.Path;
/**
 * @authorSimonsZhao
 *查看文件是否存在
 */
public classCheckFileIsExists {
    public static void main(String[] args) {
        //String uri="hdfs://neusoft-master:9000/data/test2/";//指定目录
        String uri="hdfs://neusoft-master:9000/data/test2/hello";//指定文件
        Configuration conf = new Configuration();
        try {
        FileSystem fs = FileSystem.get(new URI(uri), conf);
            Path path = new Path(uri);
            booleanisExists=fs.exists(path);
            String str=isExists?"Exists":"Not Exists";
            System.out.println("指定文件或目录"+str);
        } catch (Exception e) {
            e.printStackTrace();
        }
    }
}
```

将 jar 包上传到 Linux（请参考第一个程序的导出 jar 包的过程）。

程序运行及结果分析：如果在 Linux 中存在该文件的话，则显示"指定文件或目录 Exists"。

【实例六】：列出目录下的文件或目录名称。

源代码如下:

```java
package TestHdfs;
import java.net.URI;
import org.apache.hadoop.conf.Configuration;
import org.apache.hadoop.fs.FileStatus;
import org.apache.hadoop.fs.FileSystem;
import org.apache.hadoop.fs.Path;
/**
 * @authorSimonsZhao
 * 列出目录下的文件或目录名称
 */
public class ListFiles {
    public static void main(String[] args) {
        String uri = "hdfs://neusoft-master:9000/data";
        Configuration conf = new Configuration();
        try {
            FileSystem fs = FileSystem.get(new URI(uri), conf);
            Path path = new Path(uri);
            FileStatus status[] = fs.listStatus(path);
            for (int i = 0; i < status.length; i++) {
                System.out.println(status[i].getPath().toString());
            }
        } catch (Exception e) {
            e.printStackTrace();
        }
    }
}
```

将 jar 包上传到 Linux (请参考第一个程序的导出 jar 包的过程)。程序运行及结果分析如图 3-41 所示。

```
hdfs://neusoft-master:9000/data/HTTP_20130313143750.dat
hdfs://neusoft-master:9000/data/demo
hdfs://neusoft-master:9000/data/hellodemo
hdfs://neusoft-master:9000/data/test
hdfs://neusoft-master:9000/data/test2
```

图 3-41 运行结果

【实例七】：查看文件存储位置。

源代码如下:

```java
package TestHdfs;
import java.net.URI;
import org.apache.hadoop.conf.Configuration;
import org.apache.hadoop.fs.BlockLocation;
import org.apache.hadoop.fs.FileStatus;
import org.apache.hadoop.fs.FileSystem;
import org.apache.hadoop.fs.Path;

/**
 * @authorSimonsZhao
 * 文件存储的位置
```

```java
*/
public classLoactionFile {
    public static void main(String[ ] args) {
        String uri="hdfs://neusoft-master:9000/data/demo" ;//hello 为文件
        Configuration conf = new Configuration();
        try {
            FileSystem fs=FileSystem.get(new URI(uri), conf);
            Path path = new Path(uri);
            FileStatus fileStatus = fs.getFileStatus(path);
            BlockLocation blkLocation[ ] =
                    fs.getFileBlockLocations
                        (fileStatus, 0, fileStatus.getLen());
            for (int i = 0; i <blkLocation.length; i++) {
                String[ ] hosts=blkLocation[i].getHosts();
                System.out.println("block_"+i+"_Location:"+hosts[0]);
            }
        } catch (Exception e) {
            e.printStackTrace();
        }
    }
}
```

将 jar 包上传到 Linux（请参考第一个程序的导出 jar 包的过程）。

程序运行及结果分析：由于采用伪分布的环境 block 块存储均为 1，因此这里仅显示 1 个 block 块的 host 主机名，显示 "block_0_Location：neusoft-master"。

【实例八】：将本地文件写入到 **HDFS** 中。

源代码如下：

```java
packageTestHdfs;
import java.io.BufferedInputStream;
import java.io.FileInputStream;
import java.io.InputStream;
import java.io.OutputStream;
import java.net.URI;
import org.apache.hadoop.conf.Configuration;
import org.apache.hadoop.fs.FileSystem;
import org.apache.hadoop.fs.Path;
import org.apache.hadoop.io.IOUtils;
/**
 * @authorSimonsZhao
 * 将本地文件系统的文件通过 java-API 写入到 HDFS 文件
 */
public classFileCopyFromLocal {
    public static void main(String[ ] args) throws Exception {
        String source="/usr/local/filecontent/demo";//Linux 中的文件路径,demo 存在一定数据
        String destination="hdfs://neusoft-master:9000/data/test";//HDFS 的路径
        InputStream in = new BufferedInputStream(new FileInputStream(source));
        //HDFS 读写的配置文件
        Configuration conf = new Configuration();
        //调用 Filesystem 的 create 方法返回的是 FSDataOutputStream 对象
        //该对象不允许在文件中定位,因为 HDFS 只允许一个已打开的文件顺序写入或追加
```

```
            FileSystem fs = FileSystem.get(URI.create(destination),conf);
            OutputStream out = fs.create(new Path(destination));
            IOUtils.copyBytes(in, out, 4096, true);
        }
    }
```

将 jar 包上传到 Linux（请参考第一个程序的导出 jar 包的过程）。

程序运行及结果分析：将本地的 demo 文件写入 HDFS 的 data 目录下的 test 文件。

3.6 本章小结

HDFS 是 Hadoop 项目的核心子项目，是分布式计算中数据存储管理的基础，是基于流数据模式访问和处理超大文件的需求而开发的，可以运行于廉价的商用服务器上。它所具有的高容错、高可靠性、高可扩展性、高获得性、高吞吐率等特征为海量数据提供了不担心故障的存储，为超大数据集（Large Data Set）的应用处理带来了很多便利。

3.7 习题

一、填空

1. HDFS 的特征：对于整个集群有_____的命名空间、数据的_____性、文件会被_____。

2. HDFS 的 Web 界面中启动完成后使用 jps 命令查看：Master 上有两个进程：_____和_____。

3. 每个 HDFS 集群具有许多_____，集群中的每个节点一个_____。运行_____的节点所连接的存储器由这些_____管理。如果一个文件拆分为若干块，那么这些块存储在分散在整个集群中的一组_____上。

4. block 是一个逻辑概念对象，由 DataNode 基于本地文件系统来实现。每个 block 在本地文件系统中由两个文件组成，第一个文件_____，第二个文件如：数据校验和 checksum。所以每一个 block 对象实际物理对应两个文件，但 DataNode 不会将文件创建在同一个目录下。

5. 在 Hadoop 中数据存储涉及 HDFS 的三个重要角色，分别为_____、_____、_____。

二、简答

1. 写出在 HDFS 中复制文件块的基本流程。

2. 写出命令：

1) 列出 HDFS 根目录下的目录和文件。

2) 列出 HDFS 所有的目录和文件。

3) 在 hadoop2 中，将 NameNode 的端口换成 8088 端口。

4) 显示 har 压缩的是哪些文件。

第 4 章 计算系统 MapReduce

MapReduce 是处理分布在数百台机器上的数据的计算框架，近些年来，随着其在 Google、Hadoop 及其他的一些系统中的应用而越来越流行。这个计算框架超乎寻常的强大，但它并不是一种针对"大数据"问题的通用解决方案，虽然可以很好地适用一些问题，但对有些问题来说，解决起来还是非常具有挑战性的。本章将介绍哪些问题适合使用 MapReduce 计算框架来解决，以及如何高效地使用 MapReduce 计算框架。

4.1 MapReduce 概述

MapReduce 框架最初是在 Google 的论文中提出的，但其对应的代码没有开源。目前已有多个独立的系统（如 Hadoop、Disco）实现了 MapReduce 框架，另外一些大型系统的查询语言也已经内置了支持 MapReduce 的软件。本章中的 MapReduce 主要面向的是 Hadoop 平台。

4.1.1 MapReduce 简介

当前，社区的发展势头和广泛使用的设计模式已经积累到了一个关键点，使得汇总整理一份设计模式清单供开发者分享成为可能。Hadoop 的发展初期，还没有足够的这方面的经验积累。但 MapReduce 的发展速度超乎寻常，从 2004 年 Google 公开发布 MapReduce 的论文到 2012 年为止，Hadoop 已经成长为了被广泛采用的分布式数据处理的业界标准。

MapReduce 的真实起源是存在争议的，但引领走向这个旅程的是 2004 年 Jeffrey Dean 和 Sanjay Ghemawat 发表的论文《MapReduce: Simplified Data Processing on Large Cluster》。此篇论文在后来被广泛引用，它描述了 Google 如何通过拆分、处理和聚合来处理那些大到令人难以置信的数据集。

在这篇论文发表后不久，开源软件领域的先行者 Doug Cutting 开始为他的 Nutch 系统实现其分布的 MapReduce 框架，Nutch 系统的目标是实现一个开源的搜索引擎。随着时间的推移以及后续 Yahoo 的持续投入，Hadoop 从 Nutch 中独立出来，并最终成为 Apache Foundation 的顶级项目。时至今日，大量的独立开发者和组织者都加入到了 Hadoop 社区，并为其贡献代码，这促使 Hadoop 每一个新版本的发布都有新功能的添加和性能的提升。

MapReduce 是一种思想，总结起来就是"分而治之，迭代汇总"。Hadoop MapReduce 将作业分成一系列运行在分布式集群中的 map 任务和 reduce 任务。每个任务都工作在被指定的小的数据子集上，因此负载是遍布集群中各个节点上的。map 任务主要负责数据的载入、解析、转换和过滤。每个 reduce 任务负责处理 map 任务输出结果的一个子集。然后，reducer 任务从 mapper 任务处复制 map 任务的中间数据，进行分组和聚合操作。从简单的数值聚合到复杂的关联操作以及笛卡儿积操作，MapReduce 通过如此简洁的架构来解决范围广泛的诸多问题。

Hadoop 中的每个 map 任务可以细分为成 4 个阶段：record reader、mapper、combiner 和 partitioner。map 任务的输出被称为中间键和中间值，会被发送到 reducer 做后续处理。reduce

任务可以分为4个阶段：混排（Shuffle）、排序（Sort）、reducer 和输出格式。map 任务运行的节点会优先选择数据所在的节点，因此，一般可以通过在本地机器上进行计算来减少数据的网络传输。

4.1.2 MapReduce 数据类型与格式

MapReduce 中有很多内置的数据类型，在很多复杂计算的问题中，仅仅使用这些内置的简单数据类型有时难以满足程序设计的需要。为此，需要提供有效的方法让程序员根据需要定制自己的数据类型。

（1）内置数据类型

Hadoop 提供了如下内置的数据类型，这些数据类型都实现了 WritableComparable 接口，以便使用这些类型定义的数据可以被序列化地进行网络传输和文件存储，以及进行大小比较。

- BooleanWritable：标准布尔型数值。
- ByteWritable：单字节数值。
- DoubleWritable：双字节数。
- FloatWritable：浮点数。
- IntWritable：整型数。
- LongWritable：长整型数。
- Text：使用 UTF8 格式存储文本。
- NullWritable：当<key, value>中的 key 或 value 为空时使用。

（2）用户自定义数据类型

自定义数据类型时，第一个基本要求是，实现 Writable 接口，以便该数据能被序列化后完成网络传输或文件输入/输出；第二个要求是，如果该数据需要作为主键 key 使用或需要比较数值大小时，则需要实现 WritableComparable 接口。

首先介绍一下 MapReduce 提供的 Wtitable 接口，Writable 接口定义了两个方法，一个将其状态写到 DataOutput 二进制流中，另一个从 DataInput 二进制流读取其状态。

```
package org.apache.hadoop.io;
import java.io.*;
public interface Writable {
void write(DataOutput out) throws IOException;
    void readFields(DataInput in) throws IOException;
}
//下面的程序示例将三维空间的坐标点 P(x,y,z)定制为一个数据类型 Point3D：
public class Point3D implements Writable<Point3D>
{
  private float x,y,z;
    public float getX() {return x;}
    public float getY() {return y;}
    public float getZ() {return z;}
    public void readFields(DataInput in) throws IOException
  {
  x=in.readFloat();
      y=in.readFloat();
      z=in.readFloat();
```

```
    }
  public void write(DataOutput out) throws IOException
    {
    out.writeFloat(x);
        out.writeFloat(y);
        out.writeFloat(z);
    }
}
```

上述代码中，write()和readFields()方法实现Writable接口中定义的两个接口方法，用以实现Point3D类型数据的输入和输出，任何需要定制的数据类型至少需要实现这两个接口的方法。进一步，如果Point3D还需要作为主键值使用，或者虽作为一般数值，但需要在计算过程中比较数值的大小，则该数据类型要实现WritableComparable接口，则除了实现上述的两个输入输出接口方法外，还需要额外实现一个compareTo()方法。

仍以上面的Point3D为例，实现代码如下。

```
public class Point3D implementsWritableComparable<Point3D>
{
    private float x,y,z;
    public floatgetX() {return x;}
    public floatgetY() {return y;}
    public floatgetZ() {return z;}
  public void readFields(DataInput in) throws IOException
    {
    x=in.readFloat();
        y=in.readFloat();
        z=in.readFloat();
    }
  public void write(DataOutput out) throws IOException
    {
    out.writeFloat(x);
        out.writeFloat(y);
        out.writeFloat(z);
    }
  public int compareTo(Point3D p)
    {
    //具体实现比较当前空间坐标点this(x,y,z)与指定的点p(x,y,z)的大小
    //并输出:-1(小于),0(等于),1(大于)
    }
}
```

(3) 数据输入格式

数据输入格式（InputFormat）用于描述MapReduce作业的数据输入规范。MapReduce框架依靠数据输入格式完成输入规范检查（比如输入文件目录的检查）、对数据文件进行输入分块（InputSplit），以及提供从输入分块中将数据记录逐一读出并转换为map过程的输入键值对等功能。

Hadoop提供了丰富的内置数据输入格式。最常用的数据输入格式包括：TextInputFormat和KeyValueTextInputFormat。

TextInputFormat是系统默认的数据输入格式，可以将文本文件分块并逐行读入以便map节

点进行处理。读入一行时，所产生的主键 key 就是当前行在整个文本文件中的字节偏移位置，而 value 就是该行的内容。当用户程序不设置任何数据输入格式时，系统自动使用这个数据输入格式。

KeyValueTextInputFormat 是另一个常用的数据输入格式，可将一个按照<key，value>格式逐行存放的文本文件逐行读出，并自动解析成相应的 key 和 value。对于一个数据输入格式，都需要有一个对应的 RecordReader。RecordReader 主要用于将一个文件中的数据记录拆分成具体的键值对，传送给 map 过程作为键值对输入参数。每个数据输入格式都有一个默认的 RecordReader。前述的 TextInputFormat 的默认 RecordReader 是 LineRecordReader，而 KeyValueTextInputFormat 的默认 RecordReader 是 KeyValueLineRecordReader。

（4）数据输出格式

数据输出格式用于描述 MapReduce 作业的数据输出规范。MapReduce 框架依靠数据输出格式完成输出规范检查（如检查输出目录是否存在），以及提供作业结果数据输出等功能。

Hadoop 提供了丰富的内置数据输出格式。最常用的数据输出格式是 TextOutputFormat，也是系统默认的数据输出格式，可以将计算结果以 "key+\t+value" 的形式逐行输出到文本文件中。与数据输入格式中的 RecordReader 类似，数据输出格式也提供一个对应的 RecordWriter，以便系统明确输出结果写入到文件中的具体格式。TextInputFormat 的默认 RecordWriter 是 LineRecordWriter，其实际操作是将结果数据以 "key+\t+value" 的形式输出到文本文件中。

4.1.3 数据类型 Writable 接口

Hadoop 中并没有使用 Java 自带的基本数据类型，而是自己开发了一套数据类型进行数据的传输。Hadoop 提供了多种 Writable 接口，包括常见的基本类型和集合类型。这些类位于 org.apache.hadoop.io 包中。Writable 接口是一个序列化对象的接口，可以将数据写入流或者从流中读出。

（1）Writable 类占用的字节长度

表 4-1 显示的是 Hadoop 对 Java 基本类型包装后相应的 Writable 类占用的字节长度。对于整数类型有两种 Writable 类型可以选择，一种是定长（fixed-length），IntWritable 和 LongWritable；另一种是变长（variable-length），VIntWritable 和 VLongWritable。定长的 Writable 类型适合数值均匀分布的情形，而变长的 Writable 类型适合数值分布不均匀的情形并且数值不要超过当前类型的取值范围，一般情况下变长的 Writable 类型更节省空间。

表 4-1 Hadoop 对 Java 基本类型包装后相应的 Writable 类占用的字节长度

Java 基本类型	Writable 实现	序列化后字节数
boolean	BooleanWritable	1
byte	ByteWritable	1
short	ShortWritable	2
int	IntWritable	4
	VIntWritable	1~5
float	FloatWritable	4

(续)

Java 基本类型	Writable 实现	序列化后字节数
long	LongWritable	8
	VLongWritable	1~9
double	DoubleWritable	8

(2) Writable 接口源码

```
public interface Writable {
  /**
    * Serialize the fields of this object to <code>out</code>.
    * @param out <code>DataOuput</code> to serialize this object into.
    * @throws IOException
    */
  void write(DataOutput out) throws IOException;
  /**
    * Deserialize the fields of this object from <code>in</code>.
    *
    * <p>For efficiency, implementations should attempt to re-use storage in the
    * existing object where possible. </p>
    *
    * @param in <code>DataInput</code> to deseriablize this object from.
    * @throws IOException
    */
  void readFields(DataInput in) throws IOException;
}
```

源码中可以看到，Writable 接口只有两个方法 write（DataOutput out）和 readFields（DataInput in），前者用于序列化，将数据写入指定的流中，后者用于反序列化，从指定流中读取数据。Writable 接口是基于 Java 中的 I/O（DataInput 和 DataOutPut），一个简单有效的、紧凑的、快速的序列化协议接口，在 Hadoop 中 key 和 value 传递需要进行序列化，所以在实际开发中自定义 MapReduce 框架中的 key 或者 value 时，可以继承 Writable 接口，重写这两个方法。

但是，在 Writable 的 UML 图中，基础数据类型的 Writable 都继承了 WritableComparable 接口，这是由于 Hadoop 中 key 具有可比性并且可以进行排序。下面是 WritableComparable 接口代码。

```
public interface WritableComparable<T> extends Writable, Comparable<T> {
}
```

此接口继承了 Comparable 接口，所以其可以实现类重写 compareTo()方法，使其具有可比性。因此，Hadoop 中 key 实现 WritableComparable 接口是非常必要的，而 value 这两个接口继承哪一个，根据需要去选择即可。

```
public class LicWritable implements Writable {
        private IntWritable param1;
        private Text param2;
        public LicWritable() {
              this.set(newIntWritable(), new Text());
        }
```

```java
        public LicWritable(IntWritable param1, Text param2) {
            this.set(param1, param2);
        }
        public void set(IntWritable param1, Text param2) {
            this.param1 = param1;
            this.param2 = param2;
        }
        public IntWritable getParam1() {
            return param1;
        }
        public Text getParam2() {
            return param2;
        }
        @Override
        public void write(DataOutput out) throws IOException {
            param1.write(out);
            param2.write(out);
        }
        @Override
        public void readFields(DataInput in) throws IOException {
            param1.readFields(in);
            param2.readFields(in);
        }
        @Override
        public boolean equals(Object o) {
            if (!(o instanceof LicWritable)) return false;
            LicWritable other = (LicWritable) o;
            return param1.equals(other.param1) && param2.equals(other.param2);
        }
        @Override
        public int hashCode() {
            return param1.hashCode() * 31 + param2.hashCode();
        }
        @Override
        public String toString() {
            return param1.get() + "," + param2.toString();
        }
    }
}
```

上面的例子仅仅可以作 value 使用且已经解释过原因。Writable 是 Hadoop 序列化的核心，理解 Hadoop Writable 的字节长度和字节序列对于选择合适的 Writable 对象，在字节层面操作 Writable 对象以及自定义 Writable 至关重要。

4.1.4　Hadoop 序列化与反序列化机制

所谓的序列化，就是将结构化对象转化为字节流，以便在网络上传输或是写入磁盘进行永久存储。反序列化，就是将字节流转化为结构化对象。在 Java 中也存在序列化，刚学 Java 的时候，接触的第一个项目就是 QQ 聊天系统，也就是网络编程，其用到的就是字节流传输数据，通过对象序列化将聊天信息转化为字符流或字节流，再通过 socket 传递数据。同理，序列化在分布式数据处理的两大领域经常出现：进程间通信和永久存储。

在 Hadoop 中，系统中多个节点上进行进程间的通信是通过"远程过程调用"（Remote

Procedure Call，RPC）实现的。RPC 将消息序列化成二进制流后发送到远程节点，远程节点接着将二进制流序列化为原始消息。通常情况下，RPC 序列化格式紧凑、快速、可扩展。紧凑的格式使得可以充分利用数据中心中最稀缺的资源——网络带宽。

在 Hadoop 中，RPC 使用自己的序列化框架 Writable，Writable 格式紧凑、速度快，缺点是很难用 Java 以外的语言来扩展。接下来通过一段代码，观察 Writable 接口与序列化和反序列化是如何关联的。

```java
package org.apache.hadoop.io;
import java.io.*;
import org.apache.hadoop.util.StringUtils;
import junit.framework.Assert;
public class WritableExample {
    public static byte[] bytes = null;
    //将一个实现了 Writable 接口的对象序列化成字节流
    public static byte[] serialize(Writable writable) throwsIOException {
        ByteArrayOutputStream out = new ByteArrayOutputStream();
        DataOutputStream dataOut = new DataOutputStream(out);
        writable.write(dataOut);
        dataOut.close();
        return out.toByteArray();
    }
    //将字节流转化为实现了 Writable 接口的对象
    public static byte[] deserialize(Writable writable, byte[] bytes) throws IOException {
        ByteArrayInputStream in = new ByteArrayInputStream(bytes);
        DataInputStream dataIn = new DataInputStream(in);
        writable.readFields(dataIn);
        dataIn.close();
        return bytes;
    }
    public static void main(String[] args) {
        // TODO Auto-generated method stub
        try {
            IntWritable writable = new IntWritable(123);
            bytes = serialize(writable);
            System.out.println("After serialize " + bytes);
            Assert.assertEquals(bytes.length, 4);
            Assert.assertEquals(StringUtils.byteToHexString(bytes), "0000007b");
            IntWritable newWritable = new IntWritable();
            deserialize(newWritable, bytes);
            System.out.println("After deserialize " + bytes);
            Assert.assertEquals(newWritable.get(), 123);
        } catch (IOException ex) {
        }
    }
}
```

Hadoop 序列化机制中还包含另外几个重要的接口：WritableComparable、RawComparator 和 WritableComparator。WritableComparable 提供类型比较的能力，继承自 Writable 接口和 Comparable 接口，其中 Comparable 用于类型比较。ByteWritable、IntWritable、DoubleWritable 等 Java 基本类型对应的 Writable 接口，都继承自 WritableComparable。

效率在 Hadoop 中非常重要，因此 Hadoop I/O 包中提供了具有高效比较能力的 RawComparator 接口，其中 RawComparator 和 WritableComparable 的类图如图 4-1 所示。

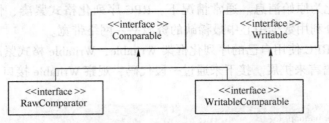

图 4-1 RawComparator 和 WritableComparable 类图

4.2 MapReduce 架构

MapReduce 采用"分而治之"的思想，把对大规模数据集的操作，分发给一个主节点管理下的各分节点共同完成，然后通过整合各分节点的中间结果，得到最终的结果。简单地说，MapReduce 就是任务的分解与结果的汇总。本节将重点介绍 MapReduce 的基础架构。

4.2.1 数据分片

MapReduce 高度地抽象出两个函数：map 和 reduce。map 负责把任务分解成多个任务，reduce 负责把分解后的多任务处理的结果汇总起来。至于在并行编程中的其他复杂问题，如分布式存储、工作调度、负载均衡、容错处理、网络通信等，均由 MapReduce 框架负责处理，可以不用程序员操心。需要注意的是，用 MapReduce 来处理数据集均有这样的特点：待处理的数据集可以分解成许多小的数据集，而且每一个小数据集都可以完全并行地进行处理。

图 4-2 给出了 MapReduce 处理大数据集的过程，从图中可以看出，该计算模型的核心部分是 map 和 reduce 函数。这两个函数的具体功能由用户根据需要自己设计实现，只要能够按照用户自定义的规则，将输入的<key，value>对转换成另一个或一批<key，value>对输出即可。

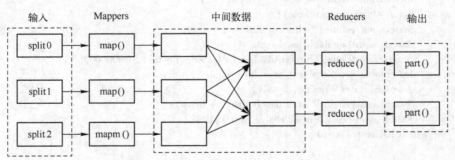

图 4-2 MapReduce 处理大数据集的过程

在 map 阶段，MapReduce 框架将任务的输入数据分割成固定大小的片段（Splits），随后将每个 split 进一步分解成一批键值对<K1，V1>。Hadoop 为每一个 split 创建一个 map 任务（以下简称 Mapper）用于执行用户自定义的 map 函数，并将对应 split 中的<K1，V1>对作为输入，得到计算的中间结果<K2，V2>。接着将中间结果按照 K2 进行排序，并将 key 值相同的 value 放在一起形成一个新的表，形成<K2，list(V2)>元组。最后再根据 key 值的范围将这些元组进行分组，对应不同的 Reduce 任务（简称 Reducer）。

在 Reduce 阶段，Reducer 把从不同 Mapper 接收来的数据整合在一起并进行排序，然后调用用户自定义的 reduce 函数，对输入的<K2, list(V2)>对进行相应的处理，得到键值对<K3, V3>并输出到 HDFS 上。

4.2.2 MapReduce 的集群行为

MapReduce 运行在大规模集群之上，要完成一个并行计算，还需要任务调度、本地计算、Shuffle（洗牌）等一系列环节共同支撑的过程，这称为 MapReduce 的集群行为。MapReduce 的集群行为如图 4-3 所示。

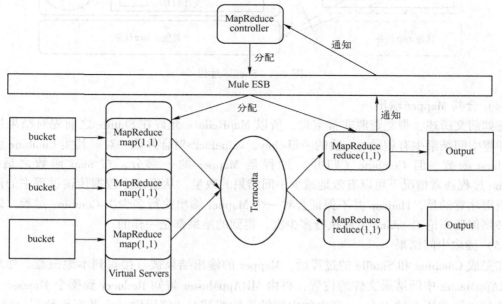

图 4-3　MapReduce 的集群行为

（1）任务调度与执行

MapReduce 任务由一个主进程 MRAppMaster 和多个从进程 YarnChild 共同协作完成。MRAppMaster 主要负责流程控制，它通常情况下运行在 NodeManger 的某个 Container（容器）上。MRAppMaster 将 Mapper 和 Reduce 分配给空闲的 Container 后，由 NodeManger 负责启动和监管这些 Container。MRAppMaster 还负责监控任务的运行情况，如果某个 Container 发生故障，MRAppMaster 就会将其负责的任务分配给其他空闲 Container 重新执行，MRAppMaster 的这种设计很适合于集群上任务的调度和执行。

（2）本地计算

把计算节点和数据节点置于同一台计算机上，MapReduce 框架尽最大努力保证那些存储了数据的节点执行计算任务。这种方式有效地减少了数据在网络中的传输，降低了任务对网络带宽的需求，避免了使网络带宽成为瓶颈，所以本地计算可以说是节约带宽的最有效方式，业界称之为"移动计算比移动数据更经济"。也正因如此，split 通常情况下应该小于或等于 HDFS 数据块的大小（默认情况下为 128 MB），从而保证 split 不会跨越两台物理主机，便于本地计算。

(3) Shuffle 过程

MapReduce 会将 Mapper 的输出结果按照 key 值分成 R 份，划分时使用散列函数，如 "Hash(key) mod R"。将划分好的数据发往不同 Reduce 成为不同 Shuffle（分区）。Shuffle 过程如图 4-4 所示。

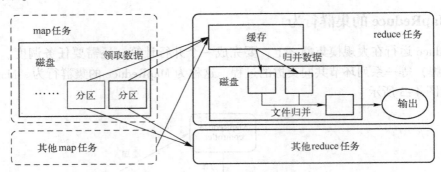

图 4-4　Shuffle 过程

(4) 合并 Mapper 输出

正如前文所述，带宽资源非常宝贵，所以 MapReduce 允许在 Shuffle 之前先对结果进行合并，即将中间结果中有相同 key 值的一组<key，valueList>对合并成一对。其实 Combine 函数就是 Reduce 函数，但 Combine（归并）过程是 Mapper 的一部分，在 map 函数之后执行。Combine 过程通常情况下可以有效地减少中间结果的数量，从而减少数据传输过程中的网络流量。值得注意的是，Hadoop 并不保证会对一个 Mapper 输出执行多少次 Combine 过程，即开发人员必须保证不论 Combine 过程执行多少次，得到的结果都是一样的。

(5) 读取中间结果

在完成 Combine 和 Shuffle 的过程后，Mapper 的输出结果被直接写到本地磁盘。然后，通知 MRAppMaster 中间结果文件的位置，再由 MRAppMaster 告知 Reducer 到哪个 Mapper 上去取中间结果。注意所有的 Mapper 产生的中间结果均按其 key 值用同一个散列函数划分成 R 份，R 个 Reducer 各自负责一段 key 值区间。每个 Reducer 需要向多个 Mapper 节点取得落在其负责的 key 值区间内的中间结果，然后执行 Reducer 函数，形成最终的结果文件。

(6) 任务管道

R 个 Reduce 会产生 R 个结果，很多情况下这 R 个结果并不是所需要的最终结果，而是会将这 R 个结果作为另一个计算任务的输入，并开始另一个 MapReduce 任务。实际上，在执行上层的 Hive、Pig 脚本时，翻译器会将脚本翻译成多个 MapReduce 和 HDFS 操作，此时就是所谓的管道机制。

【例 4-1】使用 MapReduce 完成查找文本中特定字符串的功能。

在编辑器中输入下列代码，检索文本中的 "月" 字。

```
public class Search {
    public static class Map extends Mapper<Object,Text,Text,Text>{
        private static final String word = "月";
        private FileSplit fileSplit;
        public void map(Object key,Text value,Context context) throwsIOException, InterruptedException{
            fileSplit = (FileSplit)context.getInputSplit();
            String fileName = fileSplit.getPath().getName().toString();
```

```java
        //按句号分割
        StringTokenizer st = new StringTokenizer(value.toString(),"。");
        while(st.hasMoreTokens()){
            String line = st.nextToken().toString();
            if(line.indexOf(word)>=0){
                context.write(new Text(fileName),new Text(line));
            }
        }
    }
}
public static class Reduce extends Reducer<Text,Text,Text,Text>{
    public void reduce(Text key,Iterable<Text> values,Context context) throws IOException, InterruptedException{
        String lines ="";
        for(Text value:values){
            lines += value.toString()+"---|---";
        }
        context.write(key, new Text(lines));
    }
}
public static void main(String[] args) throwsIOException, ClassNotFoundException, InterruptedException{
    Configuration conf = new Configuration();
    conf.set("mapred.job.tracker", "localhost:9001");
    args = new String[]{"hdfs://localhost:9000/user/hadoop/input/search_in","hdfs://localhost:9000/user/hadoop/output/search_out"};
    String[]otherArgs = new GenericOptionsParser(conf,args).getRemainingArgs();
    if(otherArgs.length != 2){
        System.err.println("Usage search <int><out>");
        System.exit(2);
    }
    //配置作业名
    Job job = new Job(conf,"search");
    //配置作业各个类
    job.setJarByClass(InvertedIndex.class);
    job.setMapperClass(Map.class);
    job.setReducerClass(Reduce.class);
    job.setOutputKeyClass(Text.class);
    job.setOutputValueClass(Text.class);
    FileInputFormat.addInputPath(job, new Path(otherArgs[0]));
    FileOutputFormat.setOutputPath(job, new Path(otherArgs[1]));
    System.exit(job.waitForCompletion(true) ? 0 : 1);
    }
}
```

输入测试数据:

in3.txt
昨夜闲潭梦落花,可怜春半不还家。
江水流春去欲尽,江潭落月复西斜。
斜月沉沉藏海雾,碣石潇湘无限路。
不知乘月几人归,落月摇情满江树。

得到的结果为:

in3.txt 不知乘月几人归,落月摇情满江树---- | ---斜月沉沉藏海雾,碣石潇湘无限路---- | ---江水流春去欲尽,江潭落月复西斜----|

4.2.3 MapReduce 作业执行过程

一个作业的整个 MapReduce 计算流程可以分为作业的提交、映射任务的分配、映射任务的执行、归约任务的分配、排序、归约任务的执行、作业的完成这 7 大步骤。MapReduce 的作业执行过程如图 4-5 所示。

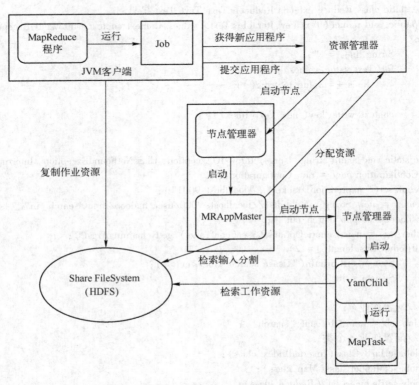

图 4-5 MapReduce 的作业执行过程

(1) 作业的提交

一项作业在提交之前,需要把所有应该配置的东西都配置好,因为一旦提交给作业服务器,就进入了完全自动化的处理流程。在提交作业阶段,用户程序中的 MapReduce 函数库首先将输入文件分成 M 块(即 M 个映射任务),每块分为 16~64 MB,然后在集群机器上执行处理程序。

【例 4-2】将一个作业提交到 Hadoop 集群上进行处理。
在编辑器内输入下列代码。

```
job.waitForCompletion(true)
```

调用 waitForCompletion()方法之后会进行判断,判断依据就是 job 的 state(状态),state 在实例化 Job 对象的时候被赋值为 DEFINE:

```java
Job(JobConf conf) throws IOException {
    super(conf, (JobID)null);
    this.state = Job.JobState.DEFINE;
    this.credentials.mergeAll(this.ugi.getCredentials());
    this.cluster = null;
}
```

当判断 Job 的 state 为 DEFINE 时,进行进一步提交,调用方法 submit()。

```java
//进行初始化工作
this.connect();
//进一步提交
submitter.submitJobInternal(Job.this, Job.this.cluster);
```

在 submitJobInternal() 方法中,进行相关操作获取作业 ID,并且检查路径,计算作业的输入划分,将作业所需要的资源复制到以作业 ID 命名的目录下,调用 submitJob() 方法真正提交作业,代码如下。

```java
//确定提交作业的主机地址,主机名,并且将其写入到配置 conf 中
this.submitHostAddress = ip.getHostAddress();
this.submitHostName = ip.getHostName();
conf.set("mapreduce.job.submithostname", this.submitHostName);
conf.set("mapreduce.job.submithostaddress", this.submitHostAddress);
//获取作业 ID
JobID jobId = this.submitClient.getNewJobID();
job.setJobID(jobId);
//复制相关文件到
this.copyAndConfigureFiles(job,submitJobDir);
//根据分片信息确定 map 任务的数量,并将其写入到配置中
int maps = this.writeSplits(job, submitJobDir);
conf.setInt("mapreduce.job.maps", maps);
//真正提交作业
status = this.submitClient.submitJob(jobId, submitJobDir.toString(), job.getCredentials());
```

此时,一个作业完全提交到 MapReduce 框架中。

(2) 映射任务的分配

任务分配是 MapReduce 中的一个重要环节。所谓任务分配,就是将一项作业的某项任务分配给合适的服务器。它包含两个步骤,先是选择作业,然后在作业中选择任务。与安排工作一样,任务分配也是一件费力不讨好的差事,不合理的任务分配可能会导致网络流量增加以及某些任务服务器负载过重、效率下降。同时,任务分配没有固定模式,不同业务背景可能需要不同算法才能满足要求。作业服务器将 M 项映射任务、R 项归约任务分配给空闲的任务服务器。每一台任务服务器负责将输入文件的一部分转换为与最终格式相同的中间文件。

某台任务服务器工作得游刃有余,期待获得新任务时,作业服务器会按照客户端提交作业的优先级,从高到低进行分配。在每分配一项任务的时候,通常还会为服务器留出余量,以备不时之需。

(3) 映射任务的执行

与 HDFS 类似,任务服务器是通过发送"心跳"消息,向作业服务器汇报此时此刻各项任务的执行情况,并向作业服务器申请新任务。作业服务器为任务服务器分配完新任务,任务服务器随即开始执行。在任务服务器中,有两个线程负责接待工作,随时等待新任务的到来。

如果分配的新任务到达，任务服务器会新建一个线程来负责执行。

（4）归约任务的分配

这些缓冲到内存的中间<key, value>对，将被定时刷写到本地硬盘。这些数据被分区函数分成 R 个区，它们在本地硬盘的位置信息将被发送回作业服务器，然后作业服务器负责把这些位置信息传送给负责执行归约功能的任务服务器。与映射任务分配相比，归约任务的分配较为简单，通常是当所有映射任务完成后，一旦空闲的任务服务器来申请新任务，就给它分配一项归约任务。

（5）排序

其实，归约任务与映射任务的最大不同，是映射任务的文件都存放在映射服务器的本地硬盘上，而归约任务需要服务器到处采集。当作业服务器将中间<key, value>对的位置信息通知给负责执行归约功能的任务服务器时，该任务服务器通过调用远程过程，将缓冲的中间数据从执行映射任务的任务服务器的本地硬盘中进行读取。当负责执行归约功能的任务服务器读取到所有的中间数据后，它将根据中间键（key）进行排序，从而使得中间键相同的值（value）集中在一起。由于许多不同键都对应着相同的归约任务，因而内部排序（Shuffle）是非常有必要的。如果中间结果集合过大，则需要用到外部排序。具体到数字统计算法中，映射输出之后有一个内部的排序过程，与第一步类似，这是由系统内部自动完成的。排序过程是 MapReduce 的核心。

（6）归约任务的执行

排序结束后，负责执行归约功能的任务服务器根据每个唯一中间键来遍历所有排序后的中间数据，并且把中间键和相关的中间结果值集合传递给用户定义的归约函数，且在最终输出文件中添加与本归约块对应的归约函数。

（7）作业的完成

当所有的映射任务和归约任务全部完成后，所需数据都已写到分布式文件系统上，整个作业才算是正式结束，作业服务器负责激活用户程序。此时 MapReduce 将返回到用户程序的调用点。

【例 4-3】使用 MapReduce 完成单词统计并去重。

```
import java.io.IOException;
import org.apache.hadoop.conf.Configuration;
import org.apache.hadoop.fs.Path;
import org.apache.hadoop.io.IntWritable;
import org.apache.hadoop.io.Text;
import org.apache.hadoop.mapreduce.Job;
import org.apache.hadoop.mapreduce.Mapper;
import org.apache.hadoop.mapreduce.Reducer;
public class testquchong{
    static String INPUT_PATH="hdfs://master:9000/quchong";         //待统计的文件
    static String OUTPUT_PATH="hdfs://master:9000/quchong/qc";    //统计结果存放的路径
    static class MyMapper extends Mapper<Object,Text,Text,Text>{
        private static Text line=new Text();
        protected void map(Object key,Text value,Context context) throws IOException,InterruptedException{
            line=value;
            context.write(line,new Text(","));
        }
    }
    static class MyReduce extends Reducer<Text,Text,Text,Text>{
```

```
        protected void reduce(Text key,Iterable<Text> values,Context context){
            context.write(key,new Text(""));
        }
    }
    public static void main(String[] args) throws Exception{
        Path outputpath=new Path(OUTPUT_PATH);
        Configuration conf=new Configuration();
        Job job=Job.getInstance(conf);
        job.setMapperClass(MyMapper.class);
        job.setReducerClass(MyReduce.class);
        job.setCombinerClass(MyReduce.class);
        job.setOutputKeyClass(Text.class);
        job.setOutputValueClass(Text.class);
        FileInputFormat.setInputPaths(job,INPUT_PATH);
        FileOutputFormat.setOutputPath(job,outputpath);
        job.waitForCompletion(true);
    }
}
```

4.3 MapReduce 接口类

MapReduce 是一种编程模型，用于大规模数据集（大于 1 TB）的并行运算。"Map（映射）"和"Reduce（归约）"概念及它们的主要思想，都是从函数式编程语言里借来的，其还有从矢量编程语言里借来的特性，它极大地方便了编程人员在没有掌握分布式并行编程的情况下，将自己的程序运行在分布式系统上。

4.3.1 MapReduce 输入的处理类

MapReduce 框架自带多种输入格式。其中有一个抽象类叫 FileInputFormat，所有操作文件的 InputFormat 类都是从它那里继承功能和属性。当开启 MapReduce 作业时，FileInputFormat 会得到一个路径参数，这个路径内包含了所需要处理的文件，FileInputFormat 会读取这个文件夹内的所有文件，然后它会把这些文件拆分成一个或多个 InputSplit。可以通过 JobConf 对象的 setInputFormat()方法来设定应用到作业输入文件上的输入格式。各种输入类及其对应描述如表 4-2 所示。

表 4-2 各种输入类及其对应的描述

输入格式	描述
TextInputFormat	默认格式，读取文件的行
KeyValueInputFormat	把行解析为键值对
SequenceFileInputFormat	Hadoop 定义的高性能二进制格式
SequenceFileAsTextInputFormat	是 SequenceFileInputFormat 的变体，它将键和值转换为 Text 对象。转换的时候会调用键和值的 toString 方法。这个格式可以把顺序文件作为流操作的输入
SequenceFileAsBinaryInputFormat	SequenceFileAsBinaryInputFormat 是 SequenceFileInputFormat 的另一种变体，它将顺序文件的键和值作为二进制对象，它们被封装为 BytesWritable 对象，因而应用程序可以任意地将这些字节数组解释为它们想要的类型
DBInputForma	DBInputForma 是一个使用 JDBC 并且从关系数据库中读取数据的一种输入格式

4.3.2 MapReduce 输出的处理类

MapReduce 中提供给 OutputCollector 的键值对会被写到输出文件中，写入的方式由输出格式控制。OutputFormat 的功能跟前面描述的 InputFormat 类很像。每一个 Reducer 会把结果输出写在公共文件夹中一个单独的文件内，这些文件的命名一般是 part-xxx，xxx 是关联到某个 Reduce 任务的 partition 的 ID，输出文件夹通过 FileOutputFormat.setOutputPath() 来设置。各种输出处理类关系如图 4-6 所示，<K,V>即<key,value>。

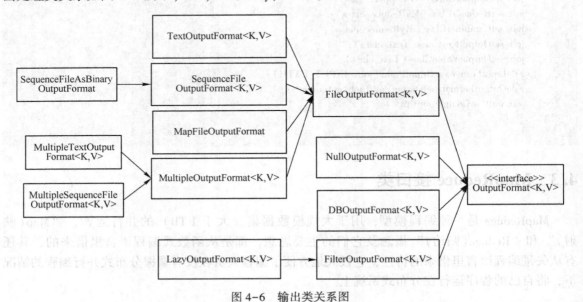

图 4-6 输出类关系图

其中，各种输出类及其对应的描述如表 4-3 所示。

表 4-3 各种输出类及其对应的描述

输出格式	描述
TextOutputFormat	默认的输出格式，以 "key \t value" 的方式输出行
SequenceFileOutputFormat	输出二进制文件，适合于读取为子 MapReduce 作业的输入
NullOutputFormat	忽略收到的数据，即不做输出
SequenceFileAsBinaryOutputFormat	与 SequenceFileAsBinaryInputFormat 相对应，将键/值对当作二进制数据写入一个顺序文件
MapFileOutputFormat	MapFileOutputFormat 将结果写入一个 MapFile 中。MapFile 中的键必须是排序的，所以在 Reducer 中必须保证输出的键有序

4.4 MapReduce 应用案例——单词计数程序

单词计数是最简单也是最能体现 MapReduce 思想的程序之一，可以称为 MapReduce 版的 "Hello World"。该程序的完整代码可以在 Hadoop 安装包的 src/examples 目录下找到。单词计数主要完成的功能是：统计一系列文本文件中每个单词出现的次数。本节将通过源码的分析来帮助读者进一步理解 MapReduce 程序的基本结构。

4.4.1 WordCount 代码分析

MapReduce 框架自带的示例程序 WordCount 只包含 Mapper 类和 Reducer 类,其他全部使用默认类,下面为 WordCount 源码分析。

(1) Mapper 类

map 过程需要继承 org.apache.hadoop.mapreduce 包中的 Mapper 类,并重写其 map 方法。通过在 map 方法中添加语句把 key 值和 value 值输出到控制台的代码,可以发现 map 方法中的 value 值存储的是文本文件的首地址偏移量。实现代码如下。

```java
public class WordCountMapper extends Mapper<LongWritable, Text, Text, IntWritable>{
    /*
     * map 方法是提供给 map task 进程来调用的, map task 进程是每读取一行文本来调用一次自定义的 map 方法
     * map task 在调用 map 方法时,传递的参数:
     * 一行的起始偏移量 LongWritable 作为 key
     * 一行的文本内容 Text 作为 value
     */
    @Override
    protected void map(LongWritable key, Text value, Context context) throws IOException, InterruptedException {
        //拿到一行文本内容,转换成 String 类型
        String line = value.toString();
        //将这行文本切分成单词
        String[] words = line.split(" ");
        //输出<单词,1>
        for(String word:words){
            context.write(new Text(word), new IntWritable(1));
        }
    }
}
```

(2) Reducer 类

Reducer 过程需要继承 org.apache.hadoop.mapreduce 包中的 Reducer 类,并重写其 reduce 方法。实际上,reduce 方法的输入参数 key 为单词个数,而 value 是由各 Mapper 上对应单词的计数值所组成的列表,所以只要遍历 value 并求和,即可得到某个单词出现的总次数。实现代码如下。

```java
public class WordCountReducer extends Reducer<Text, IntWritable, Text, IntWritable>{
    @Override
    /*
     * reduce 方法提供给 reduce task 进程来调用
     * reduce task 会将 Shuffle 阶段分发过来的大量 kv 数据对进行聚合,聚合的机制是相同 key 的 kv 对聚合为一组
     * 然后 reduce task 对每一组聚合 kv 调用一次自定义的 reduce 方法
     * 比如:<hello,1><hello,1><hello,1><tom,1><tom,1><tom,1>
     * 调用时传递的参数:
     *   key:一组 kv 中的 key
     *   values:一组 kv 中所有 value 的迭代器
     */
```

```java
    protected void reduce(Text key,Iterable<IntWritable> values,Context context) throws IOException, InterruptedException {
        int count = 0;
        //通过value这个迭代器,遍历这一组kv中所有的value,进行累加
        for(IntWritable value:values){
            count+=value.get();
        }
        //输出这个单词的统计结果
        context.write(key, new IntWritable(count));
    }
}
```

(3) 主函数

在 MapReduce 中,由 Job 对象负责管理和运行一个计算任务,并通过 Job 的一些方法对任务的参数进行相关设置。此处设置了 Map 过程和 Reduce 过程。主函数实现代码如下。

```java
public class WordCountJobSubmitter {
    public static void main(String[] args) throwsIOException, ClassNotFoundException, InterruptedException {
        Configuration conf = new Configuration();
        Job wordCountJob = Job.getInstance(conf);
        //重要:指定本Job所在的jar包
        wordCountJob.setJarByClass(WordCountJobSubmitter.class);
        //设置wordCountJob所用的Mapper逻辑类为哪个类
        wordCountJob.setMapperClass(WordCountMapper.class);
        //设置wordCountJob所用的Reducer逻辑类为哪个类
        wordCountJob.setReducerClass(WordCountReducer.class);
        //设置Map阶段输出的kv数据类型
        wordCountJob.setMapOutputKeyClass(Text.class);
        wordCountJob.setMapOutputValueClass(IntWritable.class);
        //设置最终输出的kv数据类型
        wordCountJob.setOutputKeyClass(Text.class);
        wordCountJob.setOutputValueClass(IntWritable.class);
        //设置要处理的文本数据所存放的路径
        FileInputFormat.setInputPaths(wordCountJob,"hdfs://192.168.77.70:9000/wordcount/srcdata/");
        FileOutputFormat.setOutputPath (wordCountJob, newPath ( " hdfs://192.168.77.70:9000/wordcount/output/"));
        //提交Job给Hadoop集群
        wordCountJob.waitForCompletion(true);
    }
}
```

(4) 提交 WordCount

将上述代码片段合到一起,接着分别设置输入文件位置、输出文件位置、Reduce 个数,可形成如下完整代码。

```java
public class WordCount {
    public static void main(String[] args) throwsIOException, ClassNotFoundException, InterruptedException {
        Configuration conf = new Configuration();
        Job job = Job.getInstance(conf, "wordcount");
        job.setJarByClass(WordCount.class);
        job.setMapperClass(TokenizerMapper.class);
        job.setCombinerClass(IntSumReducer.class);
```

```java
        job.setReducerClass(IntSumReducer.class);
        job.setOutputKeyClass(Text.class);
        job.setOutputValueClass(IntWritable.class);
        FileInputFormat.addInputPath(job, new Path("in"));
        FileOutputFormat.setOutputPath(job, new Path("out"));
        job.waitForCompletion(true);
    }
}
class TokenizerMapper extends Mapper<Object, Text, Text, IntWritable> {
    private final static IntWritable one = new IntWritable(1);
    private Text word = new Text();
    @Override
    protected void map(Object key, Text value, Context context) throws IOException, InterruptedException {
        StringTokenizer tokenizer = new StringTokenizer(value.toString());
        while (tokenizer.hasMoreTokens())
        {
            word.set(tokenizer.nextToken());
            context.write(word, one);
        }
    }
}
class IntSumReducer extends Reducer<Text, IntWritable, Text, IntWritable> {
    private IntWritable result = new IntWritable();
    @Override
    protected void reduce(Text key, Iterable<IntWritable> values, Context context) throws IOException, InterruptedException {
        int sum = 0;
        for (IntWritable val : values) {
            sum += val.get();
        }
        result.set(sum);
        context.write(key, result);
    }
}
```

使用 Eclipse 开发工具将该代码打包，假定打包后的文件名为 hdpAction.jar，主类 WordCount 位于包 njupt 下，则可使用如下命令向 YARN 集群提交本应用。

[allen@iclient0 ~] $ yarn jar hdpAction.jar njupt.WordCount /user/allen/in/ihadppy.txt out/wc-00 4

其中"yarn"为命令，"jar"为命令参数，后面紧跟打包后的代码地址，"njupt"为包名，"WordCount"为主类名，"/user/allen/in/ihadppy.txt"为输入文件在 HDFS 中的位置，"out/wc-00"为输出文件在 HDFS 中的位置，"4"为 Reduce 个数。

4.4.2　WordCount 处理过程

1）将文件拆分成 splits，由于测试用的文件较小，所以每个文件为一个 split，并将文件按行分割形成<key, value>对，如图 4-7 所示，这一步由 MapReduce 框架自动完成，其中偏移量（即 key 值）包括了回车所占的字符数（Windows 和 Linux 环境会有所不同）。

2）将分割好的<key, value>对交给用户定义的 map 方法进行处理，生成新的<key, value>对如图 4-8 所示。

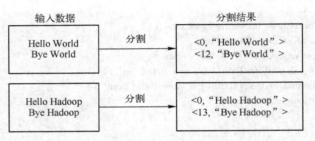

图 4-7 分割过程

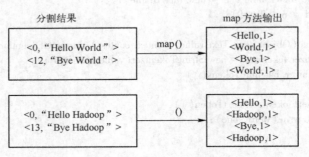

图 4-8 执行 map 方法

3）得到 map 方法输出的<key，value>对后，Mapper 会将它们按照 key 值进行排序，并执行 Combine 过程，将 key 值相同的 value 累加，得到 Mapper 的最终输出结果，如图 4-9 所示。

图 4-9 Map 端排序及 Combine 过程

4）Reduce 先对从 Mapper 接收的数据进行排序，再交由用户自定义的 reduce 方法进行处理，得到新的<key，value>对，并作为 WordCount 的输出结果，如图 4-10 所示。

图 4-10 Reduce 端排序及输出结果

4.5 本章小结

MapReduce 是一种处理海量数据的并行编程模型和计算框架，用于对大规模数据集（通常大于 1TB）的并行计算。MapReduce 最早是由 Google 提出的，并运行在 Google 的分布式文件系统 GFS 上，为服务于全球亿万用户的搜索引擎提供后台的网页索引处理，同时也用于 Google 内部数以千计的应用程序和数据处理。本章介绍了 MapReduce 的数据类型与格式、序列化、数据分片、MapReduce 的架构与接口类。最后通过单词计数程序将上述知识点串联并说明 MapReduce 的思想。

4.6 习题

1. 什么是 MapReduce，它是怎么工作的？
2. Map 任务与 Reduce 任务可以分为哪些阶段？
3. Hadoop 中序列化与反序列化机制的作用是什么？
4. 请简述 MapReduce 集群行为中各个过程的方法与目的。

第 5 章 分布式数据库 HBase

HBase 是基于 Hadoop 的开源数据库，它以 Google 的 BigTable 为原型，设计并实现了具有高可靠、高性能、列存储、可伸缩、实时读写的数据库系统，用于存储粗粒度的结构化数据。它与 BigTable 有几分相似，但也有很多不同之处。

5.1 初识 HBase

早在 20 世纪 90 年代，Google 就已经开始对网页创建索引，但很快就面临了一些挑战。伴随着新出现的挑战，HBase 应运而生。HBase 是一个分布式的、面向列的开源数据库，可以称为 Hadoop 的标准数据库，也是一款比较流行的 NoSQL 数据库，由 Google 发表的论文 Bigtable 经过演变而来。

5.1.1 HBase 的来源

HBase 是一个高可靠、高性能、面向列、可伸缩的分布式数据库，是 Google BigTable 的开源实现，主要用来存储非结构化和半结构化的松散数据。HBase 的目标是处理非常庞大的表，可以通过水平扩展的方式，利用廉价计算机集群处理超过 10 亿行数据和数百万列元素组成的数据表。

网页创建索引的第一个挑战和数据容量有关：网页迅速增长，从数千万直到如今的数十亿级别。随着时间的推移，构建网页索引变得越来越困难。这导致了谷歌文件系统（GFS）的诞生并在其内部使用。在 2006 年，该公司发布了 GFS 的白皮书，开源社区发现了这一契机，并成为 Apache Lucene 项目的一部分。随着谷歌开始存储越来越多的数据，很快它面临着另一个挑战，这一次和大规模的数据索引相关。如何在跨多个节点中存储一个巨大索引，同时保持高度的一致性，以及故障转移和低延迟的随机读取与随机写入，谷歌创建了一个被称为 BigTable 的内部项目来满足这些需求。其次，Apache 开源社区又看到了利用 BigTable 白皮书的一个绝好机会，开始了 HBase 的实现。最初的时候，Apache HBase 是作为 Hadoop 项目的一部分出现的。然后在 2010 年 5 月，HBase 成为 Apache 自己的顶级项目。项目创建多年后的今天，Apache HBase 项目继续发展和壮大。正如 Apache HBase 网站所描述的那样，"HBase 是 Hadoop 的数据库，它是一个分布式、可扩展的大数据存储数据库"。更准确地说，它是一个列存储，而不是一个数据库。表 5-1 说明了 HBase 与 HDFS 的区别。

表 5-1 HBase 与 HDFS 的区别

HDFS	HBase
HDFS 是适于存储大容量文件的分布式文件系统	HBase 是建立在 HDFS 之上的数据库
HDFS 不支持快速单独记录查找	HBase 提供在较大的表中快速查找
HDFS 提供了高延迟批量处理；没有批处理概念	HBase 提供了数十亿条记录低延迟访问单个行记录
HDFS 提供的数据只能顺序访问	HBase 内部使用散列表并提供随机接入，并且其存储索引可将在 HDFS 文件中的数据进行快速查找

5.1.2 HBase 的特点

HBase 的特点如下。

1) 容量大。HBase 单表可以有上百亿行、百万列,数据矩阵横向和纵向两个维度所支持的数据量级都非常具有弹性。

2) 面向列。HBase 是面向列的存储和权限控制,并支持独立检索。列式存储,其数据在表中是按照列存储的,这样在查询只需要少数几个字段的时候,能大大减少读取的数据量。

3) 多版本。HBase 每一个列的数据存储有多个版本。

4) 稀疏性。为空的列并不占用存储空间,表可以设计得非常稀疏。

5) 扩展性。底层依赖于 HDFS。

6) 高可靠性。WAL 机制保证了数据写入时不会因集群异常而导致写入数据丢失。Replication 机制保证了在集群出现严重的问题时,数据不会发生丢失或损坏。而且 HBase 底层使用 HDFS,HDFS 本身也有备份。

7) 高性能。底层的 LSM 数据结构和 Rowkey 有序排列等架构上的独特设计,使得 HBase 具有非常高的写入性能。region 切分、主键索引和缓存机制使得 HBase 在海量数据下具备一定的随机读取性能,该性能针对 Rowkey 的查询能够达到毫秒级别。

5.1.3 HBase 的系统架构

图 5-1 是 HBase 典型的架构图。Client 使用 Hbase 的 RPC 机制与 HMaster、HRegionServer 进行通信。Client 与 HMaster 进行管理类通信,与 HRegionServer 进行数据操作类通信。

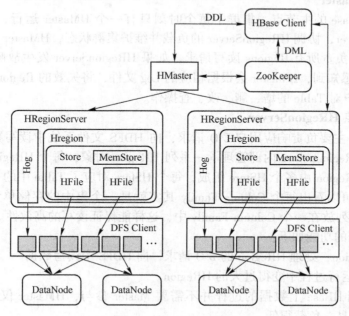

图 5-1 HBase 系统架构

1. 客户端 Client

客户端 Client 是整个 HBase 系统的入口,使用者直接通过客户端操作 HBase。客户端使用 HBase 的 RPC 机制与 HMaster 和 RegionServer 进行通信。对于管理类操作,Client 与 HMaster 进行 RPC 通信；对于数据读写类操作，Client 与 RegionServer 进行 RPC 交互。这里客户端可以是多个，并不限定是原生 Java 接口，还有 Thrift、Avro、Rest 等客户端模式，甚至 MapReduce 也可以算作是一种客户端。

客户端有以下几点作用：
1）整个 HBase 集群的访问入口。
2）使用 HBase RPC 机制与 HMaster 和 HRegionServer 进行通信。
3）使用 HMaster 进行通信、管理类操作。
4）与 HRegionServer 进行数据读写类操作。
5）包含访问 HBase 的接口，并维护缓存来加快对 HBase 的访问。

2. 协调服务组件 ZooKeeper

ZooKeeper 中存储了 ROOT 表地址、HMaster 的地址和 HRegionServer 地址，通过 ZooKeeper，HMaster 可以随时感知到各个 HRegionServer 的健康状态。此外，ZooKeeper 也避免了 HMaster 的单点故障问题，HBase 中可以启动多个 HMaster，通过 ZooKeeper 的选举机制能够确保只有一个为当前整个 HBase 集群的 HMaster。

ZooKeeper 有以下几点作用：
1）保证任何时候，集群中只有一个 HMaster。
2）存储所有 HRegion 的寻址入口。
3）实时监控 HRegionServer 的上线和下线信息，并实时通知给 HMaster。
4）存储 HBase 的 schema 和 table 元数据。
5）Zookeeper Quorum 存储-ROOT-表地址、HMaster 地址。

3. 主节点 HMaster

HMaster 是 HBase 的主节点，集群中每个时刻只有一个 HMaster 运行，HMaster 将 Region 分配给 HRegionServer，协调 HRegionServer 的负载并维护集群状态，HMaster 对外不提供数据服务，HRegionServer 负责所有 Regions 读写请求。如果 HRegionServer 发生故障终止后，HMaster 会通过 ZooKeeper 感知到，HMaster 会根据相应的 Log 文件，将失效的 Regions 重新分配，此外 HMaster 还管理用户对 Table 的增、删、改、查操作。

4. Region 节点 HRegionServer

HRegionServer 主要负责响应用户 I/O 请求，向 HDFS 文件系统中读写数据，是 HBase 中最核心的模块。HRegionServer 内部管理了一系列 HRegion 对象，每个 HRegion 对应了 Table 中的一个 Region。HRegion 由多个 HStore 组成，每个 HStore 对应了 Table 中的一个 Column Family（列族）的存储。可以看出每个 Column Family 其实就是一个集中的存储单元，因此最好将具备共同 I/O 特性的列放在一个 Column Family 中，这样能保证读写的高效性。

HRegionServer 的功能如下：
1）维护 HRegion，处理 HRegion 的 I/O 请求，向 HDFS 中读写数据。
2）负责切分运行过程中变得过大的 HRegion。
3）Client 访问 HBase 上数据的过程并不需要 Master 参与，HMaster 仅仅维护着 Table 和 Region 的元数据信息，负载很低。

5.2 HBase 安装与配置

HBase 搭建在 Apache Hadoop 和 Apache ZooKeeper 上面。就像 Hadoop 家族其他产品一样，

它是用 Java 编写的。本节将重点介绍 HBase 的安装与配置，以及其他入门知识。

5.2.1　HBase 运行模式分类

　　HBase 有两种运行模式：单机模式和分布式模式。在默认情况下 HBase 运行在单机模式，如果要运行分布式模式的 HBase，需要编辑安装目录下 conf 文件夹中相关的配置文件。

　　不管运行在什么模式下，都需要编辑安装包的 conf 目录下的 hbase-env.sh 文件来告知 HBase Java 的安装路径。在这个文件中还可以设置 HBase 的运行环境，诸如 Heap Size 和其他有关 JVM 的选项，还有日志文件保存目录、进程优先级等。最重要的是设置 JAVA_HOME 指向 Java 安装的路径，在该文件中搜索 JAVA_HOME，找到如下一行：

```
# export JAVA_HOME=/usr/java/jdk1.6.0/
```

　　去掉前面的#注释，将 JAVA_HOME 配置为实际的 Java 安装路径。

5.2.2　Hbase 的安装

1. 下载 HBase 安装包

　　从 Apache 网站上下载 HBase 稳定发布包（下载地址：https://mirrors.cnnic.cn/apache/hbase），如图 5-2、图 5-3 所示。

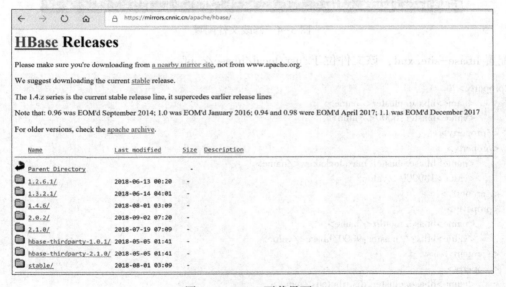

图 5-2　Hbase 下载界面 1

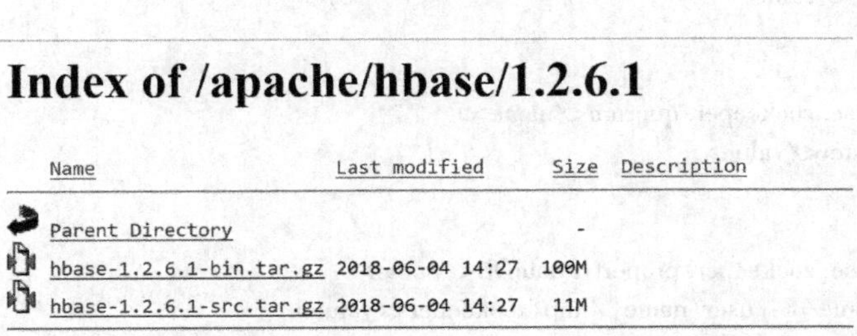

图 5-3　Hbase 下载界面 2

2. 解压到合适位置，并将权限分配给 Hadoop 用户

这里下载的是 hbase-1.2.6.1（由于 Hbase 的版本迭代速度较快，读者可根据情况下载最新版本，安装方法与本书的方法基本相同），Hadoop 集群使用的是 1.0.4，将其解压到/usr/local 下并重命名为 hbase。

```
sudo cp hbase-1.2.6.1.tar.gz /usr/local
sudo tar -zxf hbase-1.2.6.1.tar.gz
sudo mv hbase-1.2.6.1 hbase
sudo chown -R hadoop:hadoop hbase
```

3. 配置相关的文件

配置 hbase-env.sh，该文件位于/usr/local/hbase/conf。设置以下值。

```
export JAVA_HOME=/usr/local/java/jdk1.6.0_27      #Java 安装路径
export HBASE_CLASSPATH=/usr/local/hadoop/conf     #HBase 类路径
export HBASE_MANAGES_ZK=true      #由 HBase 负责启动和关闭 ZooKeeper
```

设置结果如图 5-4 所示。

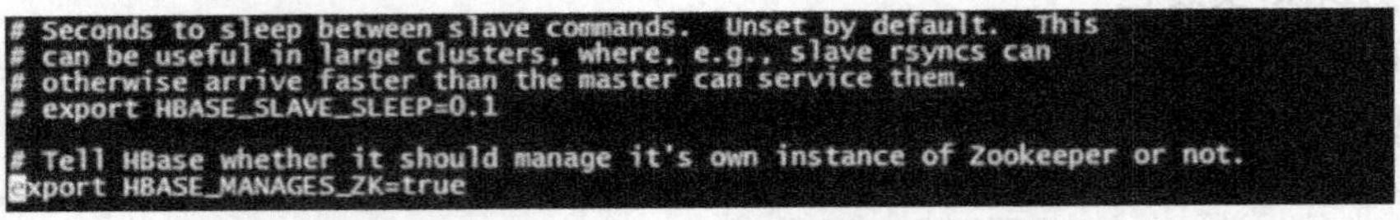

```
# Seconds to sleep between slave commands. Unset by default. This
# can be useful in large clusters, where, e.g., slave rsyncs can
# otherwise arrive faster than the master can service them.
# export HBASE_SLAVE_SLEEP=0.1

# Tell HBase whether it should manage it's own instance of Zookeeper or not.
export HBASE_MANAGES_ZK=true
```

图 5-4　修改文件配置

配置 hbase-site.xml，该文件位于/usr/local/hbase/conf。

```xml
<property>
    <name>hbase.master</name>
    <value>master:6000</value>
</property>
<property>
    <name>hbase.master.maxclockskew</name>
    <value>180000</value>
</property>
<property>
    <name>hbase.rootdir</name>
    <value>hdfs://master:9000/hbase</value>
</property>
<property>
    <name>hbase.cluster.distributed</name>
    <value>true</value>
</property>
<property>
    <name>hbase.zookeeper.quorum</name>
    <value>master</value>
</property>
<property>
    <name>hbase.zookeeper.property.dataDir</name>
    <value>/home/${user.name}/tmp/zookeeper</value>
</property>
<property>
```

```
    <name>dfs.replication</name>
    <value>1</value>
</property>
```

其中，hbase.master 是指定运行 HMaster 的服务器及端口号；hbase.master.maxclockskew 是用来防止因 HBase 节点之间的时间不一致所造成的 regionserver 启动失败，默认值是 30000；hbase.rootdir 指定 HBase 的存储目录；hbase.cluster.distributed 设置集群处于分布式模式；hbase.zookeeper.quorum 设置 ZooKeeper 节点的主机名，它的值的个数必须是奇数；hbase.zookeeper.property.dataDir 设置 ZooKeeper 的目录，默认为/tmp，dfs.replication 设置数据备份数，集群节点小于 3 时需要修改，本次试验是一个节点，所以修改为 1。

4. 配置 regionservers，设置 HBase 环境变量

设置所运行 HBase 的机器，此文件配置和 Hadoop 中的 slave 类似，一行指定一台机器，本次试验仅用一台机器，设置 master 即可。

设置 HBase 环境变量，文件位于/etc/profile，在文件末尾添加以下内容。

```
export HBASE_HOME=/usr/local/hbase
export PATH=$PATH:$HBASE_HOME/bin
```

5. 运行测试

在 Hadoop 节点使用 jps 查看节点状态，如图 5-5 所示。

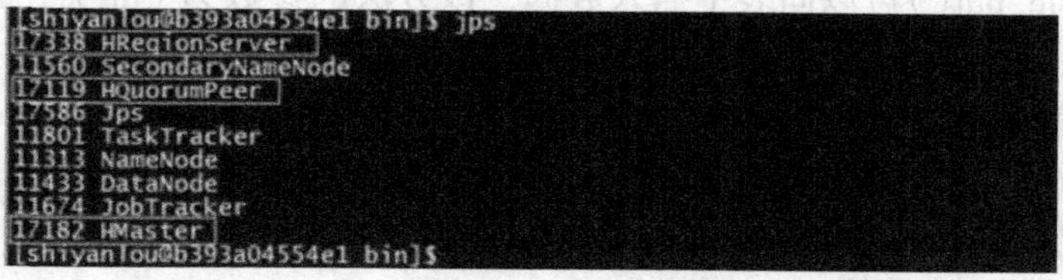
```
[shiyanlou@b393a04554e1 bin]$ jps
17338 HRegionServer
11560 SecondaryNameNode
17119 HQuorumPeer
17586 Jps
11801 TaskTracker
11313 NameNode
11433 DataNode
11674 JobTracker
17182 HMaster
[shiyanlou@b393a04554e1 bin]$
```

图 5-5 节点状态

进入 HBase 的 Shell 命令行，创建表 member 并进行查看。

```
hbase shell
hbase>create 'member', 'm_id', 'address', 'info'
```

结果如图 5-6 所示。

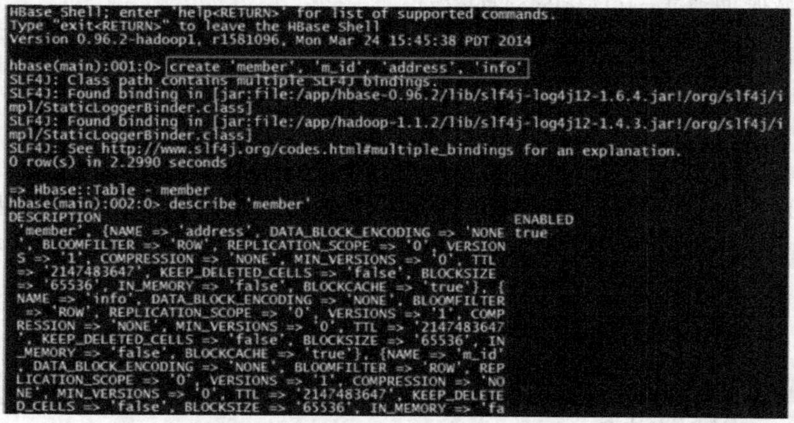
```
HBase Shell; enter 'help<RETURN>' for list of supported commands.
Type "exit<RETURN>" to leave the HBase Shell
Version 0.96.2-hadoop1, r1581096, Mon Mar 24 15:45:38 PDT 2014

hbase(main):001:0> create 'member', 'm_id', 'address', 'info'
SLF4J: Class path contains multiple SLF4J bindings.
SLF4J: Found binding in [jar:file:/app/hbase-0.96.2/lib/slf4j-log4j12-1.6.4.jar!/org/slf4j/i
mpl/StaticLoggerBinder.class]
SLF4J: Found binding in [jar:file:/app/hadoop-1.1.2/lib/slf4j-log4j12-1.4.3.jar!/org/slf4j/i
mpl/StaticLoggerBinder.class]
SLF4J: See http://www.slf4j.org/codes.html#multiple_bindings for an explanation.
0 row(s) in 2.2990 seconds

=> Hbase::Table - member
hbase(main):002:0> describe 'member'
DESCRIPTION                                                  ENABLED
 'member', {NAME => 'address', DATA_BLOCK_ENCODING => 'NONE  true
 ', BLOOMFILTER => 'ROW', REPLICATION_SCOPE => '0', VERSION
 S => '1', COMPRESSION => 'NONE', MIN_VERSIONS => '0', TTL
 => '2147483647', KEEP_DELETED_CELLS => 'false', BLOCKSIZE
 => '65536', IN_MEMORY => 'false', BLOCKCACHE => 'true'}, {
 NAME => 'info', DATA_BLOCK_ENCODING => 'NONE', BLOOMFILTER
  => 'ROW', REPLICATION_SCOPE => '0', VERSIONS => '1', COMP
 RESSION => 'NONE', MIN_VERSIONS => '0', TTL => '2147483647
 ', KEEP_DELETED_CELLS => 'false', BLOCKSIZE => '65536', IN
 _MEMORY => 'false', BLOCKCACHE => 'true'}, {NAME => 'm_id'
 , DATA_BLOCK_ENCODING => 'NONE', BLOOMFILTER => 'ROW', REP
 LICATION_SCOPE => '0', VERSIONS => '1', COMPRESSION => 'NO
 NE', MIN_VERSIONS => '0', TTL => '2147483647', KEEP_DELETE
 D_CELLS => 'false', BLOCKSIZE => '65536', IN_MEMORY => 'fa
```

图 5-6 查看 Hbase 运行状态

5.2.3 HBase 基本 API 实例

通过 Eclipse 创建一个新工程，并新建一个类 HBasicOperation，写代码前还要引入 Hadoop 开发所需要的 jar 包以及 HBase 的两个 jar 包，完成上述操作后即可开发 HBase 应用。

1) 使用 HBaseConfiguration.create() 初始化 HBase 的配置文件，实例化 HBaseAdmin，该类用于对表的元数据进行操作并提供了基本的管理操作。HBaseAdmin.Creat() 可以用于创建一个新表，该方法参数为 HTableDescription 类，用于描述表名和相关的列族。该方法的返回值为 HTable 类，用于对表进行相关的操作。

【例 5-1】设置 HBase 的配置，如 ZooKeeper 的地址、端口号等。通过 org.apache.hadoop.conf.Configuration.set 方法手工设置 HBase 的配置信息。

输入下列配置代码。

```
//声明静态配置
    private static Configuration conf = null;
    static {
        conf = HBaseConfiguration.create();
        conf.set("hbase.zookeeper.quorum", "localhost");
        conf.set("hbase.zookeeper.property.clientPort", "2181");
    }
```

2) 使用 HTable.put() 可以向表中插入数据，该方法的参数为 Put 类，该类初始化时可以传递一个行键，表示向哪一行插入数据，并通过 Put.add() 添加需要插入表中的数据。

【例 5-2】在表中添加一条数据。

```
public static void addRow(String tableName, String rowKey, String columnFamily, String column, String value)
    throws IOException {
    //建立一个数据库的连接
    Connection conn = ConnectionFactory.createConnection(conf);
    //获取表
    HTable table = (HTable) conn.getTable(TableName.valueOf(tableName));
    //通过 rowkey 创建一个 put 对象
    Put put = new Put(Bytes.toBytes(rowKey));
    //在 put 对象中设置列族、列、值
    put.addColumn(Bytes.toBytes(columnFamily), Bytes.toBytes(column), Bytes.toBytes(value));
    //插入数据,可通过 put(List<Put>)批量插入
    table.put(put);
    //关闭资源
    table.close();
    conn.close();
}
```

3) 使用 HTable.getScanner() 可以获得某一个列族的所有数据，该方法返回 Result 类，Result.getFamilyMap() 可以获得以列名为 key、值为 value 的映射表，然后就可以依次读取相关的内容了。

【例 5-3】获取表中某列的所有数据。

```
public static void getRow(String tableName, String rowKey) throws IOException {
    //建立一个数据库的连接
    Connection conn = ConnectionFactory.createConnection(conf);
```

```
    //获取表
    HTable table = (HTable) conn.getTable(TableName.valueOf(tableName));
    //通过rowkey创建一个get对象
    Get get = new Get(Bytes.toBytes(rowKey));
    //输出结果
    Result result = table.get(get);
    for (Cell cell : result.rawCells()) {
        System.out.println(
"行键:" + new String(CellUtil.cloneRow(cell)) + "\t" +
"列族:" + new String(CellUtil.cloneFamily(cell)) + "\t" +
"列名:" + new String(CellUtil.cloneQualifier(cell)) + "\t" +
"值:" + new String(CellUtil.cloneValue(cell)) + "\t" +
"时间戳:" + cell.getTimestamp());
    }
    //关闭资源
    table.close();
    conn.close();
}
```

4）使用delete可以删除表中数据。

【例5-4】删除表中的某条数据。

```
public static void delRow(String tableName, String rowKey) throws IOException {
    //建立一个数据库的连接
    Connection conn = ConnectionFactory.createConnection(conf);
    //获取表
    HTable table = (HTable) conn.getTable(TableName.valueOf(tableName));
    //删除数据
    Delete delete = new Delete(Bytes.toBytes(rowKey));
    table.delete(delete);
    //关闭资源
    table.close();
    conn.close();
}
```

【例5-5】删除表中的多条数据。

```
public static void delRows(String tableName, String[] rows) throws IOException {
    //建立一个数据库的连接
    Connection conn = ConnectionFactory.createConnection(conf);
    //获取表
    HTable table = (HTable) conn.getTable(TableName.valueOf(tableName));
    //删除多条数据
    List<Delete> list = newArrayList<Delete>();
    for (String row : rows) {
        Delete delete = new Delete(Bytes.toBytes(row));
        list.add(delete);
    }
    table.delete(list);
    //关闭资源
    table.close();
    conn.close();
}
```

5.2.4 HBase Shell 工具使用

HBase 为用户提供了非常方便的 Shell 命令，通过这些命令可以很方便地对表、列族、列等进行操作。启动 HBase 后，通过 Shell 命令连接到 HBase，并使用 status 命令查看 HBase 的运行状态，确保 HBase 的正常运行。下面介绍 HBase 常用的 Shell 命令。

(1) 进入 HBase Shell Console

```
$HBASE_HOME/bin/hbase shell
```

如果有 kerberos 认证，需要事先使用相应的 keytab 进行认证（使用 kinit 命令），认证成功之后再使用 hbase shell 进入。可以使用 whoami 命令查看当前用户。

```
hbase(main)> whoami
```

(2) 表的管理
① 查看有哪些表。

```
hbase(main)> list
```

② 创建表。
#语法：create <table>, {NAME =><family>,VERSIONS =><VERSIONS>}
例如：创建表 t1，有两个 family name：f1，f2，且版本数均为 2。

```
hbase(main)> create 't1',{NAME => 'f1', VERSIONS => 2},{NAME => 'f2', VERSIONS => 2}
```

③ 删除表。
分两步：首先执行 disable，然后执行 drop。

```
hbase(main)> disable 't1'
hbase(main)> drop 't1'
```

(3) 权限管理
① 分配权限。
#语法：grant <user><permissions><table><column family><column qualifier>参数后面用逗号分隔
权限用五个字母表示："RWXCA"。
READ('R'), WRITE('W'), EXEC('X'), CREATE('C'), ADMIN('A')
例如，给用户 test 分配对表 t1 有读写的权限。

```
hbase(main)> grant 'test','RW','t1'
```

② 查看权限。
#语法：user_permission <table>
例如，查看表 t1 的权限列表。

```
hbase(main)> user_permission 't1'
```

③ 收回权限。
#与分配权限类似，语法：revoke <user><table><column family><column qualifier>
例如，收回 test 用户在表 t1 上的权限。

hbase(main)> revoke 'test','t1'

(4) 添加数据

#语法：put <table>,<rowkey>,<family:column>,<value>,<timestamp>

例如：给表 t1 添加一行记录：rowkey 是 rowkey001，family name：f1，column name：col1，value：value01，timestamp：系统默认。

hbase(main)> put 't1','rowkey001','f1:col1','value01'

(5) 查询某行记录

#语法：get <table>,<rowkey>,[<family:column>,....]

例如：查询表 t1，rowkey001 中的 f1 下的 col1 的值。

hbase(main)> get 't1','rowkey001', 'f1:col1'

(6) 删除表中所有数据

#语法：truncate <table>

#其具体过程是：disable table -> drop table -> create table

例如：删除表 t1 的所有数据。

hbase(main)> truncate 't1'

5.3 Hbase 的存储结构

HBase 是一个分布式的、面向列的开源数据库，它不同于一般的关系型数据库，是一个适合于非结构化数据存储的数据库。图 5-7 为 HBase 的物理拓扑，Master 上部署了 HMaster，各 slave 上均部署了 HRegionServer，iclient0 上部署了 Client 接口，底层采用了 HDFS 存储数据。本节将介绍 HBase 的存储结构。

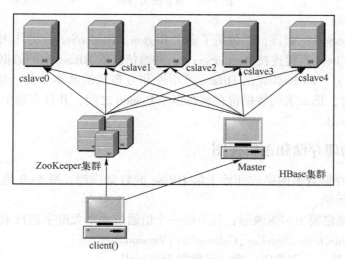

图 5-7 HBase 的物理拓扑

5.3.1 存储结构中重要模块

Hbase 存储结构中两个重要模块：Master 和 RegionServer（RS）。也可以使用 Thrift 和 REST

服务器通过不同的 API 来获得 HBase 数据。最近的 HDFS 版本允许超过两个 NameNode。它允许所有的 Master 服务器运行一致性的服务（HMaster、NameNode 和 ZooKeeper）。其中，运行的集群只有两个 NameNode，而不是三个，这也是完全可以的。

下面介绍 HBase 中相关模块的作用。

（1）Master

HBase Master 用于协调多个 Region Server，侦测各个 RegionServer 之间的状态，并平衡 RegionServer 之间的负载。HBaseMaster 还有一个职责就是负责分配 Region 给 RegionServer。HBase 允许多个 Master 节点共存，但是这需要 ZooKeeper 的帮助。不过当多个 Master 节点共存时，只有一个 Master 是提供服务的，其他的 Master 节点处于待命的状态。当正在工作的 Master 节点宕机时，其他的 Master 则会接管 HBase 的集群，如图 5-8 所示。

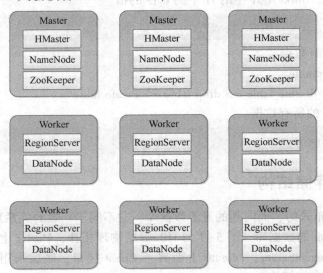

图 5-8　服务配置分布

（2）RegionServer

对于一个 RegionServer 而言，其包括了多个 Region。RegionServer 的作用只是管理表格，以及实现读写操作。Client 直接连接 RegionServer，并通信获取 HBase 中的数据。Region 是真实存放 HBase 数据的地方，即 Region 是 HBase 可用性和分布式的基本单位。如果一个表格很大，并由多个 CF 组成时，那么表的数据将存放在多个 Region 之间，并且在每个 Region 中会关联多个存储的单元（Store）。

5.3.2　HBase 物理存储和逻辑视图

下面从 HBase 存储数据的格式开始了解 HBase 的数据模型。图 5-9 是一个在 HBase 中存储的网站页面数据示例。

HBase 中数据被建模为多维映射，其中的一个值通过 4 个关键字进行索引，可以表示为：
value = Map(TableName, RowKey, ColumnKey, Version)。

1）TableName 是一个字符串，为一张数据表的标识。

2）RowKey 可以是最大长度 64 KB 的任意字符串，是用来检索记录的主键。数据在存储时是按照 RowKey 的字典顺序进行排序存储，因此设计 RowKey 的时候应当利用此特性将需要一起读取的行尽量存储在一起。

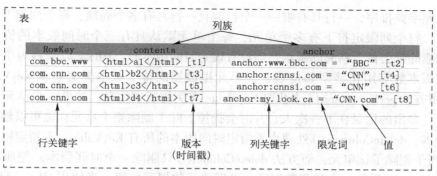

图 5-9 HBase 中存储的网站页面数据示例

3）ColumnKey 是由列族和限定词构成的。列族是 HBase 中很重要的概念，因为数据是以列族为依据进行存储的。在定义表结构时，列族需要提前定义好，但列的限定词不需要，可以在使用时生成，且可以为空。HBase 通过这种方式实现了灵活的数据结构。

4）Version 的存在是为了适应同一数据在不同时间的变化，特别是互联网上的网页数据。在 URL 相同时，可能会在多个时间存在多个版本。因此 HBase 中的版本就直接采用时间戳来表示。在存储时，不同版本的同一数据按时间倒序排列，即最新的数据排在前面。

5）由 < RowKey，ColumnKey，Version > 三个元素确定的一个单元为 HBase 中的数据元（Cell），数据元中的数据以二进制的形式存储，由使用者进行格式转换。

在理解完 HBase 存储的几个关键概念后，可以将上述的数据转换为通常习惯的数据表的形式，即 HBase 的逻辑视图，如表 5-2 所示。

① RowKey：是 Byte array，是表中每条记录的"主键"，方便快速查找，Rowkey 的设计非常重要。

② Column Family：列族，拥有一个名称（String），包含一个或者多个相关列。

③ Column：属于某一个 columnfamily，familyName：columnName，每条记录可动态添加。

④ Vrsion Number：类型为 long，默认值是系统时间戳，可由用户自定义。

⑤ Vlue(Cell)：Byte array。

表 5-2 HBase 的逻辑视图

行键	时间戳	列族 1		列族 2	
		列限定符 1	列限定符 2	列限定符 3	列限定符 4
James	t1	175	female	Chengdu	10001
Jack	t2	170	male	Beijing	10002
Eric	t3	172	female	shanghai	10003
…	…	…	…	…	…

5.3.3 数据坐标

Hbase 在表里存储数据使用的是四维坐标系统。分别是：行健、列族、列限定符和时间版本。HBase 中需要根据行键、列族、列限定符和时间戳来确定一个单元格，因此，可以视为一个"四维坐标"，即行键、列族、列限定符、时间戳。行键相当于第一步索引，列族相当于第二步索引，列限定符相当于第三步索引，时间戳相当于第四步索引。

行键按照字典排序，一行具有唯一一个行健且一行具有多个列族，每个列族下有一个或多个列限定符，每个列限定符下有多个单元，每个单元默认具有三个时间版本的值。单元的新建、修改和删除都会留下新时间版本，当没有设定时间版本时，HBase 以毫秒为单位使用当前时间，所以版本数字用长整型 long 表示。单元里数据的每个版本提交一个 KeyValue 实例给 Result。可用方法 getTimestamp() 来获取 KeyValue 实例的版本信息。如果一个单元的版本超出了最大数量，多出的记录在下一次大合并时会扔掉。除了删除整个单元，也可以删除一个或多个特定的版本。deleteColumns() 处理小于指定时间版本的所有 KeyValue，不指定则为当前时间 now，则相当于删除了该单元，而方法 deleteColumn() 只删除一个时间版本。把所有坐标视为一个整体，Hbase 可看作一个键值数据库，可把单元数据看作值。当使用 Hbase API 检索数据时，无需提供全部坐标，如果在 GET 命令中省略了时间版本，将返回多个时间版本的映射集合。可以在一次操作中获取多个数据，按坐标的降序排列。如果是全维度坐标，将得到指定单元值。去掉时间版本后，得到一个从时间戳列值的映射。再去掉列限定符，得到一个指定列族下的所有列限定符的映射。最后去掉列族，将得到一行的映射。

5.4 HBase 的实现原理

HBase 中的表是由行和列组成的。HBase 中的表可能达到数十亿行和数百万列。每个表的大小可能达到 TB 级，有时甚至 PB 级。这些表会切分成小一点儿的数据单位，然后分配到多台服务器上。本节将详细介绍 HBase 的实现原理。

5.4.1 Hbase 的读写流程

图 5-10 是 HRegionServer 数据存储关系图。HBase 使用 MemStore 和 StoreFile 存储对表的更新。数据在更新时首先写入 HLog 和 MemStore。MemStore 中的数据是排序的，当 MemStore 累计到一定阈值时，就会创建一个新的 MemStore，并且将老的 MemStore 添加到 Flush 队列，由单独的线程 Flush（刷新）到磁盘上，成为一个 StoreFile。与此同时，系统会在 ZooKeeper 中记录一个 CheckPoint，表示这个时刻之前的数据变更已经持久化了。当系统出现意外时，可能导致 MemStore 中的数据丢失，此时使用 HLog 来恢复 CheckPoint 之后的数据。

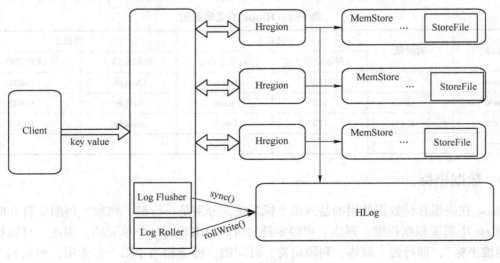

图 5-10　HRegionServer 数据存储关系

StoreFile 是只读的，一旦创建后就不可以再修改。因此 HBase 的更新其实是不断追加的操作。当一个 Store 中的 StoreFile 达到一定阈值后，就会进行一次合并操作，将对同一个 key 的修改合并到一起（进行合并），形成一个大的 StoreFile。当 StoreFile 的大小达到一定阈值后，又会对 StoreFile 进行切分操作，等分为两个 StoreFile。

1. 写操作流程

1）Client 通过 ZooKeeper 的调度，向 HRegionServer 发出写数据请求，在 HRegion 中写数据。

2）数据被写入 HRegion 的 MemStore，直到 MemStore 达到预设阈值。

3）MemStore 中的数据被 Flush（刷新）成一个 StoreFile。

4）随着 StoreFile 的不断增多，当其数量增长到一定阈值后，触发 Compact 合并操作，将多个 StoreFile 合并成一个 StoreFile，同时进行版本合并和数据删除。

5）StoreFiles 通过不断的 Compact 合并操作，逐步形成越来越大的 StoreFile。

6）单个 StoreFile 大小超过一定阈值后，触发 Split 操作，把当前 HRegion Split（分割）成两个新的 HRegion。父 HRegion 会下线，新（分割）出的两个子 HRegion 会被 HMaster 分配到相应的 HRegionServer 上，使得原先一个 HRegion 的压力得以分流到两个 HRegion 上。

2. 读操作流程

1）Client 访问 ZooKeeper，查找 -ROOT- 表，获取 .META. 表信息。

2）从 META 表查找，获取存放目标数据的 HRegion 信息，从而找到对应的 HRegionServer。

3）通过 HRegionServer 获取需要查找的数据。

4）HRegionserver 的内存分为 MemStore 和 BlockCache 两部分，MemStore 主要用于写数据，BlockCache 主要用于读数据。读请求先到 MemStore 中查找数据，查不到就到 BlockCache 中查，再查不到就会到 StoreFile 上读，并把读的结果放入 BlockCache。

5.4.2 表和 Region

HBase 在行的方向上将表分成了多个 Region，每个 Region 包含了一定范围内的数据。每个表最初只有一个 Region，随着表中的记录数不断增加直到超过某个阈值时，Region 就会被分割成两个新的 Region。所以一段时间后，一个表通常会包含有多个 Region。Region 是 HBase 中分布式存储和负载均衡的最小单位，即一个表的所有 Region 会分布在不同的 Region 服务器上，但一个 Region 内的数据只会存储在同一个服务器上。物理上所有数据都存储在 HDFS 上，并由 Region 服务器来提供数据服务，通常一台机器只运行一个 Region 服务器程序，每个 HRegionServer 管理多个 Region 实例。其中 HLog 是用来做灾难备份的，它使用的是预写式日志。每个 Region 服务器只维护一个 HLog，所以来自不同表的 Region 日志是混合在一起的，这样做的目的是不断追加单个文件，相对于同时写多个文件而言，可以减少磁盘寻址次数，因此可以提高对表的写性能。麻烦的是，如果一台 Region 服务器下线，为了恢复其上的 Region，需要将 Region 服务器上的 Log 进行拆分，然后分发到其他的 Region 服务器上进行恢复，如图 5-11 所示。

每个 Region 由一个或多个 Store 组成，每个 Store 保存一个列族的所有数据。每个 Store 又是由一个 memStore 和零个或多个 StoreFile 组成，StoreFile 则是以 HFile 的格式存储在 HDFS 上的，当客户端进行更新操作时，先连接有关的 HRegionServer，然后向 Region 提交变更。提交的数据会首先写入 WAL 和 MemStore 中，当 MemStore 中的数据累积到某个阈值时，HRegion-

Server 就会启动一个单独的线程将 MemStore 中的内容刷新到磁盘，形成一个 StoreFile。当 StoreFile 文件的数据增长到一定阈值后，就会将多个 StoreFile 合并成一个 StoreFile，合并过程中会进行版本合并和数据删除，因此可以看出 HBase 其实只进行增加数据，所有的更新和删除操作都是在后续的合并过程中进行的。StoreFile 在合并中会逐步形成更大的 StoreFile，当单个 StoreFile 的大小超过一定的阈值后，会把当前的 Region 分割成两个 Regions，并由 HMaster 分配到相应的 Region 服务器上，实现负载均衡。

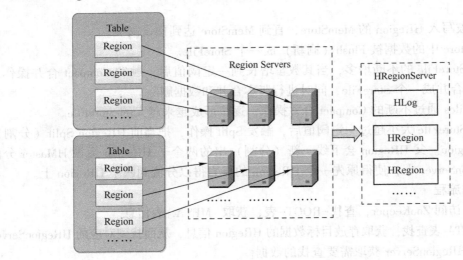

图 5-11 Region 服务器

5.4.3 Region 的定位

元数据表，又名 META 表，存储了 Region 和 Region 服务器的映射关系，用来帮助 Client 定位到具体的 Region。当 HBase 表很大时，元数据也会被切分为多个 Region，Region 的元数据信息保存在 ZooKeeper 中。根数据表，又名-ROOT-表，记录所有元数据的具体位置。-ROOT-表只有唯一一个 Region。ZooKeeper 文件记录了-ROOT-表的位置，如图 5-12 所示。

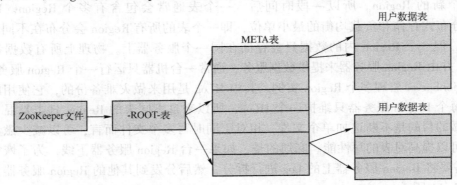

图 5-12 HBase 的三层结构

HBase 的三层结构中各层次的名称和作用如下。

第一层：ZooKeeper 文件，记录了-ROOt-表的位置信息。

第二层：-ROOT-表，记录了 META 表的 Region 位置信息。-ROOT-表只能有一个

Region。通过-ROOT-表，就可以访问 META 表中的数据。

第三层：META 表，记录了用户数据表的 Region 位置信息，META 表可以有多个 Region，保存了 HBase 中所有用户数据表的 Region 位置信息。为了加快访问速度，META 表的全部 Region 都会被保存在内存中。

【例 5-6】使用 **ZooKeeper** 直接缓存 **META** 表，并通过 **ZooKeeper** 获取 **META** 表位置信息。

首先发起定位，当客户端向服务器端发起请求时，会先去定位存储数据的 Region 位置，代码在 HConnectionImplementation#locateRegion 方法里。

```
@Override
publicRegionLocations locateRegion(final TableName tableName,
    final byte [] row, booleanuseCache, boolean retry, int replicaId)
throwsIOException {
    if (tableName.equals(TableName.META_TABLE_NAME)) {
    returnlocateMeta(tableName, useCache, replicaId);
    } else {
    // Region 不在缓存,必须获取 META 表位置信息
    returnlocateRegionInMeta(tableName, row, useCache, retry, replicaId);
    }
}
```

第二步查询 HBase：meta 表，通过 locateRegionInMeta( ) 方法定位，这个方法会向 HBase：meta 表发起请求。

```
byte[]metaKey = HRegionInfo.createRegionName(tableName, row, HConstants.NINES, false);
Scan s = new Scan();
s.setReversed(true);
s.setStartRow(metaKey);
s.setSmall(true);
s.setCaching(1);
ResultregionInfoRow = null;
ReversedClientScannerrcs = null;
rcs = new ClientSmallReversedScanner(conf, s, TableName.META_TABLE_NAME, this,
rpcCallerFactory, rpcControllerFactory, getMetaLookupPool(), 0);
regionInfoRow = rcs.next();
```

第三步定位 HBase：meta 表，发起请求会再次调用 HConnectionImplementation 方法，这次定位的是 TableName.META_TABLE_NAME，调用方法 locateMeta( )，从 ZooKeeper 中获取 META 表的位置信息。

```
privateRegionLocations locateMeta(final TableName tableName,
    booleanuseCache, int replicaId) throws IOException {
    //缓存判断
    //从 zookeeper 里获取 hbase:meta 的位置
    locations = this.registry.getMetaRegionLocation();
    if (locations != null) {
        cacheLocation(tableName, locations);
    }
    }
    return locations;
}
```

最终得到 Region 信息，查询结果如下所示。

```
test,,1509281716605.6a column=info:regioninfo, timestamp=1509282949240, value={ENCODED
369c3c62302852bc15e563 => 6a369c3c62302852bc15e563b28606a9, NAME => 'test,,150928171660
b28606a9.5.6a369c3c62302852bc15e563b28606a9.', STARTKEY => '', ENDKEY =>''}
test,,1509281716605.6a column=info:seqnumDuringOpen, timestamp=1509282949240, value=\x0
369c3c62302852bc15e563 0\x00\x00\x00\x00\x00\x00\x09
b28606a9.
test,,1509281716605.6a column=info:server, timestamp=1509282949240, value=192.168.1.108
369c3c62302852bc15e563 :51140
b28606a9.
test,,1509281716605.6a column=info:serverstartcode, timestamp=1509282949240, value=1509
369c3c62302852bc15e563 282943972
b28606a9.
```

5.5　HBase 表结构设计

在进行 HBase 项目实现中，首先需要考虑的是表结构问题，这也是每个 HBase 项目最重要的部分。设计一个 HBase 结构或许比较简单，或许非常复杂，需要进行重要的计划和测试，而这一过程完全依赖于具体的用户案例。

5.5.1　列族定义

列族（Column Family）是一些列的集合。一个列族的所有列成员有着相同的前缀。下面是列族相关的配置属性，这些属性都有默认值，如果创建表时不显示指定，则使用默认值。

（1）可配置的数据块大小

HFile 数据块大小可以在列族层次设置。这个数据块与 HDFS 数据块是不一样的概念，其默认值是 64 KB = 65536 B。

数据块索引存储每个 HFile 数据块的起始键。数据块大小的设置，影响数据块索引的大小。数据块越小，索引越大，从而占用更大的内存空间。同时加载进内存的数据块越小，随机查找性能越好。但是，如果需要更好的序列扫描性能，那么一个能够加载更多 HFile 数据进入内存更为合理，这意味着应该将数据块设置为更大的值，相应地，索引变小，将在随机读性能上付出更多的代价。可以在表实例化时设置数据块大小。

```
hbase(main):001:0> create 'mytable1', {NAME => 'cf1', BLOCKSIZE => '65535'}
```

（2）数据块缓存

把数据块放进读缓存，并不是一定能够提升性能。如果一个表或表的列族只被顺序化扫描访问或很少被访问，则 Get 或 Scan 操作耗费时间长一点是可以接受的。这种情况下，可以选择关闭列族的缓存。如果只执行很多顺序化扫描，会多次使用缓存，并且可能会滥用缓存，从而把应该放进读缓存获得性能提升的数据给排挤出去。如果关闭缓存，不仅可以避免上述情况发生，还可以让出更多缓存给其他表和同一表的其他列族使用。

数据块缓存默认是打开的，可在新建表或者更改表时关闭数据块缓存属性，代码如下。

```
hbase(main):003:0> create 'mytable2', {NAME => 'cf1', BLOCKCACHE => 'false'}
```

属 IN_MEMORY 参数的默认值是 false，该值表示 HBase 除了在数据块缓存中保存这个列族相比其他列族更激进外,并不提供其他额外保证。该参数在实际应用中设置为 true,此时访问性能不会变化太大。其设置代码如下。

```
hbase(main):003:0> create 'mytable3', {NAME => 'cf1', IN_MEMORY => 'true'}
```

(3) 数据压缩

数据可以被压缩并存放在 HDFS 上,节省 I/O,但是读写数据时压缩和解压缩会提高 CPU 利用率。HBase 可以使用多种压缩编码,包括 LZO、SNAPPY 和 GZIP。在建表时可以在列族上打开压缩,代码如下。

```
hbase(main):003:0> create 'mytable4', {NAME => 'cf1', COMPRESSION => 'SNAPPY'}
```

(4) 单元时间版本

默认为 3,时间版本也是在列族级设置。将 VERSIONS 参数设置为 1。

```
hbase(main):003:0> create 'mytable5', {NAME => 'cf1', VERSIONS => 1}
```

在同一个建表语句里为列族指定多个属性。

```
hbase(main):003:0> create 'mytable5', {NAME => 'cf1', VERSIONS => 1, TTL => '18000'}
```

指定列族存储的最少时间版本数。

```
hbase(main):003:0> create 'mytable5', {NAME => 'cf1', VERSIONS => 5, MIN_VERSIONS => '1'}
```

(5) 生存时间

生存时间(Time to Live,TTL),用于设置单元格的生存周期,如果单元格过期,则会将其删除。用于设置单元格的生存周期,单元格过满则会将其删除,在列族 cf1 上设置 TTL 为 18,000 s,cf1 中超过时间的数据将会在下一次大合并时被删除,代码如下。

```
hbase(main):003:0> create 'mytable6', {NAME => 'cf1', TTL => '18000'}
```

该命令在列族 cf1 上设置 TTL 为 18,000 s,也就是 5 h。cf1 中超过 5 h 的数据将会在下一次大合并时被删除。

5.5.2 表设计原则

表设计是项目中最重要的部分之一,表结构所选择使用的 key 以及所配置的不同参数,这些不仅会对应用程序的性能产生影响,也会产生一致性问题。这也就是为什么用例会花费大量的时间在表的设计上。当应用程序运行了几周并且存储了 TB 级的数据之后,从一个坏的表设计重回到一个好的表设计就需要复制整个数据集,花费大量的时间,而且通常情况下,需要更新客户端的程序,这些都是昂贵的操作,所以在这个阶段需要花费适当的时间去避免此类问题的出现。

用例表设计相当简单,不过要一步步来,这样就能将同样的方法应用到自己的表结构中。读和写的路径都是高效的。在实际案例中,数据是从外部系统批量获取的。因此,不同于其他的采集模式,每次插入单个值,这里数据可以直接以批次格式被处理而不需要单个的随机写入或者根据主键进行更新。在数据读取这方面,用户需要能够通过搜索 sensor ID、event ID、Date 和 event type 的任意组合来快速检索一个特定的 sensor 的所有信息。虽然无法设计一个能让所有检索都高效的 key,但可以依赖于外部的索引,它会根据所定的标准返回用来查询

HBase 的 key。可以简单地使用 sensor ID 的散列值，同时将 event ID 作为列限定符，因为这个 key 会从外部索引中被检索出来，所以并不需要查找或者扫描它。Hbase 表设计原则有以下几点。

1）列族尽量少，最好不超过三个。因为每个列族是存在一个独立的 HFile 里的，Flush 和 Compaction 操作都是针对一个 Region 进行的，当一个列族的数据很多需要 Flush 的时候，其他列族即使数据很少也需要 Flush，这样就产生的大量不必要的 I/O 操作。

2）在多列族的情况下，注意各列族数据的数量级要一致。如果两个列族的数量级相差太大，会使数量级少的列族的数据扫描效率低下。

3）将经常查询和不经常查询的数据放到不同的列族。

4）因为列族和列的名字会存在 HBase 的每个 Cell（单元格）中，所以它们的名字应该尽可能短。比如，用 f:q 代替 mycolumnfamily:mycolumnqualifier。

5.5.3 Rowkey 设计

（1）列族的数量

HBase 目前对两个或三个列族的处理不是很好，所以应尽可能保持列族数量少。目前 Flush 和 Compaction 操作是以每一个 Region 为基础的，所以如果一个列族大部分数据进行 Flush 操作，将导致临近的列族也会 Flush，即使它的数据量很小。当许多列族存在 Flush 和 Compaction 操作时，会导致大量的 I/O 请求。尽可能只使用一个列族，引入第 2、3 个列族当且仅当你的数据访问是在列级别的。

当一个表有多个列族时，应意识到基数（如行数）的问题。如果列族 A 有 100 万行，列族 B 有 10 亿行，那么列族 A 的数据很可能会分散到很多的 Region，这会使列族 A 的 Scan（扫描）操作效率降低。

（2）Rowkey 设计方法

HBase 中的行是以 Rowkey 的字典序排序的，这种设计优化了 Scan 操作，可以将相关的行以及会被一起读取的行存取在临近位置，便于 Scan。然而糟糕的 Rowkey 设计是热点的源头。热点发生在大量的客户端直接访问集群的一个或极少数节点。访问可以是读、写或者其他操作。大量访问会使热点 Region 所在的单个机器超出自身承受能力，引起性能下降甚至是 Region 不可用。这也会影响同一个 RegionServer 的其他 Region，由于主机无法服务其他 Region 的请求。设计良好的数据访问模式以使集群被充分均衡地利用。

为了避免写热点，设计 Rowkey 使得不同行在同一个 Region，但是在更多数据情况下，数据应该被写入集群的多个 Region，而不是一个。下面是一些常见的避免热点的方法以及它们的优缺点。

1）增加随机数。

在 Rowkey 的前面增加随机数。具体就是给 Rowkey 分配一个随机前缀以使得它和之前排序不同。分配的前缀种类数量应该和计划使数据分散到不同的 Region 的数量一致。如果有一些热点 Rowkey 反复出现在其他分布均匀的 Rowkey 中，这种方法是很有用的。考虑下面的例子，它将写请求分散到多个 RegionServer，但是对读操作造成了一些负面影响。

假如有下列 Rowkey，表中每一个 Region 对应字母表中每一个字母。以 "a" 开头是同一个 Region，"b" 开头的是同一个 Region。在表中，所有以 "f" 开头的都在同一个 Region，它们的 Rowkey 像下面这样：

```
foo0001
foo0002
foo0003
foo0004
```

现在，假如需要将上面这个 Region 分散到 4 个 Region。可以用 4 个不同的："a""b""c""d"。在这个方案下，每一个字母前缀都会在不同的 Region 中，于是有了下面的 Rowkey。

```
a-foo0003
b-foo0001
c-foo0004
d-foo0002
```

所以，可以向 4 个不同的 Region 写，理论上，如果所有人都向同一 Region 写的话，将拥有之前 4 倍的吞吐量。现在如果再增加一行，它将随机分配 a，b，c，d 中的一个作为前缀，并以一个现有行作为尾部结束。

```
a-foo0003
b-foo0001
c-foo0003
c-foo0004
d-foo0002
```

因为分配是随机的，所以如果想要以字典序取回数据，需要做更多工作。增加随机数这种方式增加了写时的吞吐量，但是当读时有了额外代价。

2）翻转 key。

第二种防止热点的方法是翻转固定长度或者数字格式的 Rowkey，可以使 Rowkey 中经常改变的部分（最没意义的部分）放在前面，这样可以有效地翻转 key 值，但是牺牲了 Rowkey 的有序性。

3）减少行和列的大小。

在 HBase 中，value 永远是和它的 key 一起传输的。当具体的值在系统间传输时，它的 Rowkey、列名、时间戳也会一起传输。如果 Rowkey 和列名很大，甚至可以和具体的值相比较，那么将会遇到一些有趣的情况。HBase StoreFiles 中的索引（有助于随机访问）最终占据了 HBase 分配的大量内存，因为具体的值和它的 key 很大。可以增加块大小使得 StoreFiles 索引在更大的时间间隔增加，或者修改表的模式以减小 Rowkey 和列名的大小。压缩也有助于更大的索引。

大多数时候较小的低效率是无关紧要的，但是在这种情况下，任何访问模式都需要列族名、列名、Rowkey，所以在数据中它们会被访问数十亿次。

5.6 本章小结

HBase 是一种 NoSQL 存储系统，专门设计用来快速随机读写大规模数据。HBase 运行在普通商用服务器上，可以平滑扩展，以支持从中等规模到数十亿行、数百万列的数据集。本章介绍了 HBase 的安装与配置、常用 API、HBase 架构及实现原理等方面内容。使读者快速地对 HBase 有一个全方面的了解。

5.7 习题

1. HBase 的特点是什么？
2. 请描述 HBase 中 Rowkey 的设计原则。
3. 请描述如何解决 HBase 中 Region 太小和 Region 太大带来的冲突。
4. 请简述 HBase 的简单读写流程。

第 6 章 NoSQL 数据库

大数据及 NoSQL 技术是当下 IT 领域炙手可热的话题,其发展非常迅速,潜力巨大。提起数据存储,一般都是针对关系型数据库来说的。但是,关系型数据库并不是万能的,NoSQL 数据库技术则为眼下的问题提出了新的解决方案,它摒弃了传统关系型数据库 ACID(原子性、一致性、隔离性、耐久性)的特性,采用分布式多节点的方式,更适合大数据的存储和管理。政府和高校都十分重视大数据及 NoSQL 技术的研究和投入;在产业界,各大 IT 公司也在投入大量的资源,研究和开发相关的 NoSQL 产品。与之相应的新型技术和产品在不断涌现。这一切都极大地推动了 NoSQL 的发展。

6.1 NoSQL 简介

随着用户内容的增长,所生成、处理、分析和归档的数据的规模快速增大,类型也快速增多。一些新数据源也在生成大量数据,比如传感器、全球定位系统(GPS)、自动追踪器和监控系统。这些大数据集通常被称为大数据,它们给存储、分析和归档带来了新的机遇与挑战。数据不仅仅增长快速,而且半结构化和稀疏的趋势也很明显。这样一来,预定义好数据库对象集合和利用关系型引用的传统数据管理技术就受到了挑战。

NoSQL 经过这些年的发展,已经逐渐成熟。这其中已经有很多产品被广泛使用,例如,Redis、MongoDB 等;也有一些由于不稳定、不成熟,而被时代的洪流所淹没。就目前的 NoSQL 产品来讲,可以大体上分为 4 个种类:Key-Value(键值)、Column-Family Databases(列存储数据库)、Document-Oriented(文档型数据库)以及 Graph-Oriented Databases(图形数据库),4 类数据库分析详见表 6-1。

表 6-1 NoSQL 数据库的 4 大分类表格分析

分 类	Examples 举例	典型应用场景	数 据 模 型	优 点
Key-Value	Tokyo、Cabinet/Tyrant、Redis、Voldemort、Oracle BDB	内容缓存,主要用于处理大量数据的高访问负载,也用于一些日志系统等	Key 指向 Value 的键值对,通常用散列表来实现	查找速度快
Column-Family Databases	Cassandra、HBase、Riak	分布式的文件系统	以列簇式存储,将同一列数据存在一起	查找速度快,可扩展性强,更容易进行分布式扩展
Document-Oriented	CouchDB、MongoDb	Web 应用(与 Key-Value 类似,Value 是结构化的,不同的是数据库能够了解 Value 的内容)	Key-Value 对应的键值对,Value 为结构化数据	数据结构要求不严格,表结构可变,不需要像关系型数据库一样需要预先定义表结构
Graph-Oriented Databases	Neo4J、InfoGrid、Infinite Graph	社交网络、推荐系统等,专注于构建关系图谱	图结构	利用图结构相关算法,比如最短路径寻址,N 度关系查找等

6.1.1 NoSQL 的含义

传统关系型数据库在处理数据密集型应用方面显得力不从心。主要表现在灵活性差、扩展性差、性能差等方面。最近出现的一些存储系统摒弃了传统关系型数据库管理系统的设计思想，转而采用不同的解决方案来满足扩展性方面的需求。这些没有固定数据模式并且可以水平扩展的系统统称为 NoSQL（有人认为 NoREL 更为合理），字面上 NoSQL 是两个词的组合——No 和 SQL，它暗示了 NoSQL 技术产品与 SQL 之间的对立性。今天 NoSQL 泛指这样一类数据库和数据存储，它们不遵循经典 RDBMS 原理，且常与 Web 规模的大型数据集有关。换句话说，NoSQL 并不单指一个产品或一种技术，它代表一族产品，以及一系列不同的、有时相互关联的、有关数据存储及处理的概念。

NoSQL 泛指非关系型数据库，包含了大约 122 类，但其主要分为 4 大类。

1）Key-Value 存储数据库：该类数据库使用散列表，在散列表中包含特定的 key 和与其对应的指向特定数据的指针，常用的有 Redis。

2）列存储数据库：该类数据库主要用来应对分布式存储的海量数据，一个键指向了多个列，常用的有 HBase。

3）文档型数据库：该类数据库将结构化与半结构化的文档以特定格式存储，如 json 格式。一个文档相对于关系型数据库中的一条记录，也是处理信息的基本单位。常用的有 MongoDB。

4）图形数据库：该类数据库使用图形理论来存储实体之间的关系信息，最重要的组成部分是结点集和连接节点的关系，常用的有 Neo4j。

6.1.2　NoSQL 的产生

NoSQL 一词最早出现于 1998 年，它是 Carlo Strozzi 开发的一个轻量、开源、不提供 SQL 功能的关系型数据库（Carlo Strozzi 认为，由于 NoSQL 悖离传统关系数据库模型，因此，它应有一个全新的名字，比如"NoREL"或与之类似的名字）。

2009 年，Johan Oskarsson 发起了一次关于分布式开源数据库的讨论，来自 Rackspace 的 Eric Evans 再次提出了 NoSQL 的概念，这时的 NoSQL 主要指非关系型、分布式、不提供 ACID 的数据库设计模式。

2009 年在亚特兰大举行的"no；sql(east)"讨论会是一个里程碑，其口号是"select fun, profit from real_word where relational=false；"。因此，对 NoSQL 最普遍的解释是"非关系型的"，强调键值存储和文档数据库的优点，而不是单纯地反对关系型数据库。

随着互联网 Web2.0 网站的兴起，传统的关系型数据库在应对 Web2.0 网站，特别是超大规模和高并发的 SNS 类型的 Web2.0 纯动态网站已经显得力不从心，暴露了很多难以克服的问题，而非关系型的数据库则由于其本身的特点得到了非常迅速的发展。NoSQL 数据库的产生就是为了解决大规模数据集合多重数据种类带来的挑战，尤其是大数据应用难题。总而言之，NoSQL 的出现不是为了替代 SQL 出现的，它是一种替补方案，而不是解决方案的首选，它是为了弥补 SQL 数据库因为事务等机制带来的对海量数据、高并发请求的处理的性能上的欠缺而产生的一种替代办法。

6.1.3　NoSQL 的特点

NoSQL 系统舍弃了一些 SQL 标准中的功能，取而代之的是提供了一些简单灵活的功能。NoSQL 的几大特点如下。

（1）易于数据的分散

关系型数据库并不擅长大量数据的写入处理。原本关系型数据库就是以 JOIN（连接）为前提的。也就是说，各个数据之间存在关联是关系型数据库得名的主要原因。为了进行 JOIN 处理，数据库不得不把数据存储在同一个服务器内，这样不利于数据的分散，相反，NoSQL 数据库原本就不支持 JOIN 处理，各个数据都是独立设计的，很容易把数据分散到多个服务器上。由于数据被分散到了多个服务器上，减少了每个服务器上的数据量，可及时进行大量数据的写入操作，处理起来也更加容易。同理，数据的读入操作当然也同样容易。

（2）提升性能和增大规模

如果想要服务器能够轻松地处理更大的数据，那么只有两个选择：一是提升性能，二是增大规模。下面整理一下这两者的不同。

一方面，提升性能指的就是通过提升先行服务器自身的性能来提高处理能力。这是非常简单的方法，程序方面也不需要进行变更，但需要一些费用，比如要购买性能翻倍的服务器，需要花费的资金往往不只是原来的 2 倍，可能需要多达 5~10 倍。这种方法虽然简单但是成本较高。图 6-1 所示为提升性能的费用与性能曲线。

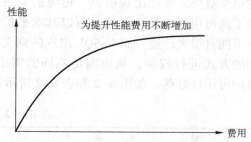

图 6-1 提升性能的费用与性能曲线

另一方面，增大规模指的是使用多台廉价的服务器来提高处理能力。这需要对程序进行变更，但是由于使用了廉价的服务器，所以可以控制成本。另外，以后只要增加廉价服务器的数量就可以了。

NoSQL 数据库是为了"使大量数据的写入处理更加容易（让增加服务器数量更容易）"而设计的。的确，它在处理大量数据方面很有优势。但实际上 NoSQL 数据库还有各种各样的特点。如果能够恰当地利用这些特点，它就会非常有用，这些用途将会感受到利用 NoSQL 的好处。例如，顺畅地对数据记性缓存（Cache）处理、对数据类型的数据进行高速处理、进行数据全部保存等。

（3）多样的 NoSQL 数据库

NoSQL 数据库存在着"键值存储""文档型数据库""列存储数据库"等各种各样的种类，每种数据库又有各自的特点。

6.2 NoSQL 技术基础

CAP 理论、BASE 原理和最终一致性是 NoSQL 数据库得以存在的三大理论基石。对硬件成本的考量，如"五分钟法则"，则给内存数据存储提供了理论依据。这些理论都是在长期实际应用开发中总结的重要经验。

📖 五分钟法则：在 1987 年，Jim Gray 与 Gianfranco Putzolu 发表了"五分钟法则"这个观点，简而言之，如果一条记录频繁被访问，就应该放到内存里，否则的话就应该待在硬盘上按需要再访问。这个临界点就是五分钟。看上去像一条经验性的法则，实际上五分钟的评估标准是根据投入成本判断的，根据当时的硬件发展水平，在内存中保持 1KB 的数据成本相当于硬盘中存取 400 s 的开销（接近五分钟）。这个法则在 1997 年左右的时候进行过一次回顾，证实了"五分钟法则"依然有效（硬盘、内存实际上没有质的飞跃），而这次的回顾则是针对 SSD 这个"新的旧硬件"可能带来的影响。

下面将详细阐述这三大经验总结。

(1) CAP 理论

2000 年，EricBrewer 教授提出了著名的 CAP 理论。2002 年 Seth Gilbert 和 Nancy Lynch 两人证明了 CAP 理论的正确性。CAP 理论的内容是一个分布式系统不可能同时满足一致性、可用性和分区容忍性这三个特性，最多只能同时满足两个。

正所谓，鱼和熊掌不可兼得也。如果对一致性和分区容忍性有较高要求，那么用户就必须处理系统不可用导致的各种读、写失败。如果选择了高可用性和高分区容忍性，那么一致性往往很难解决，可能出现脏读。传统的关系型数据库，默认就选择了高可用性和高一致性，所以其水平扩展能力就弱了，并且不可能有很大改进。而 NoSQL 出现的意义在于这三者之间用不同的方式进行权衡，从而满足不同的需求，有的一致性好些，有的可用性好些，如图 6-2 和表 6-2 所示。

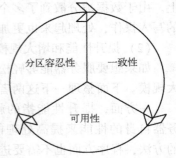

图 6-2 CPA 理论

表 6-2 CAP 问题的选择

序 号	选 择	特 点	例 子
1	C、A	两段锁提交、缓存验证协议	集群数据库、传统数据库
2	C、P	悲观加锁	分布式数据库、分布式加锁
3	A、P	冲突处理、乐观	Coda、DNS

(2) BASE 原理

说起来很有趣，对于事务的两个一致性要求 ACID 与 BASE 来说，BASE 模型是反 ACID 模型，BASE 的英文含义是碱，而 ACID 是酸。BASE 模型真正的含义，包括以下三个基本方面。

1) Basically Available（基本可用性）：分布式系统在出现不可预知故障的时候，允许损失部分可用性。比如说用户查询数据的相应时间延长了，或者浏览高峰期时去掉很多非必须功能给用户相应一个简化版的页面。

2) Soft State（软状态）：允许系统中的数据存在中间状态，并认为该中间状态的存在不会影响系统的整体可用性，即允许系统在不同节点的数据副本之间进行数据同步的过程存在延时。

3) Eventual Consistency（最终一致性）：所有的数据副本，在经过一段时间的同步后，最终能够达到一个一致的状态。

在对数据库进行选择时，往往对事务的要求很高：必须不能丢失数据，事务必须不能不一致，系统必须不能不可用。但是，完美的系统是不存在的。只有清晰地了解应用或者系统最重要、最基本的需求，才能够对此做出取舍，从而选择合适的数据库。比如，对于在微博应用中产生的数据，不一致的程度控制在分钟级别就好，偶尔不可写入也没关系，但读必须没有问题，旧的数据丢掉一些关系不大。在数据库的选用上就可以进行读写分离、新旧分离、横向扩展了。如果所有的应用都需要像 ACID 一样强的一致性，那么这个世界上就不会有如此多的 NoSQL 数据库存在了，更不会有微博这样的互联网应用产生了。

(3) 最终一致性理论

简单地说，一致性的不同类型主要是区分在高并发的数据访问操作下，后续操作是否能够获取最新的数据。不同的策略决定了不同的一致性类型。当一次更新操作之后，后续的读操作如果全部保证是更新后的数据，那么就是强一致性。如果不能保证后续访问读到的都是更新后的，那么就是弱一致性。最终一致性是弱一致性的一种特例。最终一致性规定后续的访问操作可以暂时不返回更新后的数据，但是经过一段时间之后，必须返回更新后的数据，也就是最终保持一致。

最终一致性是过程松、结果紧、最终一致，它又称为软一致。一致性并不是一个新的概念，计算机的内容和 CPU 之间的交互往往需要一致性保证。在单台计算机上，通过对一致性的不同约定，可以提高多核并发性能；在集群环境中，也可以提高 NoSQL 的扩展性。

这三个理论是 NoSQL 之所以存在的理论基础。根据 CPA 理论我们知道，鱼和熊掌不可兼得，所以完美的数据库是不存在的，所以就产生了 NoSQL，由于 NoSQL 系统中进行横向扩展是必需的，所以系统必须在可用性和一致性上进行取舍。而最终一致性则是关注在一致性上如何取舍。由此这三个理论构成一个环，共同奠定 NoSQL 方法的基础。

6.2.1 一致性策略

1. 数据一致性模型

某些分布式系统的可靠性和容错性的提高是通过复制数据来实现的，并在不同的机器上存放不同的数据副本。许多系统采用弱一致性来提高性能，因为维护数据副本的一致性代价非常高，所以不同的一致性模型也相继被提出，主要有以下几种。

1）强一致性：要求在任何数据副本上执行更新操作，在操作成功执行后，所有的读操作都要获得最新的数据。

2）弱一致性：用户读到某一操作对系统的更新需要一段时间。

3）最终一致性：它是弱一致性的一种特例，是保证用户最终能读取到某操作的更新。

根据提供的保证不同，最终一致性模型可以划分为更多的模型，如单调读一致性、读自写一致性、因果一致性、时间轴一致性、会话一致性等。系统的选择数据一致性类型，取决于对一致性的要求。

如 CAP 理论所言，系统几乎不可能同时满足一致性、可用性和分区容错性这三个条件。但是，对数据量不断增长的系统来说，它对系统的可用性及分区容错性的要求相比于强一致性更高一些，并且很难满足事务的 ACID 特性，所以 BASE 理论被提出。

ACID 和 BASE 的比较如表 6-3 所示。

表 6-3 ACID 和 BASE 的比较

ACID	BASE
强一致性	弱一致性
隔离性	可用性优先
采用悲观、保守方法	采用乐观方法
难以变化	适应变化、更简单、更快

2. 数据一致性实现技术

（1）Quorum 系统 NRM 策略

Quorum 协议有三个关键值 N、R 和 W。

N 表示数据所具有的副本数。R 表示完成读操作所需要读取的最小副本数，即一次读操作所需参与的最小节点数目。W 表示完成写操作所需要写入的最小副本数，即一次写操作所需参与的最小节点数目。该策略中，只需保证 R+W>N，就可保证强一致性。

131

如果 R+W>N，那么分布式系统就会提供强一致性保证，因为读取数据的节点和被同步写入的节点是有重叠的。

如果 R+W<=N，系统只能保证最终一致性，而副本达到一致的时间则依赖于系统异步更新的实现方式。

R 和 W 的设置影响系统的性能、扩展性与一致性，下面为不同设置的几种特殊情况。

当 W=1，R=N 时，系统对写操作有较高的要求，但读操作会比较慢，若 N 个节点中有节点发生故障，那么读操作将不能完成。

当 R=1，W=N 时，系统要求读操作高性能、高可用，但写操作性能较低，用于需要大量读操作的系统，若 N 个节点有节点发生故障，那么写操作将无法完成。

当 R=Q（Q=N/2+1）时，系统在读写性能之间取得了平衡，兼顾了性能和可用性，Dynamo 系统的默认设置就是这种，即 N=3，W=2，R=2。

（2）两阶段提交协议

两阶段提交协议（Two Phase Commit Protocol，2PC 协议）可以保证数据的强一致性，是协调所有分布式原子事务的参与者，并决定提交或取消（回滚）的分布式算法，同时也是解决一致性问题的一致性算法。但是，它并不能通过配置来解决所有的故障，为了能够从故障中恢复，两阶段提交协议使用日志来记录参与者（节点）的状态，但是使用日志降低了性能。

在两阶段提交协议中，系统一般包含两类机器（或节点）：一类为协调者（Coordinator），通常一个系统中只有一个；另一类为事务参与者（Participants），一般包含多个。协议中假设每个节点都会记录写前日志（Write-ahead Log）并持久性存储，即使节点发生故障，日志也不会丢失。协议中还假设节点不会发生永久性故障，而且任意两个节点都可以互相通信。

阶段 1：请求阶段（Commit-Request Phase）

在请求阶段，协调者通知事务参与者准备提交或取消事务，然后进入表决过程。在表决过程中，参与者将告知协调者自己的决策：同意（事务参与者本地作业执行成功）或取消（本地作业执行发生故障）。请求阶段模式如图 6-3 所示。

阶段 2：提交阶段（Commit Phase）

在该阶段，协调者将基于第一个阶段的表决结果进行决策：提交或取消。当且仅当所有的参与者同意提交，事务协调者才通知所有的参与者提交事务，否则协调者将通知所有的参与者取消事务。参与者在接收到协调者发来的消息后将执行相应的操作。提交阶段模式如图 6-4 所示。

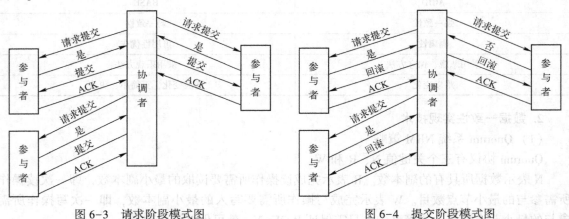

图 6-3　请求阶段模式图　　　　　图 6-4　提交阶段模式图

两阶段提交协议最大的缺点在于它是通过阻塞完成的协议，节点在等待消息的时候处于阻塞状态，节点中其他进程则需要等待阻塞进程释放资源。同时两阶段提交协议没有容错机制，一个节点发生故障整个事务都要回滚，代价比较大。基于此，后来有人提出了三阶段提交协议，引入了超时机制。为了能够更好地解决实际的问题，两阶段提交协议存在很多的变种，如树形两阶段提交协议、动态两阶段提交协议等。

（3）时间戳策略

时间戳策略在关系型数据库中有广泛的应用，该策略主要用于关系型数据库日志系统中记录事务操作以及数据恢复时的 Undo/Redo 操作。在并行系统中时间戳策略有更加广泛的应用。

在并行数据存储系统或并行数据库中，数据间的同步问题可由时间戳策略很好地缓解，但是不同节点间物理时钟的偏差会导致较早更新的数据其时间戳却比较晚，虽然全局时钟可以解决上述问题，但也会导致开销太大、系统效率过低、全局时钟宕机、系统将无法工作等新的问题。因此，该系统时钟将成为系统效率和可用性的瓶颈。

对时间戳策略进行改进，使其不依赖于任何单个节点，也不依赖于物理时钟的同步。该时间戳为逻辑上的时钟，并且通过时间戳版本的更新可在系统中生成全局有序的逻辑关系。

时间戳策略的核心思想如图 6-5 所示。

时间戳最早用于分布式系统中进程之间的控制，用来确定分布式系统中事件的先后关系，可协调分布式系统中的资源控制。假设发送或接收消息是进程的一个事件，下面来定义分布式系统事件集中的先后关系，用"->"符号来表示，如果时间 a 发生在时间 b 之前，那么 a->b。该关系需要满足下列三个条件。

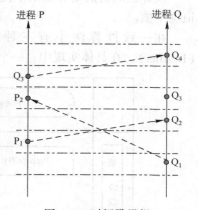

图 6-5 时间戳思想

- 如果事件 a 和事件 b 是同一进程中的事件，并且 a 在 b 之前发生，那么 a->b。
- 如果事件 a 是某消息发送方进程中的事件，事件 b 是该消息接收方进程中接收该消息的事件，那么 a->b。
- 对于事件 a、事件 b 和事件 c，如果有 a->b 和 b->c，那么 a->c。

（4）逻辑时钟

这里为每一个进程 P_i 定义一个时钟 C_i，该时钟能够为任意一个事件 a 分配一个时钟值：$C_i(a)$。在全局上，同样存在一个时钟 C，对于事件 b，该时钟能够分配一个时钟值 $C(b)$，并且如果事件 b 发生在 P_i 上，那么 $C(b)=C_i(b)$。

时钟条件：如果对于事件 a 和事件 b，a->b，那么 $C(a)<C(b)$。

C_1：如果事件 a 和事件 b 是同一个进程 P_i 中的事件，并且 a 在 b 之前发生，那么：$C_i(a)<C_i(b)$。

C_2：如果 a 为进程 P_i 上某消息发送事件，b 为进程 P_j 上该消息接收事件，那么：$C_i(a)<C_j(b)$。

IR1：对于同一节点上任意的连续事件来说，该节点上的时钟只需要保证较晚发生事件的时钟值大于较早发生事件的时钟值即可。

IR2：如果事件 a 代表节点 N_i 发送消息 m，那么消息 m 将携带事件戳 T_m，且 $T_m=C_i(a)$；当节点 N_j 接收到消息 m 后，节点将设置该事件的时钟 C_j 大于或等于该节点上一事件的时钟并

且大于或等于 T_m。

该理论为时间戳的基本理论，具体的系统和实现要根据当前环境来决定。其中向量时钟技术为时间戳策略的演变，能够更好地解决实际中的问题。

（5）Paxos

Paxos 算法常用于具有较高容错性的分布式系统中，其核心就是一致性算法，该算法解决的问题就是一个分布式系统如何就某个值（决议）达成一致。目前，开源分布式系统 Hadoop 中的 ZooKeeper 为 Paxos 算法的开源实现。

一致性保证需要满足以下条件。

- 提议只能被提出后才能被选择。
- 算法的一次执行实例中只能选择一个提议。
- 提议只有被选中后才能让其他节点所知道。

该算法的目的是保证某个提议最终能够被选择，而且一旦被选中后，其他节点最终能够知道这个值。

在一致性算法中有三种角色：提议者（Proposer）、批准者（Acceptor）、学习者（Learner）。在具体实现中，一个节点可以担当多个角色。算法演示如图所示 6-6 所示。

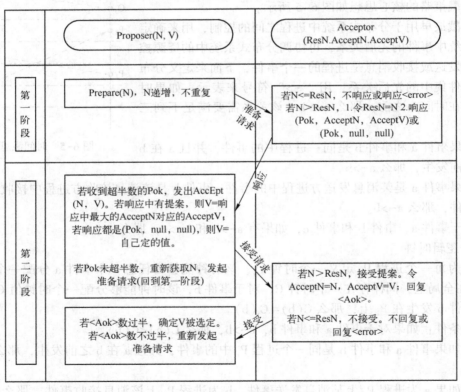

图 6-6　算法演示图

假设节点之间通过发送消息进行通信，这里使用常用的异步、非拜占庭模型。在该模型中：节点以任意速度进行操作，可能因为故障而停止，也可能重新启动。并且节点所选择的提议不会因为重启等其他故障而消失。消息可以延迟发送、多次发送或丢失，但不会被篡改。

选择提议算法过程如下。

1）阶段 1：准备阶段。

① 提议者选择一个恰当的版本号 n，并发送一个版本号为 n 的"准备请求"到一个批准者的大多数集。

② 如果某个批准者接收到该"准备请求"，并且该请求的版本号 n 大于该批准者之前所响应过的任意"准备请求"的版本号，那么此批准者将向该提议者承诺不会再响应任何版本号低于 n 的提议，并告知提议者它曾经批准过的提议的最高版本号。

2）阶段 2：批准阶段。

① 如果提议者接收到来自大多数集的对于其关于版本号为 n 的"准备请求"的响应信息，那么它向该大多数集（或其他）发送关于"版本号为 n、值为 v 的提议"的"批准请求"，如果该响应信息不为空，其中 v 的值为该响应信息中最高版本号提议的值；如果该响应信息为空，那么提议者可以自主指定新的提议的值。

② 如果某批准者接收到了关于版本号为 n 的提议的"批准请求"，那么除非它曾响应过版本号大于 n 的提议的"准备请求"，否则它将批准该提议。

为了能够学习已被批准的提议，学习者需要找到被大多数集所批准的提议。

其他问题：有可能有两个不同的提议者不断尝试提出更高版本的提议，并且任何一个都不会被选择为提议。为了保证系统的正常运行，需要选出某个提议者作为唯一的提议者来发出提议。ZooKeeper 中使用的正是这种策略，被称为"领导选取"。

6.2.2 数据分区与放置策略

数据分区与数据放置两者是逻辑和物理的关系，逻辑是顶层设计，而物理则是具体实现，逻辑设计决定物理实现，而物理实现呈现逻辑设计，所谓的数据分区就是利用分区规则对数据进行分区，这里的分区规则可以是 Hash 与 Range 等，而数据放置应该是指数据的具体物理位置放置，宏观上可以指放置在哪个 Node 上，为了负载均衡等考虑，可以有不同的放置方法，微观上可以指数据在一个块里是如何存储的。网络分区如图 6-7 所示。

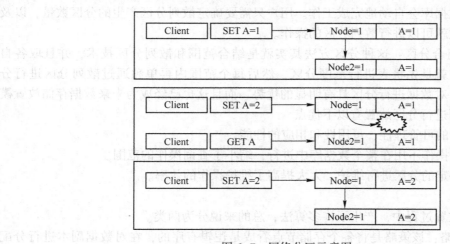

图 6-7 网络分区示意图

1. 数据分区

在海量数据处理中，有效的存储、处理大量的数据显得越来越重要。而在不断解决数据存储空间与数据库性能的过程中，就出现了分区技术。

简言之，分区技术就是一种"分而治之"的技术，它可以方便地处理超大型表。它的主要思想就是将索引和大表分成可管理且易管理的小块，避免单独对一个大表进行处理，为大量数据提供了可伸缩的性能。分区是通过将操作分配给更小的存储单元的技术来减少需要进行管理操作的时间，并且通过增强并行性提高性能，通过屏蔽故障数据的分区增加可用性。

分区允许将表、索引或索引表分成更小的部分。数据库对象的每一段称为区。每个区都有自己的名称，也可以有自己的存储特征。从数据库管理员角度看，被分区的对象有多个段，可以单独管理，也可以一起管理，所以管理人员管理分区对象的时候具有很大的灵活性。但是，从应用的角度出发，分区表和非分区表是一致的，在通过 DML 命令访问分区表的时候，并不需要做任何的修改。表是用"分区键"进行分区的，分区键是用来确定某个行所在区的一组列。分区的技术有以下 4 种。

1）范围分区：范围分区是最早的分区算法，也是数据库分区算法中最经典的一个算法。而这里所说的分区算法，就是按照数据表中某个值的范围进行分区，根据值的范围来确定数据应该存储在哪个分区上，如图 6-8 所示，而在按照时间周期存储数据时，分区算法的优点尤为突出。

2）列表分区：当数据为一系列离散的数值时，可以进行列表分区。列表分区的分区键由一个单独的列表组成，进行操作的时候，可以直接通过所要操作的数据去查找相应的分区。列表分区的最大优势就是通过分区查找相应的数据相当方便，但是列表分区技术也有一定的局限性，因为这种分区技术要求数据的重复率较高。

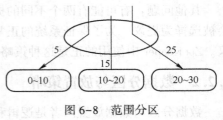

图 6-8 范围分区

3）散列分区：所谓散列分区，就是首先将分区编号，之后通过散列函数来指定分区所存储的数据。散列分区追求的是数据均匀地分布在硬盘上，这就使得每个并行服务进程可以处理大体相当的数据量，负载比较均衡。在散列分区中，用户无需考虑某个列值或者列集合应该存储在哪个分区中，数据库会自动地完成工作。用户只需要确定散列分区产生的分区数量，以及确定分区的散列函数就可以进行散列分区的操作。

4）范围-散列组合分区：这种分区方法其实就是结合范围和散列分区技术，并且取各自的优势。具体的做法就是先将表进行范围分区，然后每个范围内再单独通过散列分区进行分区。在海量数据中，对数据进行分区具有明显的优势，而且这也已经成为未来数据存储放置模式的一大趋势。数据进行分区放置有以下优点。

- 提高数据操作的可管理性、可用性和相应的性能。
- 使得某些查询操作不用在整个数据库中进行，缩小了查询操作的范围。
- 可以只针对特定的分区进行维护，大大提高了维护操作的效率。

2. 放置策略

在海量数据的放置过程中，产生了许多算法，总的来说分为两类。

1）顺序放置策略：该策略是将各个存储节点看成是逻辑有序的，在对数据副本进行分配时先将同一数据的所有副本编号，采用固定的映射方式将各个副本放置到对应序号的节点上。许多系统在设计时的基本思想是基于成熟的 RAID（磁盘阵列）技术来实现数据的放置算法，能获得较强的数据访问能力和可靠性。

2）随机放置策略：该策略就是使用散列函数来确定数据的放置位置，因此这种方法也被称为伪随机放置策略。

第一种放置策略可以获得相对稳定的、可量化的可靠性,当节点发生故障时,系统的容错能力较强,但是当发生故障的节点数量过多时,恢复系统可靠性所花费的开销会极大。而第二种方法可以基本保证数据在系统中均匀地分布,从总体上来看,有利于存储的负载均衡,但是,数据访问的本地性较弱,对系统的性能有较大的影响。

而在实际应用中,一般情况下都会结合这两种放置策略的优缺点,寻找一个折中的算法,典型的代表就是一致性散列算法。根据该算法,数据能够相对均匀地放置在空间上,同时该算法也解决了数据节点的容错性和扩展性,通过引入虚拟节点解决了负载均衡的问题。

数据分区与数据放置两者间存在着不同的联系。举个例子,给你 10 个乒乓球,要求放在 3 个盒子里,那么该怎么去放置呢?

① 按照编号来放置:0~2 号放入盒子 A 中,3~5 号放入盒子 B 中,6~9 号放在盒子 C 中。

② 按照编号特征来放置:对 3 取余=0 放在盒子 A 中,同 3 取余=1 放在盒子 B 中,等。

对比上面所说的,数据分区就是设计球和盒子对应关系的过程,而数据放置就是球在盒子里面怎么摆放,分配策略决定了如何利用每个盒子,但是盒子的特性会影响到分配的策略,数据分区和数据放置间的关系也是如此,是互相相融不可分割,彼此不同,但又有所相通。

6.2.3 数据复制与容错技术

1. 数据的复制技术

在当今这个海量数据的时代,每天都会产生大量的各种数据,而且每天都需要将这些海量数据进行处理。而在这个海量数据处理的过程中,数据的备份是必不可少的。因为在处理数据的过程中,难免会出现一些差错与失误,在这个时候就可以通过备份来恢复原来的数据。在这个过程中数据的复制就显得尤为重要。

在海量数据的时代,数据的复制几乎成了必不可少的一项操作,其具有以下优点。

在数据遭到破坏的时候,能够从复制出来的备份中快速地恢复数据库中的数据。这便是数据复制的最大优点,当然也是数据复制最直接的目的。数据复制之后,在进行读取的时候可能会节约时间并且提高一定的效率。尽管说数据复制有这些优点,而且几乎是处理数据时必不可少的一项措施,但是数据复制也是需要付出一定代价的。复制如此海量的数据需要大量的时间和空间。

在复制数据的构成中,为了达到一定的效率,就需要一个合适的复制策略,而这种复制策略往往需要投入很多的物力和财力去进行研究。在复制数据的构成中,往往会出现一些差错,这就需要进行数据容错与相应的故障处理。在海量数据时代,出现了许多不同的数据库,而也正因为这点,产生了很多不同的数据复制策略以及相应的数据故障发现与容错技术。

(1)基于 Key-Value 模式的数据复制策略

Dynamo 数据库是亚马逊公司正在使用的数据库之一,它在众多的 NoSQL 数据库中,特别是 Key-Value 模式的数据库中具有极其重要的地位。在 Dynamo 中,数据的存储是按照一致性散列来进行的,要存储的数据首先按照其键值 K 来找到它在空间上的对应位置。K 键映射在节点 A 与 B 之间,之后它按照顺时针方向向后查找,找到第一个节点 B,所以这个数据就会存储在 B 节点上。Dynamo 的一致性散列存储如图 6-9 所示。

Dynamo 将数据复制在多个主机上来实现数据的高可用性和持久性。每个数据都会被复制到 N 分主机上。每个 K 键通过散列函数，会首先找到它的空间位置，之后被安排给一个协作节点，协作节点管理落在它范围内的数据条目的相关复制操作。除了在它范围内存储的每个键，协作节点还要复制这个圆环中的 N-1 个顺时针方向连续的节点的键。于是就产生了这样一个系统：每个节点都要对在圆环中它和它第 N 个前面的节点之间的区域负责。一个值 K 按照相应的散列函数映射到它所在的空间地址，然后假定 N 为 3，即需要进行 3 份存储，所以，这个数据将会被存放在 B、C、D 三个节点上。

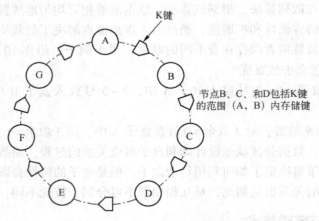

图 6-9 Dynamo 的一致性散列存储

（2）以 CouchDB 为代表的文档数据库的复制策略

文档数据库的典型代表就是 CouchDB。在 CouchDB 数据库系统中，每个服务器所扮演的角色和任务都是相同的。不同的数据节点能够完全独立地执行相关操作。如果两个数据库节点可以通过网络互相联系到对方，那么它们就可以复制数据库中的数据。在 CouchDB 中，每一个数据的更新都会导致 CouchDB 去创建此数据的一个新版本，同时，旧版本的数据会以列表的形式存储起来，这样在复制的过程中就可以很容易地检测到版本的冲突。

CouchDB 的复制过程是逐步进行的，并且 CouchDB 还支持智能文档模式。这就意味着每个文档在成功复制以后，如果复制过程突然崩溃，它并不需要再次备份一次数据。

在数据库复制的过程中，CouchDB 还允许分区复制，这样就可以通过对每个 CouchDB 的节点手动定义不同的过滤器，从而解决数据碎片问题。

（3）以 PNUTS 为代表的其他数据库复制策略

在复制策略上，PNUTS 系统使用异步复制以保证快速的更新响应时间。它通过 Yahoo 的消息代理来代替重新执行日志，并作为其复制数据的机制。在 PNUTS 中，有一个重要的组成单元叫作 YMB（Yahoo Message Broker），在数据的更新过程中，只要将数据发送到 YMB 上，就认为更新已经提交。提交更新后，系统会通过异步的方式传播到不同的区域，然后再到相应的节点上更新。而由于数据的更新并不是严格的同步，所以采用了一个一致性模型处理此问题。即指定一个数据复制的节点来作为记录的主节点，然后把其他所有的更新都导向这个节点，这样就可以实现记录按照时间一致性进行复制的机制。

一个存储系统就相当于一个大的容器，将物品放入这个容器的时候，要考虑将不同的物品放入合适的存储空间内，这样系统的效率和利用率就会提高，所以可以做出如图 6-10 所示的设计。

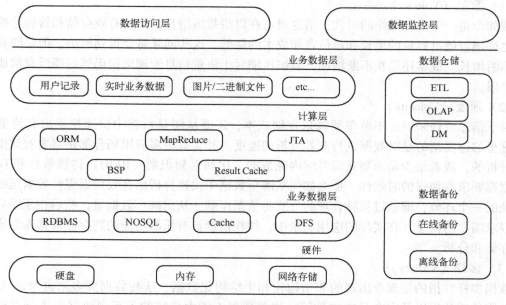

图 6-10 PNUTS 存储设计

大型系统存储单元的结构模型由 6 个部分组成，清单如下。

1）业务数据层。各类业务所产生的各种文件类型的数据，其中包含用户信息、用户操作记录、实时业务数据、手机客户端升级应用程序、图片等。

2）计算层。针对不同的数据格式、不同类型的数据文件，通过不同的工具、计算方法进行操作，针对大量的数据计算采用一些分布式、并行计算的算法，如 MapReduce、BSP。并且对一部分的数据进行缓存，缓解对存储应用服务器的压力。

3）业务数据层。对于海量数据的查询与存储，特别是针对用户行为日志操作，需要使用到一些列式数据库服务器，对于处理业务和一些业务规则的数据依然存放在关系型数据库中，将采用 MySQL 来存储。

4）数据仓储。数据存储主要是针对于用户行为日志和用户行为分析，也是系统中数据量产生较大的一个环节，将会采用 Apache Hive、Pig、Mathout 对数据仓储进行构建。

5）数据备份。数据备份分为在线数据备份和离线数据备份，数据备份环节需要经过运维经验的积累，根据业务和用户访问量定制合理的备份规律。

6）硬件。硬件环境是存储单元最基础的部分，分为磁盘、内存、网络设备存储，将不同的业务数据、文件存储在不同的硬件设备上。

针对以上架构，对于 NoSQL 数据库使用了如下应对方法：Redis 一主多从对缓存数据进行读写分离，减少单台机器的 I/O 瓶颈，值得一提的是，Cache 不是可靠的存储，所以在设计时，需要容许 Cache 的数据丢失，因此，Cache 的数据全部失效时，会从数据库里重新装载。

2. 数据的容错技术

谈论海量数据，其实根本不用 PB 级的数据，有 10TB 就足够让人头疼了，因为海量数据的含义不仅仅体现在"量"上。繁多的数据种类和数据的增长速度同样给 IT 界带来前所未有的挑战。数量、速度、多样是当前海量数据的 3V 挑战。

（1）数量（Volume）

现如今是一个信息爆炸的时代，信息量正在以指数级增长，如何有效存储和管理这些数据呢？也许随着硬盘容量的增长和单位存储成本的降低，这些问题将会得到解决。但是随着信息量的不断增长，成本还是在不断增加。数据压缩对于海量信息管理来说仍然是降低存储成本的有效手段。

（2）速度（Velocity）

对于信息管理来说，不单单要降低存储成本，还要从海量数据中快速挖掘出有价值的信息。这里的速度指的是对数据进行有效分析的速度。其实有很多应用场合都是需要对数据进行实时分析的，或者至少是需要在短时间内完成的。比如射频识别（RFID）传感数据和GPS空间数据都要求有很强的时效性。那么如何从海量数据中快速分析出有效数据呢？数据压缩是不可或缺的一个环节，即通过某种合理的方式将数据压缩，从而减小数据量，然后在压缩后的数据中寻求需要的信息。在实际的应用场景中，往往借助具有压缩功能的列存储数据库完成对数据的存储和分析。

（3）多样（Variety）

数据多样性指的是现今出现的非结构化和半结构化数据，这些数据大多来自Web日志文件、远程传感数据以及安全日志文件等。这些数据不能由传统的关系型数据库进行存储和分析，新兴的NoSQL数据库和Hadoop技术有效地解决了这个问题。Hadoop中的MapReduce技术并行地处理海量数据，将多个节点输出的结果进行整合，得到便于分析的数据，这些数据可以存储到传统关系型数据库中做进一步分析。针对这些非结构和半结构化数据，Hadoop也有其有效的压缩方法。

6.2.4 数据的缓存技术

对于数据库系统而言，其面临的主要问题之一就是如何进行高效的查询，因为硬盘的读取速度慢而限制了整体的性能。在这个海量数据的时代，单机引入的Cache技术已经不能满足人们的需求，这个时候就需要一种新的缓存技术来替代原有的缓存技术。

分布式系统在发展的同时也出现了很多问题。首先，分布式系统往往需要并行处理大量的数据，并且需要具有良好的可扩展性，但是由于各个系统的各子节点和配置不同，所以在扩展时也会有不同的方式。另外，不同节点在处理海量数据的时候，需要交换一些关系数据，但是每个节点上的数据库或者文件系统可能是不同的，所以限制了分布式系统的可扩展性。

分布式缓存的引入，一方面大大提升了系统的查询功能，另外一方面也为整个系统提供了一个缓冲层，便于不同节点之间数据的交换，使得分布式系统具有高可扩展性。分布式缓存可以横跨多个服务器，因此可以在大小和处理能力上进行扩展，其能适用于现在的分布式环境主要原因如下。

- 内存价格越来越便宜，网卡速度越来越快。
- 对节点服务器配置的要求不高，很容易增加服务器数目。

分布式缓存很容易进行扩展，虽然给多个服务器分配数据，但是对于用户来说它是透明的。分布式系统中处理的中间数据也是临时的，最终结果会存放在数据库中，分布式缓存的典型应用如图6-11所示。

从图中可以清楚地看到，对于NET应用、Web服务器以及网络计算等应用程序，往往需要频繁地访问数据库，而短时间内过于频繁地访问数据库可能会导致数据库服务器的瘫痪。这里分布式缓存的引入，为应用程序和数据库服务器之间构建了一层缓存数据层，此时应用程序不需要直接和数据库服务器进行交互，这就将频繁的数据访问和一致性维护等工作交给了分布式缓存系统。对于应用程序而言，它们可以直接从分布式缓存中读取到所需要的数据；对于数据库而言，它们也是从分布式缓存上读取所需数据。另外，分布式缓存系统易于扩展，从而使数据库规模和应用系统规模都可以随之扩展，提高了整个系统的可扩展性。

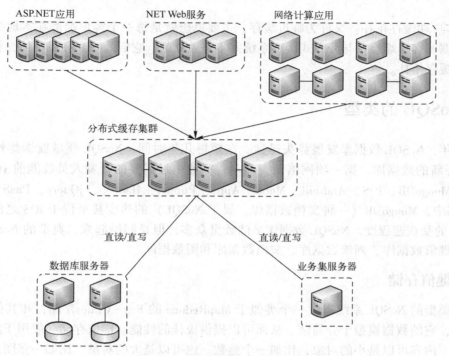

图6-11　多个应用共享分布式存储

在现代的整个大数据系统中，静态数据大约只占数据的10%左右，其余的数据都是动态数据，也就是说真正需要缓存的是动态数据而非静态数据，所以说缓存动态数据是提高系统性能的途径之一。分布式缓存采取了相应的机制来应对这些问题，下面简要介绍几种机制。

1）生命期机制：生命期是指数据可以在缓存中存在多长时间，然后将其自动移除。绝对时间生命期对于更新脏数据很有用，滑动时间生命期对于及时清理不用的数据很有帮助，有了生命期机制，分布式缓存可以自动完成这些功能。

2）一致性机制：数据一致性也是分布式系统要着重考虑的问题，其中包括了缓存数据之间的一致性、缓存数据与源文件的一致性和缓存数据与数据库的一致性。

3）直读直写机制：此机制是为了给缓存系统提供一个直接访问数据库的权限，以便提高用户操作数据库的效率。

4）查询机制：通常情况下，应用程序需要通过 Key 值从缓存中查找相应的数据，这就要求分布式缓存提供查询功能。查询功能有两种实现方式，一种是直接针对属性进行，另外一种是为属性设置标签，然后根据标签进行查询。

5）事件触发机制：事件触发就是当缓存中发生某些事情的时候，应用程序可以响应这些事件，类似于关系型数据库中的触发器。为了提高分布式缓存的可扩展性，采用了三种不同的拓扑结构。

6）复制式拓扑：由两台或者多台缓存服务器组成，称为"缓存集群"。该拓扑结构中，存在被称为复制缓存的服务器，它会备份所有缓存服务器上的数据，且具有非常高的可用性。当任何一台缓存服务器出现问题时，应用程序可以快速地从复制缓存中得到所需数据。

7）分割式拓扑：分割式拓扑是将整个缓存数据分成不同的部分，每台缓存服务器存储一部分数据。

8）客户端缓存拓扑：又称为临近缓存，主要思想就是每一个客户端都在本地缓存一部分常用的数据。客户端缓存与分布式缓存系统并不是独立的，它们是一个有机整体，构成一种新的分布式缓存拓扑。

6.3 NoSQL 的类型

近些年，NoSQL 数据库发展势头迅猛。在短短几年时间，NoSQL 领域就爆炸性地产生了 50~150 种新的数据库。据一项网络调查显示，行业中最需要的开发人员技能前 10 名依次是 HTML5、MongoDB、iOS、Android、Mobile Apps、Puppet、Hadoop、jQuery、PaaS、和 Social Media。其中，MongoDB（一种文档数据库，属于 NoSQL）的热度甚至位于 iOS 之前，足以看出 NoSQL 的受欢迎程度。NoSQL 数据库虽然数量众多，但是归结起来，典型的 NoSQL 数据库通常包括键值数据库、列族数据库、文档数据库和图数据库。

6.3.1 键值存储

键值类型的 NoSQL 系统提供一个类似于 MapReduce 的 Key-Value 存储，和其他类型的数据库相比，它的数据模型十分简洁，从而可以提供极佳的性能。键值存储一般用于随机数据读写的场景。内容可以是小的对象，比如一个整数。也可以是大的对象，比如一张图片。大多数数据库在核心本质上都是一个键值存储，而 NoSQL 只是将其表露出来，从而提供更纯粹的服务。

键值存储会使用一个散列表，这个表中有一个特定的 Key 和一个指针指向特定的 Value。Key 可以用来定位 Value，即存储和检索具体的 Value。Value 对数据库而言是不可见的，不能对 Value 进行索引和查询，只能通过 Key 进行查询。Value 可以用来存储任意类型的数据，包括整型、字符型、数组、对象等。在存在大量写操作的情况下，键值数据库可以比关系数据库有更好的性能。因为关系数据库需要建立索引来加速查询，当存在大量操作时，索引会发生频繁更新，由此会产生高昂的索引维护代价。键值存储示例如表 6-4 所示。

表 6-4 键值存储示例

Key	Value
User:1	Lily:102
User:2	Lucy:103
User:3	Jim:104
Client:1	Jim:104
Client:2	乙有限公司:乙地址
Client:3	丙有限公司:丙地址
Orderlist:1	1:3:20500

键值数据库的相关产品、数据模型、典型应用、优缺点和使用者如表 6-5 所示。

表 6-5 键值数据库

项目	描述
相关产品	Redis、Riak、SimpleDB、Chordless、Scalaris、Memcached
数据模型	键/值对
典型应用	内容缓存，如会话、配置文件、参数、购物车等
优点	扩展性好、灵活性好、大量写操作时性能高
缺点	无法存储结构化信息、条件查询效率较低
使用者	百度云数据库（Redis）、GitHub（Riak）、BestBuy（Riak）、Twitter（Redis 和 Memcached）、StackOverFlow（Redis）、Instagram（Redis）Youtube（Memcached）、Wikipedia（Memcached）

6.3.2 列存储

列存储数据库：该类数据库主要用来应对分布式存储的海量数据一个键指向了多个列，键依然存在，但是它们的特点是指向了多个列。而这些列是由列族来安排的，常用的有：Cassandra、HBase、Riak。

列存储数据库也可以称为支持类 BigTable 数据库，之所以这样叫，是因为列存储数据库起源于 Google 发表的一篇 BigTable 实现的论文，和传统的关系型数据库相似，BigTable 也有表的概念，每个表有若干行。但是由于对扩展性和性能的不同要求，BigTable 相比于传统关系型数据库有如下不同的特点。

- 区别于传统关系型数据库的按行存储，BigTable 是按列来存储的。每行可以有若干列族。每个列族分别列存储在不同的文件中。而同一个列族中的存储方式和按行存储是类似的。
- 列存储支持的列数非常多。同一个表中有上百个列到上千个列是很常见的。有的列存储甚至支持上百万的列，这样的数据模型可以避免多表连接操作，从而提供性能。
- 每一条记录都是有版本的。一行往往有多个版本。版本号通常是系统时间戳。这样做可以有效避免在存储过程中的随机写操作。
- 支持单行事务。尽管一行的数据可能分布在多个节点上，但是 BigTable 型的数据库可以支持单行事务。由于有版本支持，可以使用软事务和最终一致性来在各个节点之间进行同步。列存储示例见表 6-6。列存储数据库的相关产品、数据模型、典型应用、优缺点和使用者如表 6-7 所示。

表 6-6 列存储数据库示例

ID	name	Job-num	birthday	tel-number	address
1	Lily	102	1988-9-1	136********	Lily-address
2	Lucy	103	1989-4-2	136********	Lucy-address
3	Jim	104	1986-4-3	136********	Jim-address
4	Summer	105	1990-1-4	136********	Summer-address
5	Bill	106	1991-5-7	136********	Bill-address

表 6-7 列存储数据库

项 目	描 述
相关产品	BigTable、HBase、Cassandra、HadoopDB、GreenPlum、PNUTS
数据模型	列族
典型应用	分布式数据存储与管理
优点	查找速度快、可扩展性强、容易进行分布式扩展、复杂性低
缺点	功能较少，大多不支持强事务一致性
使用者	Ebay（Cassandra）、Instagram（Cassandra）、NASA（Cassandra）、Twitter（CassandraandHBase）、Facebook（HBase）、Yahoo！（HBase）

6.3.3 面向文档存储

文档型数据库：文档型数据库（文档数据库）的灵感来自于 Lotus Notes 办公软件，而且它同第一种键值存储相类似。该类型的数据模型是版本化的文档，半结构化的文档以特定的格式存储，比如 JSON。文档型数据库可以看作是键值数据库的升级版，允许之间嵌套键值。而且文档型数据库比键值数据库的查询效率更高，如 CouchDB、MongoDb。国内也有文档型数据库 SequoiaDB，目前已经开源。

文档型存储的产生是用来解决关系型数据库在互联网应用中不够灵活的问题。互联网需求瞬息万变，修改表结构更是家常便饭。但是对于关系型数据库来说，修改表的结构是一个极其重量级的操作，往往需要重导入一遍数据。如果既想要关系型数据库提供的事物、丰富的查询等功能，又需要具有灵活可修改的模式，那么文档型 NoSQL 是不二之选。一般来说，现在的文档型数据库都支持 JSON 类型的数据。

一些文档型 NoSQL 也支持 SQL 或类 SQL 的查询语言；一些甚至能够提供像 BigTable 型数据库才能提供的 MapReduce 功能；也有一些是按列存储。文档型 NoSQL 可以有各种各样的实现。文档数据库的示例如表 6-8 所示，文档数据库的相关产品、数据模型、典型应用、优缺点和使用者如表 6-9 所示。

表 6-8 文档数据库示例

```
{user:{
name:Lily,
    job num:102.
    Birthday:1988-9-1,
    tel-number:136********,
address:Lily-address
}}
 {user:{
  name:Lucy,
    job-num:103,
    Birthday:1989-4-2,
    tel-number:136********,
    address:Lucy-address
}}
```

表6-9 文档数据库

项　目	描　　述
相关产品	CouchDB、MongoDB、Terrastore、ThruDB、RavenDB、SisoDB、RaptorDB、CloudKit、Perservere、Jackrabbit
数据模型	版本化的文档
典型应用	存储、索引并管理面向文档的数据或者类似的半结构化数据
优点	性能好、灵活性高、复杂性低、数据结构灵活
缺点	缺乏统一的查询语法
使用者	百度云数据库(MongoDB)、SAP(MongoDB)、Codecademy(MongoDB)、Foursquare(MongoDB)、NBCNews(RavenDB)

6.3.4 图形存储

图形数据库：图形结构的数据库（图数据库）同其他行列以及刚性结构的 SQL 数据库不同，该类数据库使用图形理论来存储实体之间的关系信息，它使用灵活的图形模型，并且能够扩展到多个服务器上。NoSQL 数据库没有标准的查询语言（SQL），因此进行数据库查询需要制定数据模型。许多 NoSQL 数据库都有 REST 式的数据接口或者查询 API，如 Neo4J、InfoGrid、Infinite Graph，最重要的组成部分是：结点集、连接节点的关系。

图数据库在 NoSQL 产品中有些特立独行，其成功不是因为其扩展性好或者性能优异，而是它有独特的数据模型：按图的形式存储。可以在其中存储图中的节点、边，还可以设置边或点的权重。它还可以提供一些图算法，也支持按图的方式来查询。

和文档型 NoSQL 一样，图数据库也有不同的底层实现。一些图数据库的底层是键值存储，另一些则是文档存储。图数据库存储示例如图 6-12 所示，图数据库的相关产品、数据模型、典型应用、优缺点和使用者如表 6-10 所示。

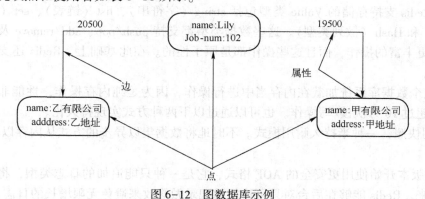

图 6-12 图数据库示例

表 6-10 图数据库

项　目	描　　述
相关产品	Neo4J、OrientDB、InfoGrid、Infinite Graph、GraphDB
数据模型	图结构
典型应用	应用于大量复杂、互连接、低结构化的图结构场合，如社交网络、推荐系统等
优点	灵活性高、支持复杂的图算法、可用于构建复杂的关系图谱
缺点	复杂性高、只能支持一定的数据规模
使用者	Adobe(Neo4J)、Cisco(Neo4J)、T-Mobile(Neo4J)

那么根据本章前面所提到的理论可总结各数据库之间的差别与联系如表 6-11 所示。

表 6-11 各数据库的区别和联系

分 类	Examples 举例	典型应用场景	数据模型	优 点
Key-Value	Tokyo Cabinet/Tyrant、Redis、Voldemort、Oracle BDB	内容缓存，主要用于处理大量数据的高访问负载，也用于一些日志系统等	Key 指向 Value 的键值对，通常用 Hash Table 来实现	查找速度快
Column-Family Databases	Cassandra、HBase、Riak	分布式的文件系统	以列族式存储，将同一列数据存在一起	查找速度快，可扩展性强，更容易进行分布式扩展
Document-Oriented	CouchDB、MongoDb	Web 应用（与 Key-Value 类似，Value 是结构化的，不同的是数据库能够了解 Value 的内容）	Key-Value 对应的键值对，Value 为结构化数据	数据结构要求不严格，表结构可变，不需要像关系型数据库一样需要预先定义表结构
Graph-Oriented Databases	Neo4J、InfoGrid、Infinite Graph	社交网络，推荐系统等。专注于构建关系图谱	图结构	利用图结构相关算法。比如最短路径寻址，N 度关系查找等

6.4 NoSQL 典型工具

本节介绍 NoSQL 的几种典型工具。

6.4.1 Redis

Redis 本质上是一个 Key-Value 类型的内存数据库，使用 ANSI C 语言编写，并提供多种语言的 API。Redis 支持存储的 Value 类型包括 string（字符串）、list（链表）、set（集合）、zset（有序集合）和 Hash（散列类型）。这些数据类型都支持 push/pop、add/remove 及取交集、并集和差集等更丰富的操作，而且这些操作都是原子性的。在此基础上，Redis 还支持各种不同的方式排序。

Redis 整个数据库系统加载在内存当中进行操作，因为是纯内存操作，性能非常出色，每秒可以处理超过 10 万次读/写操作。也可以通过以下两种方式实现持久化。

1）使用快照，一种半持久耐用模式。不时地将数据集以异步的方式从内存以 RDB 格式写入硬盘。

2）1.1 版本开始使用更安全的 AOF 格式，它是一种只能追加的日志类型，将数据集修改操作记录下来。Redis 能够在后台对只可追加的记录做修改来避免无限增长的日志。

Redis 的出色之处不仅仅是性能，Redis 可以用来实现很多有用的功能，比如用它的 List 来做 FIFO 双向链表，能实现一个轻量级的高性能消息队列服务，用 Set 可以做高性能的 tag 标签系统等。另外，Redis 也可以对存入的 Key-Value 设置过期失效时间，因此也可以当作一个功能加强版的 memcached 来用。

Redis 的主要缺点是数据库容量受到内部内存的限制，不能用作海量数据的高性能读/写，并且它没有原生的可扩展机制，不具有可扩展能力，要依赖客户端来实现分布式读/写，因此 Redis 适合的场景主要局限在较小数据量的高性能操作和运算上。

图 6-13 展示了 Redis 内部内存管理中不同的数据类型。

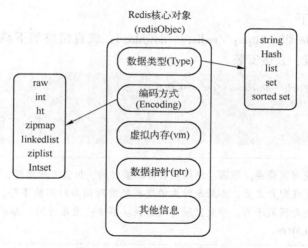

图 6-13　Redis 内存数据类型

Redis 由于其超高速的读/写性能，在 Web 应用方面拥有广大的用户，其中包括一些著名的公司如 Twitter、GitHub、新浪、暴雪娱乐，以及新兴的基于社会化网络的 Pinterest、Instagram 等。

新浪微博拥有全球最大的 Redis 集群之一，有 2,000 多个实例运行在多个数据中心上的 500 多台服务器上，占据近 20 TB 的内存，每天处理 2,200 多亿的操作、5,000 多亿的读和 500 多亿的写请求，主要用于微博、粉丝计数，用户等级信息以及最近、最热、点击度最高的排行榜信息获取等。

Pinterest 使用 Redis 作为解决方案，并将性能推至内存数据库等级，为用户保存多种类型的列表，包括关注者列表、所关注的 board 列表、粉丝列表、关注你的 board 的用户列表、某个用户 board 中没有关注的列表、每个 board 的关注者及非关注者。

Redis 为其 7,000 多万用户存储了以上所有列表，本质上可以说存储了所有粉丝图，通过用户 ID 分片。粗略进行统计可以算出，如果每个用户关注 25 个 board 将会在用户及 board 间产生 17.5 亿的关系。而且这些关系随着系统的使用每天都会增加。

Rides 优势有以下 6 个方面。

1）速度快：Redis 使用标准 C 编写，而且将所有数据加载到内存中，所以速度特别快，读写速度能达到 110,000 次/s，写的速度能达到 81,000 次/s。

2）持久化：所有的数据加载到内存中，所以对数据的更新将异步地保存到磁盘上。

3）数据结构：可以将 Redis 看作"数据结构服务器"。Redis 可以支持 5 种数据结构。

4）支持多种语言：Redis 可以支持多门语言，如 Ruby、Python、Twisted、PHP、Erlang、Tcl、Perl、Lua、Java、Scala、Clojure 等。

5）主-从复制：Redis 支持简单而快速的主-从复制。官方提供了一个数据，Slave 在 21 s 内即完成了对 Amazon 网站 10Gkeyset 的复制。

6）数据类型：Redis 的外围由一个键、值映射的字典构成。与其他非关系型数据库主要不同在于 Redis 中值的类型不仅限于字符串，还支持这些抽象数据类型：string、list、set、zset、Hash 值的类型决定了值本身支持的操作。Redis 支持不同无序、有序的列表，以及无序、有序的集合间的交集、并集等高级服务器端原子操作。

Redis 安装流程如下。

1) 官方下载 stable 版：https://redis.io/download；或直接终端下载解析安装，解压源码并进入目录，不用配置，直接安装。

```
wget http://download.redis.io/releases/redis-4.0.6.tar.gz
tar -zxvf redis-4.0.6.tar.gz
cdredis-4.0.6
make
```

> 注：容易碰到的问题是时间错误。原因：源码是官方配置过的，但官方配置时，生成的配置文件有时间戳信息，而安装只能发生在配置之后，如果此时你的虚拟机的时间与时间戳不符，比如说是 2017 年，你安装的时间与配置时间的时间戳不同，导致出现时间错误。解决：重写时间，date -s 'yyyy-mm-dd hh:mm:ss'，再 clock -w 写入 CMOS。

2) 可选步骤：make test 测试编译情况。

> 注：可能出现 need tcl >8.4 这种情况，代码如 yum install tcl。

3) 安装到指定的目录，比如 /usr/local/redismake，代码如 PREFIX=/usr/local/redis install。

```
cdredis-4.0.6
直接安装：
make install
默认安装路径：
/usr/local/bin
安装到指定的目录：
make PREFIX=/usr/local/redis install
```

> 注：PREFIX 要大写。

4) make install 之后，得到如下几个文件。
- redis-benchmark   性能测试工具。
- redis-check-aof   检查 aof 日志的工具。
- redis-check-rdb   检查 rdb 日志的工具。
- redis-cli   客户端。
- redis-server   服务端。

5) 复制配置文件。

cp /home/software/redis-4.0.6/redis.conf ./bin/

cp /home/software/redis-4.0.6/src/redis-server   /bin/

cp /home/software/redis-4.0.6/src/redis-benchmark   /bin/

cp /home/software/redis-4.0.6/src/redis-cli   /bin/

6) 启动与连接。

/bin/redis-server/bin/redis.conf

7）连接：使用 redis-cli. /bin/redis-cli。
8）以后端模式启动 Redis，编辑 conf 配置文件，修改如下内容。
vi /usr/local/redis/bin/redis.confdaemonize yes
9）测试。

```
[root@ localhost bin]# ./redis-cli
127.0.0.1:6379> set tomorrow beautiful
OK
127.0.0.1:6379> get tomorrow
"beautiful"
127.0.0.1:6379>
```

10）正常关闭本地 Redis。

```
./bin/redis-cli -p 8081 shutdown
./bin/redis-cli shutdown(默认关闭本地 6379 的 Redis)
```

Redis 界面客户端的简单安装与配置方法如下。
① 下载 redisclient 软件。
② 双击安装，安装完成后打开安装目录中的 exe 文件，之后按照如图 6-14~图 6-16 中的提示进行配置即可，安装及配置过程如图 6-14~图 6-16 所示。

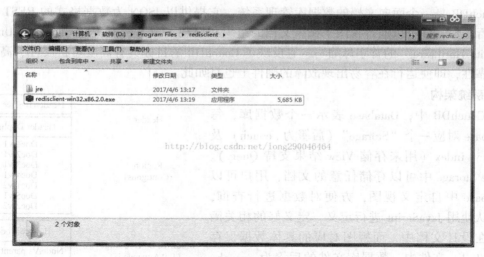

图 6-14　文件安装

图 6-15　添加服务器

图 6-16 进入 Redis 服务器

6.4.2 CouchDB

CouchDB 是一个面向文档的数据库管理系统。它提供以 JSON 为数据格式的 REST 接口来对其进行操作，并可以通过视图来操纵文档的组织和呈现。"Couch"是"Cluster of Unreliable Commodity Hardware"的首字母缩写，它反映了 CouchDB 的目标具有高度可扩展性、高可用性和高可靠性，即使运行在容易出现故障的硬件上也是如此。

1. 系统架构

在 CouchDB 中，Database 表示一个数据库，每个 Database 对应一个"Storage"（后缀为 .couch）及多个 View Index（用来存储 View 结果支持 Query）。Database Storage 中可以存储任意的文档，用户可以在 Database 中自定义视图，方便对数据进行查询，视图默认使用 JavaScript 进行定义，定义好的相关函数保存在设计文档中，而视图对应的具体数据保存在 View Index 文件中。数据库文件的后缀为 .couch，由 Header 和 Body 组成。CouchDB 数据库结构如图 6-17 所示。

CouchDB 构建在强大的 B+Tree（树）存储引擎之上。这种引擎负责对 CouchDB 中的数据进行排序，并提供一种能够在对数均摊时间内执行搜索、插入和删除操作的机制。CouchDB 将这个引擎用于所有内部数据、文档和视图。

因为 CouchDB 数据库的结构独立于模式，所以它依赖于使用视图创建文档之间的任意关系，以及提供聚合和报告特性。使用 MapReduce 计算这些视

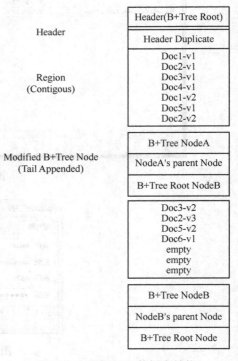

图 6-17 CouchDB 数据库结构

图的结果是，CouchDB 中的 MapReduce 特性生成键-值对，CouchDB 将它们插入到 B+树引擎中并根据它们的键进行排序。这就能通过键进行高效查找，并且提高 B+树中的性能。此外，这还意味着可以在多个节点上对数据进行分区，而不需要单独查询每个节点。

传统的关系型数据库管理系统有时使用锁来管理并发性，从而防止其他客户机访问某个客户机正在更新的数据。这就使得多个客户机不能同时更改相同的数据，但对于多个客户机同时使用一个系统的情况，数据库在确定哪个客户机应该接收锁队列次序时会遇到困难，这很常见。在 CouchDB 中没有锁机制，它使用的是多版本并发性控制（Multiversion Concurrency Control，MVCC），向每个客户机提供数据库的最新版本的快照。这意味着在提交事务之前，其他用户不能看到更改。

2. CouchDB 特性

（1）MVCC

CouchDB 是一个支持多版本控制的系统，此类系统通常支持多个结点写，而系统会检测到多个系统的写操作之间的冲突并以一定的算法规则予以解决。

（2）水平扩展性

在扩展性方面，CouchDB 使用拷贝去做。CouchDB 的设计基于支持双向的复制（同步）和离线操作。这意味着多个复制能够对同一数据有其自己的拷贝，可以进行修改，之后将这些变更进行同步。

（3）REST（Representational State Transfer，表述性状态转移）API

所有的数据都有一个唯一的通过 HTTP 暴露出来的 URI。REST 使用 POST、GET、PUT 和 DELETE 来操作对应的 4 个基本 CRUD（Create、Read、Update、Delete）操作来操作所有的资源。

（4）数据查询操作

CouchDB 不支持动态查询，要为每一个查询模式建立视图，并在此视图的基础上进行查询。视图是 CouchDB 中文档的呈现方式，在 CouchDB 中保存的是视图的定义。

CouchDB 中有两种视图：永久视图和临时视图。永久视图保存在设计文档的 views 字段中。如果需要修改永久视图的定义，只需要通过文档 REST API 来修改设计文档即可。临时视图是通过发送 POST 请求到 URL/dbName/_temp_view 来执行的。在 POST 请求中需要包含视图的定义。一般来说，临时视图只在开发测试中使用，因为它是即时生成的，性能比较差；永久视图的运行结果可以被 CouchDB 缓存，因此一般用在生产环境中。

（5）原子性

支持针对行的原子性修改（Concurrent Modifications of Single Documents），但不支持更多的复杂事务操作。

（6）数据可靠性

CouchDB 是一个"crash-only"（仅限于崩溃）的系统，你可以在任何时候停掉 CouchDB 并能保证数据的一致性。

（7）最终一致性

CouchDB 保证最终一致性，使其能够同时提供可用性和分割容忍。

（8）离线支持

CoucbDB 能够同步复制到可能会离线的终端设备（比如智能手机），同时当设置再次在线时处理数据同步。CouchDB 内置了一个叫作 Futon 的通过 Web 访问的管理接口。

3. 文档

CouchDB 数据库存储唯一的命名文档并提供一个 RESTful JSON API，该 API 允许应用程序读取和修改这些文档。CouchDB 数据库中的所有数据都存储在一个文档中，并且每个文档可以由未定义的字段组成，这意味着每个文档都可以具有未在其他文档中定义的字段。换句话说，这些文档不受严格的模式限制。

当更改 CouchDB 文档时，这些更改实际上并不是附加在原来的文档之上，而是创建整个文档的一个新版本，即修订。这意味着数据库会自动维护文档修改的完整历史。文档-修订系统管理修订控制，但不包括在数据库中自动完成的修订。

CouchDB 没有锁机制，两个客户机可以同时加载和编辑同一个文档。不过如果一个客户机保存了所有更改时，另一个客户机在尝试保存更改时将收到一个编辑冲突通知。可以通过加载更新版本的文档来解决该冲突，然后重新进行编辑并再次保存。CouchDB 通过确保文档全部更新成功或全部失败来保持数据的一致性，即文档更新要么成功，要么失败。数据库中不会存在仅保存了一部分的文档。

4. 视图

CouchDB 的本质是非结构化的，虽然由于缺乏严格的模式而使其获得了更大的灵活性和可伸缩性，但是这使得 CouchDB 在现实应用程序中难以使用。而关系型数据库对于每个应用程序，严格定义的表之间的关系对于为数据赋予意义至关重要。不过，当要求实现更高的性能时，则需要创建物化视图来反规范化（De-normalize）数据。在很多情况下，面向文档数据库采用相反的方法处理事情。它将数据存储在一个平面地址空间中，这就像一个完全反规范化的数据仓库。它提供一个视图模型为数据添加结构，因此能够聚合数据得出有用的含义。

在 CouchDB 中可以根据需求创建视图，并使用它在数据库中聚合、连接和报告文档。视图是动态创建的，对数据库中的文档没有影响。视图是在设计文档中定义的，并且可以跨实例复制。这些设计文档包含了使用 MapReduce 运行查询的 JavaScript 函数。视图的 Map 函数将文档作为一个参数，并执行一系列的计算来决定应该对哪些数据使用视图。如果一个视图具有 Reduce 函数，就使用它来聚合结果。视图接收一组键和值，然后将它们合并成一个单一的值。

5. CouchDB 总结

- JSON 文档：文档在 CouchDB 中以 JSON 格式存储。
- RESTful 接口：对 CouchDB 的所有操作，包括数据 CRUD，数据库管理及数据同步，都可以通过 HTTP 方式进行。
- N-Master 复制：可以使用无限个 Master 机器，可以构件很有意思的数据网络拓扑。
- 离线使用：CouchDB 能够运行在移动设备上（Android 系统），它可以让移动设备在离线时存储数据，在接入网络后再同步到云端存储。
- 过滤器：可以在同步复制操作中加上一个过滤器，让用户有选择性地同步数据。

6. CouchDB 安装流程

一些 Linux 系统在内部提供 CouchDB 数据库。例如，要在 Ubuntu 和 Debian 上安装 CouchDB，请使用以下说明。

```
sudo apt install couchdb
```

执行结果如下：

```
yiibai@ubuntu:~$sudo apt install couchdb
[sudo] password foryiibai:
Reading package lists... Done
Building dependency tree
Reading state information... Done
The following extra packages will be installed:
couchdb-bin couchdb-common erlang-asn1 erlang-base-hipe erlang-crypto
    erlang-eunit erlang-inets erlang-mnesia erlang-os-mon erlang-public-key
    erlang-runtime-tools erlang-snmp erlang-ssl erlang-syntax-tools erlang-tools
    erlang-webtool erlang-xmerl libmozjs185-1.0 libsctp1 lksctp-tools
Suggested packages:
    erlang erlang-manpages erlang-doc erlang-edoc erlang-gs erlang-observer
The following NEW packages will be installed:
    couchdb couchdb-bin couchdb-common erlang-asn1 erlang-base-hipe
    erlang-crypto erlang-eunit erlang-inets erlang-mnesia erlang-os-mon
    erlang-public-key erlang-runtime-tools erlang-snmp erlang-ssl
    erlang-syntax-tools erlang-tools erlang-webtool erlang-xmerl libmozjs185-1.0
libsctp1 lksctp-tools
0 upgraded, 21 newly installed, 0 to remove and 450 not upgraded.
Need to get 19.7 MB of archives.
After this operation, 43.2 MB of additional disk space will be used.
Do you want to continue? [Y/n] y
```

安装完成后，CouchDB 自动启动，现在打开浏览器并测试安装结果，如图 6-18 所示。

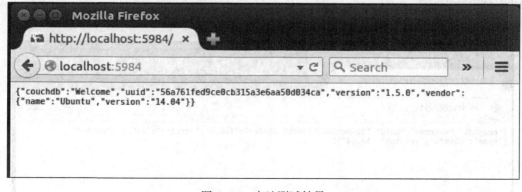

图 6-18　本地测试结果

注：可以看到上面默认安装的是 CouchDB 1.5.0 版本，如果有兴趣可以安装最新版本，参考接下来的步骤。

安装最新版本（apache-couchdb-1.6.0）。

```
$sudo apt-get --no-install-recommends -y install \
    build-essentialpkg-config erlang \
    libicu-dev libmozjs185-dev libcurl4-openssl-dev

$sudo apt-get update

$sudo apt-get install software-properties-common -y
```

添加 PPA，从相应的存储库获取最新的 CouchDB 版本。

$sudo add-apt-repositoryppa:couchdb/stable -y

现在已经添加了一个新的 PPA，开始更新系统，使其具有最新的包信息。

$sudo apt-get update

如果之前在此服务器上安装了 CouchDB，请先删除现有版本。

$sudo apt-get removecouchdb couchdb-bin couchdb-common -yf

现在安装 CouchDB。

$sudo apt-get installcouchdb -y

通过上面步骤，CouchDB 最新稳定版本就安装好了。默认情况下，CouchDB 在 localhost 上使用端口 5984 运行，可以通过从命令行运行 curl 来检索此基本信息（验证安装结果）。

yiibai@ ubuntu:~$curl localhost:5984
{"couchdb":"Welcome","uuid":"22d9e91e925fecdb5a3698e26a7f6815","version":"1.6.1","vendor":{"name":"Ubuntu","version":"14.04"}}
yiibai@ ubuntu:~$

CouchDB 是一个 Web 界面，可以在 Web 浏览器上进行验证，打开以下主页网址。

http://localhost:5984/

将看到图 6-19 所示的输出。

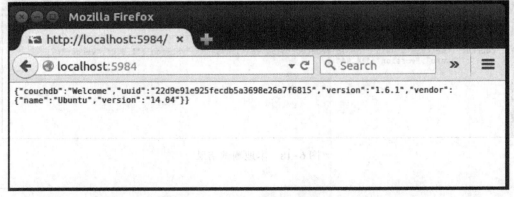

图 6-19　输出结果

如果 Linux 系统没有 CouchDB，则安装 CouchDB 及其以下依赖项：Erlang OTP、ICU、OpenSSL、Mozilla SpiderMonkey、GNU Make、GNU Compiler Collection、libcurl、help2man、Python for docs、Python Sphinx。

要安装上述依赖项，请使用以下命令。

$sudo yum installautoconf
$sudo yum installautoconf-archive
$sudo yum installautomake
$sudo yum install curl-devel
$sudo yum install erlang-asn1

```
$sudo yum install erlang-erts
$sudo yum install erlang-eunit
$sudo yum install erlang-os_mon
$sudo yum install erlang-xmerl
$sudo yum install help2man
$sudo yum install js-devel
$sudo yum installlibicu-devel
$sudo yum installlibtool
$sudo yum install perl-Test-Harness
```

然后配置并启动 CouchDB。使用以下 URL 验证输出。

http://127.0.0.1:5984/

CouchDB 提供了一个基于 Web 的方便控制面板，叫作 Futon。从本地服务器访问它，将流量通过 SSH 连接隧道传输到服务器。只有 SSH 登录到服务器的用户才能访问 Futon 控制面板。

要安全地连接到 CouchDB（不用公开），可以创建从本地端口 5984 到远程服务器端口 5984 的 SSH 隧道。

```
$ssh -L5984:127.0.0.1:5984 yiibai_user@your_server_ip
```

注意：请记住用您的用户名替换 yiibai_user，将 your_server_ip 替换为服务器的 IP 地址。

链接打开时，使用端口 5984 从 Web 浏览器访问 Futon。访问此 URL 以显示 Futon 页面，如图 6-20 所示。

http://localhost:5984/_utils

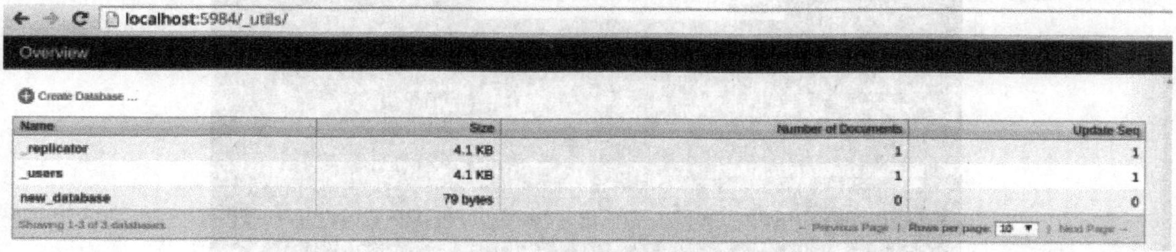

图 6-20 5984 端口访问

默认情况下，访问 Futon 的所有 CouchDB 用户都具有管理权限，如图 6-21 所示。

可以通过单击修复此（Fix this）链接并创建新管理员来更改此内容。

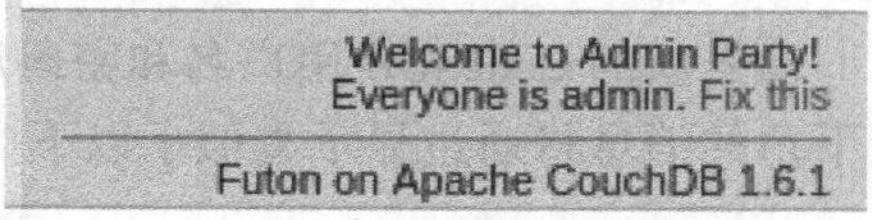

添加管理员用户：现在已经启动运行 CouchDB，可以开始使用它了。在创建管理员用户之前，所有用户都可以以管理权限访问 CouchDB（尽管它们首先需要 SSH 访问服务器）。为 CouchDB 创建管理员账户是一个很好的做法，以防止意外或未经授权的数据丢失。要执行此操作，请单击显示在 "Futon" 的右下角的 "修复此（Fix this）" 链接。这时将显示一个允许创建 CouchDB 管理员用户的屏幕，如图 6-22 所示。

图 6-21 CouchDB 用户

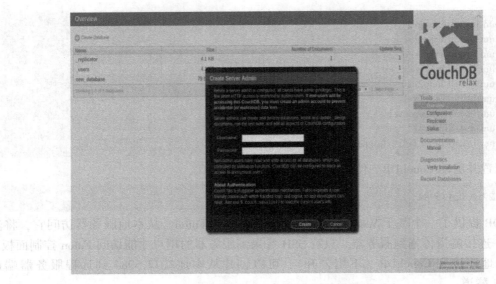

图 6-22 创建 CouchDB 管理员屏幕

输入用户名和密码，如图 6-23 所示。

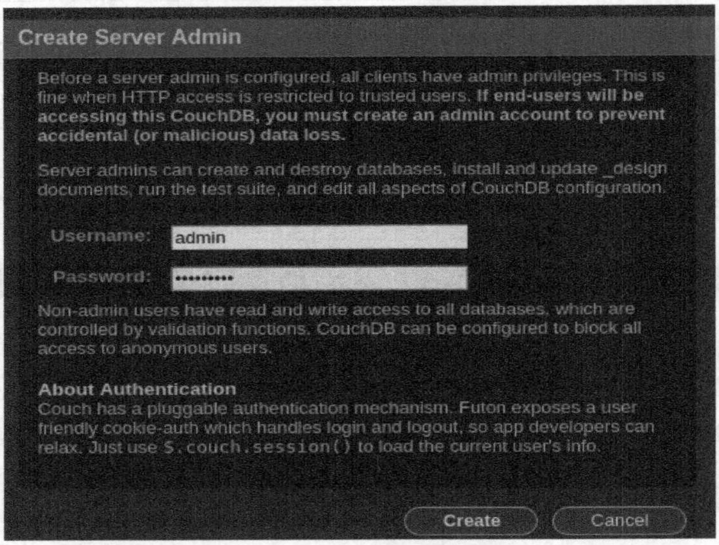

图 6-23 登录界面

输入新的 CouchDB 用户名和密码后，单击创建（Create）按钮创建新的管理员用户。Futon 右下角的消息将通过显示类似于以下内容的消息来确认，如图 6-24 所示。

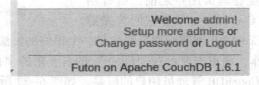

图 6-24 用户创建成功

> 注意：创建管理用户可防止未经授权的用户删除和修改数据库，设计文档和 CouchDB 配置。但是，它不会阻止其他创建或访问文档。就这样，有关 CouchDB 服务器现已完全配置。

6.5 本章小结

本章主要介绍了 NoSQL 基础知识和大数据处理的一些技术和机制。NoSQL 数据库较好地满足了大数据时代的各种非结构化数据的存储需求，开始得到越来越广泛的应用。现今的计算机体系结构在数据存储方面要求具备庞大的水平扩展性，而 NoSQL 致力于改变这一现状。NoSQL 是非关系型数据存储的广义定义，它打破了长久以来关系型数据库与 ACID 理论统一的局面。NoSQL 数据存储不需要固定的表结构，通常也不存在连接操作。在大数据存取上具备关系型数据库无法比拟的性能优势。本章着重介绍了 NoSQL 的基础，如一致性策略、数据分区与放置策略、数据复制与容错、数据缓存等，结合 NoSQL 典型应用工具和实例简明扼要地叙述了 NoSQL 的基本应用，为后续的学习打下基础。

6.6 习题

1. 如何准确理解 NoSQL 的含义？
2. 什么是最终一致性？
3. 请简述放置策略的概念。
4. 海量数据容错技术面临的挑战有哪些？
5. 试简述 CAP 理论的具体含义。

第 7 章 集群计算 Spark

大数据的解决方案通常包含多个重要的组件，从存储、计算和网络等硬件层，到数据处理引擎，毫不夸张地说，数据处理引擎之于大数据就像 CPU 之于计算机，或大脑之于人类一样重要。Spark 发源于美国加州大学伯克利分校 AMPLab 的大数据分析平台，它立足于内存计算，从多迭代批量处理出发，兼顾数据仓库、流处理和图计算等多种计算范式，是大数据系统领域的全栈计算平台。Spark 当下已成为 Apache 基金会的顶级开源项目，拥有庞大的社区支持，技术也逐渐走向成熟。

7.1 深入理解 Spark

Spark 是一个用来实现快速而通用的集群计算平台。Spark 扩展了 MapReduce 计算模型，而且高效地支持更多计算模式。它的速度很快，也就意味着可以进行交互式的数据操作，否则每次操作就需要等待数分钟甚至数个小时。Spark 基于内存计算，提高了在大数据环境下数据处理的实时性，因而更能体现速度上的优势。该框架对资源调度，任务的提交、执行和跟踪，节点间的通信以及数据并行处理的内在底层操作都进行了抽象。它提供了一个更高级别的 API 用于处理分布式数据。从这方面说，它与 Apache Hadoop 等分布式处理框架类似，但在底层架构上，Spark 又与它们有所不同。本节主要对概念和原理进行了简单的介绍与讨论，帮助读者更好地理解 Spark 的相关知识。

7.1.1 Spark 简介

Spark 是由一个强大而活跃的开源社区开发和维护的，目前已经成为 Apache 软件基金会旗下的顶级开源项目。Spark 起源初期，加州大学伯克利分校正关注分布式机器学习算法的应用情况，因此，Spark 从一开始便为应对迭代式应用的高性能需求而设计。在这类应用中，相同的数据会被多次访问。该设计主要利用数据集的内存缓存以及启动任务时的低延迟和低系统开销来实现高性能。再加上其容错性、灵活的分布式数据结构和强大的函数式编程接口，Spark 在各类基于机器学习和迭代分析的大规模数据处理任务上有广泛的应用，也表明了其实用性。

下面是 Spark1.2.0 版本前的发展历程。
- 2009 年：由 Berkeley's AMPLab 开始编写最初的源代码。
- 2010 年：开放源代码。
- 2013 年 6 月：Apache 孵化器项目。
- 2014 年 2 月：Apache 顶级项目。
- 2014 年 2 月：大数据公司 Cloudera 宣称加大 Spark 框架的投入来取代 MapReduce。
- 2014 年 4 月：大数据公司 MapR 投入 Spark 阵营，使用 Spark 作为计算引擎。
- 2014 年 5 月：Pivotal Hadoop 集成 Spark 全栈。
- 2014 年 5 月 30 日：Spark 1.0.0 发布。

- 2014年6月：Spark 2014峰会在旧金山召开。
- 2014年7月：Hive on Spark项目启动。
- 2014年12月：Spark1.2.0发布。

Spark项目包含多个紧密集成的组件。Spark的核心是一个计算引擎，它对由很多计算任务组成的、运行在多个工作机器或者是一个计算集群上的应用，进行调度、分发以及监控。

目前AMPLab和Databricks负责整个项目的开发维护，另外很多公司，如Yahoo、Intel等也参与到Spark的开发中，同时很多开源爱好者也积极参与Spark的更新与维护。AMPLab开发以Spark为核心的数据分析栈时提出的目标是：one stack to rule them all，也就是说在一套软件栈内完成各种大数据分析任务。相较于MapReduce上的批量计算、迭代型计算以及基于Hive的SQL查询，Spark可以带来上百倍的性能提升。目前Spark的生态系统日趋完善，Spark SQL的发布、Hive on Spark项目的启动以及大量大数据公司对Spark全栈的支持，让Spark的数据分析范式更加丰富。

Spark的核心引擎速度快且通用，支持为各种不同应用场景专门涉及的高级组件，比如SQL和机器学习等。这种组件间密切的涉及原理有很多的优点：首先，软件栈中所有的程序库和高级组件都可从下层的改进中获益；其次，运行整个软件栈代价减小，一个机构只需一套软件系统即可，省去了系统部署、维护、测试等成本；最后，可以构建出无缝整合不同处理模型的应用。

Spark组件如图7-1所示。

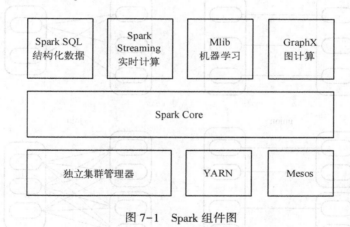

图7-1　Spark组件图

Spark生态圈以Spark Core为核心，从HDFS、Amazon S3和HBase等持久层读取数据，以MESS、YARN和自身携带的Standalone为资源管理器调度Job完成Spark应用程序计算。这些应用程序可以来自不同的组件，如Spark Shell/Spark Submit的批处理、Spark Streaming的实时处理应用、Spark SQL的实时查询、BlinkDB的权衡查询、MLlib/MLbase的机器学习、GraphX的图处理和SparkR的数学计算等。

1. Spark Core

实现Spark的基本功能，如任务调度、内存管理、错误恢复与存储系统交互等模块。Spark Core中还包含对弹性分布式数据集（Resilient Distributed Datasets，RDD）的API定义。RDD是分布式内存的一个抽象概念，RDD提供了一种高度受限的共享内存模型，即RDD是只读的记录分区的集合，RDD 可以看作是 Spark 的一个对象，它本身运行于内存中，是 Spark 主要的编程对象。Spark Core 提供了创建和操作这些集合的多个 API。RDD 表示只读分区的数据集，对 RDD 进行改动，只能通过 RDD 的转换操作，由一个 RDD 得到一个新的 RDD，新的 RDD 包含了从其他 RDD 衍生所必需的信息。RDDs 之间存在依赖关系，RDD 的执行是按照血缘关系延时计算的。如果血缘关系较长，可以通过持久化 RDD 来切断血缘关系。

（1）分区

RDD 在逻辑上是分区的，每个分区的数据都是抽象存在的，它在计算时会通过一个 Compute 函数得到每个分区的数据。如果 RDD 是通过已有的文件系统构建，则 Compute 函数读取指定文件系统中的数据，如果 RDD 是通过其他 RDD 转换而来，则 Compute 函数执行转换逻辑将其他 RDD 的数据进行转换，如图 7-2 所示。

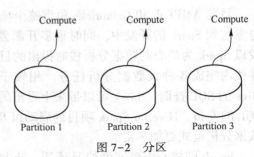

图 7-2　分区

（2）只读

RDD 是只读的，要想改变 RDD 中的数据，只能在现有的 RDD 基础上创建新的 RDD。由一个 RDD 转换到另一个 RDD，可以通过丰富的操作算子实现，不再像 MapReduce 那样只能写 map 和 reduce 了。如图 7-3 所示。

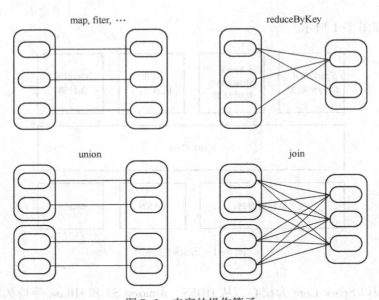

图 7-3　丰富的操作算子

RDD 的操作算子包括两类，一类叫作 transformations，它用来将 RDD 进行转化，构建 RDD 的血缘关系；另一类叫作 actions，它用来触发 RDD 的计算，得到 RDD 的相关计算结果或者将 RDD 保存到文件系统中。

（3）依赖

RDDs 通过操作算子进行转换，转换得到的新 RDD 包含了从其他 RDDs 衍生所必需的信息，RDDs 之间维护着这种血缘关系，也称之为依赖。依赖包括两种：一种是窄依赖，RDDs

之间分区是一一对应的;另一种是宽依赖,下游 RDD 的每个分区与上游 RDD(也称之为父 RDD)的每个分区都有关,是多对多的关系。通过 RDDs 之间的这种依赖关系,一个任务流可以描述为 DAG(有向无环图),在实际执行过程中宽依赖对应于 Shuffle(图中的 reduceByKey 和 join);窄依赖中的所有转换操作,可以通过类似于管道的方式一气呵成执行(图中 map 和 union 可以一起执行)。

(4)缓存

如果在应用程序中多次使用同一个 RDD,则可以将该 RDD 缓存起来,该 RDD 只有在第一次计算的时候会根据血缘关系得到分区的数据,在后续其他地方用到该 RDD 的时候,会直接从缓存处取而不用再根据血缘关系计算,这样就加速了后期的重用。如图 7-4 所示,RDD-1 经过一系列的转换后得到 RDD-n 并保存到 HDFS,RDD-1 在这一过程中会有个中间结果,如果将其缓存到内存,那么在随后的 RDD-1 转换到 RDD-m 这一过程中,之前的过程将不再进行计算。

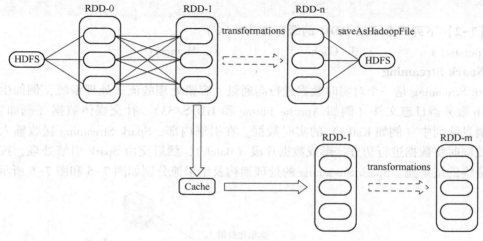

图 7-4 缓存

(5)checkpoint(检查站)

RDD 的血缘关系天然地可以实现容错,虽然当 RDD 的某个分区数据失败或丢失时,可以通过血缘关系重建,但是对于长时间迭代型应用来说,随着迭代的进行,RDDs 之间的血缘关系会越来越长,一旦在后续迭代过程中出错,则需要通过非常长的血缘关系去重建,势必影响性能。为此,RDD 支持 checkpoint 将数据保存到持久化的存储中,这样就可以切断之前的血缘关系,因为 checkpoint 后的 RDD 不需要知道它的父 RDDs 了,它可以从 checkpoint 处拿到数据。

【例 7-1】统计一个数据集中每个单词出现的次数。

首先将从 HDFS 中加载数据得到原始 RDD-0,其中每条记录为数据中的一行语句,经过一个 flatMap 操作,将一行语句切分为多个独立的词,得到 RDD-1,再通过 map 操作将每个词映射为 Key-Value 形式,其中 Key 为词本身,Value 为初始计数值 1,得到 RDD-2,将 RDD-2 中的所有记录归并,统计每个词的次数,得到 RDD-3,最后将其保存到 HDFS。

```
import org.apache.spark._
import SparkContext._
  object WordCount {
    def main(args: Array[String]) {
      if (args.length < 2) {
        System.err.println("Usage: WordCount <inputfile><outputfile>");
        System.exit(1);
      }
      val conf = new SparkConf().setAppName("WordCount")
      val sc = new SparkContext(conf)
      val result = sc.textFile(args(0))
                     .flatMap(line => line.split(" "))
                     .map(word => (word, 1))
                     .reduceByKey(_ + _)
      result.saveAsTextFile(args(1))
    }
  }
```

【例7-2】下列哪个不是 RDD 的缓存方法？（C）
A. persist( )　　　　　B. Cache( )　　　　　C. Memory( )

2. Spark Streaming

Spark Streaming 是一个对实时数据进行高通量、容错处理的流式处理系统，例如生产环境中的 Web 服务器日志文件（例如 Apache Flume 和 HDFS/S3）、社交媒体数据（例如 Twitter）和各种消息队列中（例如 Kafka）的实时数据。在引擎内部，Spark Streaming 接收输入的数据流，与此同时将数据进行切分，形成数据片段（Batch），然后交由 Spark 引擎处理，按数据片段生成最终的结果流。Spark Streaming 的处理架构及结果流分别如图 7-5 和图 7-6 所示。

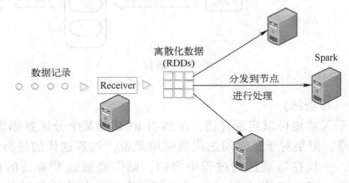

图 7-5　Spark Streaming 处理架构

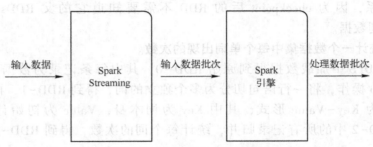

图 7-6　Spark Streaming 结果流

Spark Streaming API 与 Spark Core 紧密结合，使得开发人员可以轻松地同时驾驭批处理和流数据。

3. Spark SQL

Spark SQL 是 Spark 用来操作结构化数据的程序包。通过 Spark SQL，可以使用 SQL 或者 Apache Hive 版本的 SQL 语言（HQL）来查询数据。Spark SQL 支持多种数据源，比如 Hive 表、Parquet 以及 JSON 等。除了为 Spark 提供了一个 SQL 接口，Spark SQL 允许开发人员直接处理 RDD，同时也可查询在 Apache Hive 上存在的外部数据。Spark SQL 的一个重要特点就是其能够统一处理关系表和 RDD，使得开发人员可以轻松地使用 SQL 命令进行外部查询，同时进行更复杂的数据分析。除了 Spark SQL 外，Catalyst 优化框架允许 Spark SQL 自动修改查询方案，使得 SQL 更有效地执行。

在 Spark SQL 之前，加州大学伯克利分校曾经尝试修改 Apache Hive 以使其运行在 Spark 上，当时的项目叫作 Shark。现在，由于 Spark SQL 与 Spark 引擎和 API 的结合更紧密，Shark 已经被 Spark SQL 取代。

Spark SQL 的整个使用流程如图 7-7 所示。

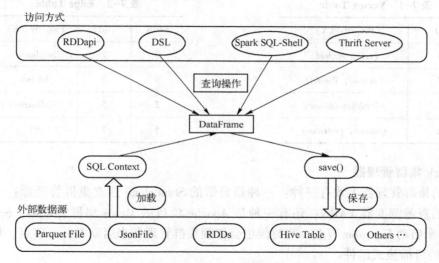

图 7-7 Spark SQL 使用流程图

4. MLlib

Spark 中还包含一个提供常见的机器学习（ML）功能的程序库，MLlib 提供了多种机器学习算法，包括分类、回归、聚类、协同过滤等，还提供了模型评估、数据导入等额外的支持功能。此外，MLlib 还提供了一些更底层的机器学习原语，包括一个通用的梯度下降优化方法。所有这些方法都被设计为可以在集群上轻松伸缩的架构。在高层次上，它提供了如下工具。

1）ML 算法：通用学习算法，如分类、回归、聚类和协同过滤、特征提取、转换、降维和选择。

2）管道：用于构建、评估和调整 ML 管道的工具。

3）持久性：保存和加载算法，模型和管道。

4）实用程序：线性代数、统计、数据处理等。

5. GraphX

GraphX 基于 BSP 模型,在 Spark 之上封装类似 Pregel 的接口,进行大规模同步全局的图计算,尤其是当用户进行多轮迭代时,基于 Spark 内存计算的优势尤为明显。GraphX 的核心抽象是弹性分布式属性图(Resilient Distributed Property Graph),是一种点和边都带属性的有向多重图。它扩展了 Spark RDD 的抽象,有 Table 和 Graph 两种视图,而只需要一份物理存储。两种视图因都有自己独属的操作符,从而获得了灵活操作和执行效率。

在 Spark GraphX 中的 Graph 其实是 Property Graph,也就是说图的每个顶点和边都是有属性的,如图 7-8 和表 7-1 及表 7-2 所示。

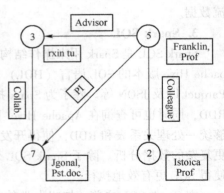

图 7-8 Spark GraphX

表 7-1 Vertex Table

ID	Property (V)
3	(rxin, student)
7	(gfonazl, Postdc)
5	(franklinprofessor)
2	(istoica, professor)

表 7-2 Edge Table

SrcId	DstId	Property (E)
3	7	Collaborator
5	3	Advisor
2	5	Colleague
5	2	PI

6. Spark 集群管理器

Spark 的集群管理器大致有三种:一种是自带的 Standalone 独立集群管理器;一种是依赖于 Hadoop 的资源调度器 YARN;还有一种是 Apache 项目的 Mesos 集群管理器。Spark 依赖于集群管理器来启动 Executor 节点,有时候也会依赖集群管理器来启动 Driver 节点。集群管理器是 Spark 中的可插拔式组件。

在集群管理器中有主节点(Master)和从节点(Slave)的概念,这和 Driver 节点以及 Executor 节点是完全不同的概念。Master 节点主要负责集群管理器中接受客户端发送的应用,负责资源的调度以及跟踪从节点的运行状况等。Slave 节点主要负责启动一些任务进程,提供应用执行需要的文件和资源等。也就是说,Driver 和 Executor 是要运行在 Slave 节点上的。比如 YARN,Master 节点是资源管理(Resource Manager),Slave 节点是节点管理(Node Manager),当用户提交应用到 YARN 上时,Resource Manager 会在一个 Node Manager 中启动 Driver 节点,Driver 节点启动后会向 Resource Manager 注册,并申请资源,然后在其他的 Node Manager 中启动相应的 Executor 节点来执行相应的任务。

Spark 集群架构如图 7-9 所示。

7.1.2 Spark 与 Hadoop 差异

首先,Hadoop 和 Apache Spark 两者都是大数据框架,但是各自存在的目的不尽相同。Hadoop 实质上更多是一个分布式数据基础设施,它将巨大的数据集分派到一个由普通计算机组

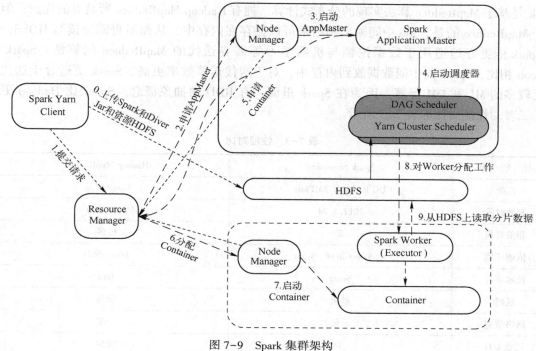

图 7-9　Spark 集群架构

成的集群中的多个节点进行存储，意味着不需要购买和维护昂贵的服务器硬件。

Hadoop 分布式批处理计算，强调批处理，常用于数据挖掘、分析。Spark 是基于内存计算的开源的集群计算系统，目的是让数据分析更加快速。Spark 是一种与 Hadoop 相似的开源集群计算环境，但是两者之间还存在一些不同之处。Spark 启用了内存分布数据集，除了能够提供交互式查询外，它还可以优化迭代工作负载。

Spark 是在 Scala 语言中实现的，它将 Scala 用作其应用程序框架。与 Hadoop 不同，Spark 和 Scala 能够紧密集成，其中 Scala 可以像操作本地集合对象一样轻松地操作分布式数据集。尽管创建 Spark 是为了支持分布式数据集上的迭代作业，但实际上它是对 Hadoop 的补充，可以在 Hadoop 文件系统中并行运行。通过名为 Mesos 的第三方集群框架可以支持此行为。虽然 Spark 与 Hadoop 有相似之处，但它提供了具有有用差异的一个新的集群计算框架。首先，Spark 是为集群计算中的特定类型的工作负载而设计，即那些在并行操作之间重用工作数据集（如机器学习算法）的工作负载。为了优化这些类型的工作负载，Spark 引进了内存集群计算的概念，可在内存集群计算中将数据集缓存在内存中，以缩短访问延迟。在大数据处理方面，基于 GoogleMap/Reduce 来实现的 Hadoop 为开发者提供了 map、reduce 原语，使并行批处理程序变得非常简单和优美。

不像 Hadoop 只提供了 map 和 reduce 两种操作，Spark 提供的数据集操作类型有很多种。比如 map, filter, flatMap, sample, groupByKey, reduceByKey, union, join, cogroup, mapValues, sort, partionBy 等，它们把这些操作称为 transformations。同时还提供 count, collect, reduce, lookup, save 等多种 actions。这些多种多样的数据集操作类型，给上层应用者提供了方便。各个处理节点之间的通信模型不再像 Hadoop 那样，而是唯一的 Data Shuffle 的一种模式。用户可以命名、物化、控制中间结果的分区等。可以说编程模型比 Hadoop 更灵活。

Spark 是基于 MapReduce 算法实现的分布式计算，拥有 Hadoop MapReduce 所具有的优点；但不同于 MapReduce 的是，Job 中间输出和结果可以保存在内存中，从而不再需要读写 HDFS，因此 Spark 能更好地适用于数据挖掘与机器学习等需要迭代的 MapReduce 的算法。Spark 与 Hadoop 相比，Spark 的中间数据放到内存中，对于迭代运算效率更高。Spark 更适合于迭代运算比较多的 ML 和 DM 运算。因为在 Spark 里面，有 RDD 的抽象概念。Spark 比 Hadoop 更通用，二者的性能对比如表 7-3 所示。

表 7-3 性能对比

比 较 项	Spark Streaming	Hadoop MapReduce
血统	UC Berkeley AMPlab	Google Lab
开源时间	2011.5.24	2007.9.4
相关资料	多	极多
依赖环境	Hadoop Client、Scala	Java、SSH
技术语言	Scala	Java
延时	秒级	较高
网络带宽	一般	一般
硬盘 I/O	少	较少
集群支持	超过 1,000 个节点	数千个节点
吞吐量	好	好
使用公司	Intel、腾讯、淘宝、中国移动、Google	eBay、Facebook、Google、IBM
适用场景	较大数据快又需要高时效性的小批量计算	低时效性的大批量计算

Spark 相比 Hadoop MapReduce 的优势如下。

（1）中间结果输出

基于 MapReduce 的计算引擎通常会将中间结果输出到磁盘上进行存储和容错。出于任务管道承接的考虑，当一些查询翻译到 MapReduce 任务时，往往会产生多个 Stage，而这些串联的 Stage 又依赖于底层文件系统（如 HDFS）来存储每一个 Stage 的输出结果。

Spark 将执行模型抽象为通用的有向无环图执行计划（DAG），这可以将多 Stage 的任务串联或者并行执行，而无需将 Stage 的中间结果输出到 HDFS 中。类似引擎包括 Dryad、Tez。

（2）数据格式和内存布局

由于 MapReduce Schema on Read 处理方式会引起较大的处理开销。Spark 对分布式内存存储结构进行抽象，实现了弹性分布式数据集 RDD 可以进行数据的存储。RDD 能支持粗粒度写操作，但对于读取操作，RDD 可以精确到每条记录，这使得 RDD 可以用来作为分布式索引。Spark 的特性是能够控制数据在不同节点上的分区，用户可以自定义分区策略，如 Hash 分区等。Shark 和 Spark SQL 在 Spark 的基础之上实现了列存储和列存储压缩。

（3）执行策略

MapReduce 在数据 Shuffle 之前花费了大量的时间来排序，Spark 则可减小上述问题带来的开销。因为 Spark 任务在 Shuffle 中不是所有情景都需要排序，所以支持基于 Hash 的分布式聚合，调度中采用更为通用的任务执行计划图（DAG），每一轮的输出结果在内存缓存。

（4）任务调度的开销

传统的 MapReduce 系统，如 Hadoop，是为了运行长达数小时的批量作业而设计的，在某些极端情况下，提交一个任务的延迟非常高。

Spark 采用了事件驱动的类库 AKKA 来启动任务，通过线程池复用线程来避免进程或线程启动和切换开销。

同时 Spark 也并不是完美的，RDD 模型适合的是粗粒度的全局数据并行计算。而不适合细粒度的、需要异步更新的计算。对于一些计算需求，如果要针对特定工作负载达到最优性能，还是需要使用一些其他的大数据系统。例如，图计算领域的 GraphLab 在特定计算负载性能上优于 GraphX，流计算中的 Storm 在实时性要求很高的场合要比 Spark Streaming 更胜一筹。

随着 Spark 发展势头日趋迅猛，它已被广泛应用于 Yahoo、Twitter、阿里巴巴、百度、网易、英特尔等各大公司的生产环境中。

【例 7-3】Spark 支持的分布式部署方式中哪个是错误的？（D）
A. Standalone　　　B. Spark on Mesos　　　C. Spark on YARN　　　D. Spark on Local

7.1.3　Spark 的适用场景

1. 适用场景

1）快速查询系统——基于日志数据的快速查询系统业务构建于 Spark 之上，利用其快速查询以及内存表等优势，能够承担大部分日志数据的即时查询工作；在性能方面，普遍比 Hive 快 2~10 倍，如果使用内存表的功能，性能将会比 Hive 快百倍。

2）实时日志采集处理——通过 Spark Streaming 实时进行业务日志采集，快速迭代处理，并进行综合分析，能够满足线上系统分析要求。

3）业务推荐系统——使用 Spark 将业务推荐系统的小时级别和天级别的模型训练转变为分钟级别的模型训练，有效优化相关排名、个性化推荐以及热点点击分析等。

4）定制广告系统——在定制广告业务方面需要大数据做应用分析、效果分析、定向优化等，借助 Spark 快速迭代的优势，实现了在"数据实时采集、算法实时训练、系统实时预测"的全流程实时并行高维算法，支持上亿的请求量处理；模拟广告投放计算效率高、延迟小，同 MapReduce 相比延迟至少降低一个数量级。

5）用户图计算——利用 GraphX 解决了许多生产问题，包括以下计算场景：基于度分布的中枢节点发现、基于最大连通图的社区发现、基于三角形计数的关系衡量、基于随机游走的用户属性传播等。

2. 不适用场景

1）内存不足的场景，在内存不足的情况下，Spark 会下放到磁盘，会降低应有的性能。

2）有高实时性要求的流式计算业务，例如实时性要求毫秒级。

3）由于 RDD 设计上的只读特点，Spark 对于待分析数据频繁变动的情景很难操作，假设数据集在频繁变化（不停增删改），而且又需要结果具有很强的一致性（不一致时间窗口很小），这个时候往往就不适用了。

4）流线长或文件流量非常大的数据集不适合。会发现内存不够用，集群压力大时一旦一个 task 失败会导致前面一条线所有的前置任务全部重跑，然后恶性循环会导致更多的任务失败，整个 SparkApp 效率极低，最终还不如 MapReduce。

7.1.4 Spark 成功案例

数据挖掘算法有时候需要迭代,每次迭代时间非常长,这是很多企业选择更高性能计算框架 Spark 的原因。Spark 编程范式更加简洁也是一大原因。另外,GraphX 提供图计算的能力也是很重要的。

1. Spark on YARN 架构

Spark 的计算调度方式从 Mesos 到 Standalone,即自建 Spark 计算集群。虽然 Standalone 方式性能与稳定性都得到了提升,但自建集群资源少,需要从云梯集群复制数据,不能满足数据挖掘与计算团队业务需求。而 Spark on YARN 能让 Spark 计算模型在云梯 YARN 集群上运行,直接读取云梯上的数据,并充分享受云梯 YARN 集群丰富的计算资源。

图 7-10 所示为 Spark on YARN 的架构。

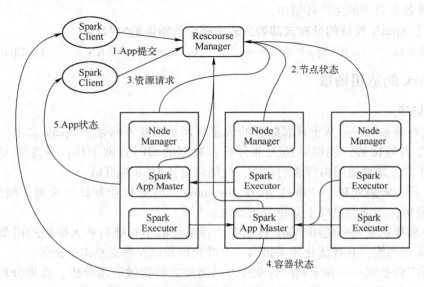

图 7-10 Spark on YARN 架构

基于 YARN 的 Spark 作业首先由客户端生成作业信息,提交给 Resource Manager,Resource Manager 在某一 Node Manager 汇报时把 App Master 分配给 Node Manager,Node Manager 启动 Spark App Master,Spark App Master 启动后初始化作业,然后向 Resource Manager 申请资源,申请到相应资源后,Spark App Master 通过 RPC 让 Node Manager 启动相应的 Spark Executor,Spark Executor 向 Spark App Master 汇报并完成相应的任务。此外,Spark Client 会通过 App Master 获取作业运行状态。目前,数据挖掘与计算团队通过 Spark on YARN 已实现 MLR、PageRank 和 JMeans 算法,其中 MLR 已作为生产作业运行。

2. 协作系统

1) Spark Streaming:淘宝在云梯构建基于 Spark Streaming 的实时流处理框架。Spark Streaming 适合处理历史数据和实时数据混合的应用需求,能够显著提高流数据处理的吞吐量。其对交易数据、用户浏览数据等流数据进行处理和分析,能够更加精准、快速地发现问题和进行预测。

2) GraphX:将交易记录中的物品和人组成大规模图。使用 GraphX 对这个大图进行处理

（上亿个节点，几十亿条边）。GraphX 能够和现有的 Spark 平台无缝集成，减少多平台开发的代价。

3. 一些国内外应用 Spark 的成功案例

（1）腾讯

腾讯大数据精准推荐借助 Spark 快速迭代的优势，围绕"数据+算法+系统"这套技术方案，实现了在"数据实时采集、算法实时训练、系统实时预测"的全流程实时并行高维算法，最终成功应用于广点通 pCTR 投放系统上，支持每天上百亿的请求量。

（2）Yahoo

Yahoo 将 Spark 用在 Audience Expansion 中的应用上。Audience Expansion 是广告中寻找目标用户的一种方法：首先广告者提供一些观看了广告并且购买产品的样本客户，据此进行学习，寻找更多可能转化的用户，对他们定向投放广告。Yahoo 采用的算法是 logistic regression。同时由于有些 SQL 负载需要更高的服务质量，又加入了专门跑 Shark 的大内存集群，用于取代商业 BI/OLAP 工具，承担报表/仪表盘和交互式/即席查询，同时与桌面 BI 工具对接。目前在 Yahoo 部署的 Spark 集群有 112 台节点，9.2 TB 内存。

（3）优酷土豆

优酷土豆在使用 Hadoop 集群时的突出问题主要包括：第一是商业智能 BI 方面，分析师提交任务之后需要等待很久才得到结果；第二就是大数据量计算，比如进行一些模拟广告投放时，计算量非常大的同时对效率要求也比较高；最后就是机器学习和图计算的迭代运算也需要耗费大量资源且速度很慢。

最终发现这些应用场景并不适合在 MapReduce 里面去处理。通过对比发现，使用 Spark 性能比 MapReduce 提升很多。首先，交互查询响应快，性能比 Hadoop 提高若干倍；模拟广告投放计算效率高、延迟小（同 Hadoop 比延迟至少降低一个数量级）；机器学习、图计算等迭代计算，大大减少了网络传输、数据落地等，极大地提高了计算性能。目前 Spark 已经广泛使用在优酷土豆的视频推荐（图计算）、广告业务等方面。

7.2 Spark 的安装与配置

Spark 可以通过 Python、Java、Scala 来使用，虽然不需要高超的编程技巧，但也少不了对语言的基本语法的掌握，Spark 本身是 Scala 写的，运行在 Java 虚拟机（JVM）上。要在计算机或集群上运行 Spark，要做的准备工作只是安装 Java 6 或者更新版本。如果使用 Python 接口，还需要一个 Python 解释器。

7.2.1 安装模式

Spark 有两种安装模式，一种是本地模式（又称单机模式），即仅仅在一台计算机上安装 Spark，显然这是最小安装，主要用于学习和研究；另一种是集群模式，即在 Linux 集群上安装 Spark 集群。集群模式又分为以下三种。

1）Standalone 模式：又称为独立部署模式，该模式下系统采用 Spark 自带的简单集群管理器，不依赖第三方提供的集群管理器。这种部署模式比较方便快捷。

2）Hadoop YARN 模式：系统利用 Hadoop2.0 以上版本中的 YARN 充当资源管理器。本书采用了这种模式，因此，下面的安装需要确保 Hadoop2.6 已经安装好，并且在启动 Spark 或在提交 Spark 程序的时候，Hadoop2.6 已经正常启动。

3）Apache Mesos 模式：Apache Mesos 通用群集管理器，支持 Hadoop、ElasticSearch、Spark、Storm 和 Kafka 等系统。Mesos 内核运行在每台机器上，在整个数据中心和云环境内向分布式系统（如 Spark 等）提供资源管理的 API 接口。

本章的具体运行环境如下。
- CentOS 6.4。
- Spark 1.6。
- Hadoop 2.6.0。
- Java JDK 1.7。
- Scala 2.10.5。

7.2.2 Spark 的安装

1. 准备工作

运行 Spark 需要 Java JDK 1.7，CentOS 6.x 系统默认只安装了 Java JRE，还需要安装 Java JDK，并配置好 JAVA_HOME 变量。此外，Spark 会用到 HDFS 与 YARN，因此请先安装 Hadoop，具体请浏览 2.5.2 节的 Hadoop 安装教程，在此不再复述。

2. 待 Hadoop 安装好之后，再开始安装 Spark

本书选择的是 Spark 1.6.0 版本，选择 package type 为 "Pre-build with user-provided Hadoop[can use with most Hadoop distributions]"，再点击下载链接即可下载，如图 7-11 所示。

官网下载地址：http://spark.apache.org/downloads.html。

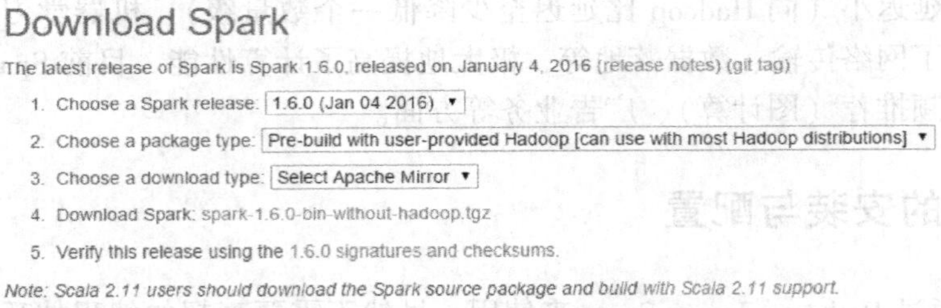

图 7-11 Spark 下载选项

下载完成后，执行如下命令进行安装（见图 7-12）。

```
$ sudo tar -zxf ~/下载/spark-1.6.0-bin-without-hadoop.tgz -C /usr/local/
$ cd /usr/local
$ sudo mv ./spark-1.6.0-bin-without-hadoop/ ./spark
$ sudo chown -R hadoop:hadoop ./spark        # 此处的 hadoop 为你的用户名
```

图 7-12 Spark 安装命令

安装后，需要在 ./conf/spark-env.sh 中修改 Spark 的 Classpath，执行图 7-13 所示命令复制一个配置文件。

图 7-13　编辑配置文件

编辑 ./conf/spark-env.sh（vim ./conf/spark-env.sh），在最后面加上如下一行：

exportSPARK_DIST_CLASSPATH=$(/usr/local/hadoop/bin/hadoop classpath)

保存后，Spark 就可以启动运行了。

7.2.3　启动并验证 Spark

在 ./examples/src/main 目录下有一些 Spark 的示例程序，有 Scala、Java、Python、R 等语言的版本。可以先运行一个示例程序 SparkPi（即计算 π 的近似值），执行图 7-14 所示命令。

图 7-14　运行 SparkPi

执行时会输出非常多的运行信息，输出结果不容易找到，可以通过 grep 命令进行过滤（命令中的 2>&1 可以将所有的信息都输出到 stdout 中，否则由于输出日志的性质，还是会输出到屏幕中），如图 7-15 所示。

图 7-15　执行 grep 命令

过滤后的运行结果如图 7-16 所示，可以得到 π 的 5 位小数近似值。

图 7-16　SparkPi 运行结果

📖 **注意**：必须安装 Hadoop 才能使用 Spark，但如果使用 Spark 过程中没有用到 HDFS，不启动 Hadoop 也是可以的。此外，接下来本书中出现的命令、目录，若无说明，则一般 Spark 的安装目录（/usr/local/spark）为当前路径，请注意区分。

7.3 Spark 程序的运行模式

Spark 的运行模式多种多样、灵活多变，部署在单机上时，既可以用本地模式运行，也可以用伪分布式模式运行。而当以分布式集群的方式部署时，也有众多的运行模式可供选择，这取决于集群的实际情况，底层的资源调度既可以依赖于外部的资源调度框架，也可以使用 Spark 内建的 Standalone 模式。对于外部资源调度框架的支持，目前的实现包括相对稳定的 Mesos 模式，以及还在持续开发更新中的 HadoopYARN 模式。

在实际应用中，Spark 应用程序的运行模式取决于传递给 SparkContext 的 MASTER 环境变量的值，个别模式还需要依赖辅助的程序接口来配合使用，目前所支持的 MASTER 环境变量由特定的字符串或 URL 所组成，如下所示。

Local[N]：本地模式，使用 N 个线程。

Local cluster[worker, core, Memory]：伪分布式模式，可以配置所需要启动的虚拟工作节点的数量，以及每个工作节点所管理的 CPU 数量和内存尺寸。

Spark://hostname：port：Standalone 模式，需要部署 Spark 到相关节点，URL 为 Spark Master 主机地址和端口。

Mesos://hostname：port：Mesos 模式，需要部署 Spark 和 Mesos 到相关节点，URL 为 Mesos 主机地址和端口。

YARN standalone/Yarn cluster：YARN 模式一，主程序逻辑和任务运行在 YARN 集群中。

YARN client：YARN 模式二，主程序逻辑运行在本地，具体任务运行在 YARN 集群中。

本书将介绍 Spark on Yarn-cluster 和 Spark on Yarn-client 两种模式。

7.3.1 Spark on Yarn-cluster

【例 7-4】Spark on Yarn-cluster 运行。

```
1  #./bin/spark-submit —class org.apache.spark.examples.SparkPi —master yarn-cluster
2  lib/spark-examples-1.0.0-hadoop2.2.0.jar
3  #注：这里的执行方式是—master yarn-cluster
```

运行流程分析如下。

1) Spark Yarn Client 向 YARN 中提交应用程序，包括 Application Master 程序、启动 Application Master 的命令、需要在 Executor 中运行的程序等。

2) Resource Manager 收到请求后，在集群中选择一个 Node Manager，为该应用程序分配第一个 Container，要求它在这个 Container 中启动应用程序的 Application Master，其中 Application Master 进行 Spark Context 等的初始化。

3) Application Master 向 Resource Manager 注册，这样用户可以直接通过 Resource Manager 查看应用程序的运行状态，然后采用轮询的方式通过 RPC 协议为各个任务申请资源，并监控它们的运行状态直到运行结束。

4) 一旦 Application Master 申请到资源（也就是 Container），便与对应的 Node Manager 通信，要求它在获得的 Container 中启动粗粒度执行程序后端（Coarse Grained Executor Backend），Coarse Grained Executor Backend 启动后会向 Application Master 中的 Spark Context 注册并申请 Task。这一点和 Standalone 模式一样，只不过 Spark Context 在 Spark Application 中初始化时，

使用 Coarse Grained Scheduler Backend 配合 Yarn Cluster Scheduler 进行任务的调度，其中 Yarn Cluster Scheduler 只是对 Task Scheduler Impl 的一个简单包装，增加了对 Executor 的等待逻辑等。

5）Application Master 中的 Spark Context 分配 Task 给 Coarse Grained Executor Backend 执行，Coarse Grained Executor Backend 运行 Task 并向 Application Master 汇报运行的状态和进度，以让 Application Master 随时掌握各个任务的运行状态，从而可以在任务失败时重新启动任务。

6）应用程序运行完成后，Application Master 向 Resource Manager 申请注销并关闭。

7.3.2 Spark on Yarn-client

现在越来越多的场景，都是 Spark 跑在 Hadoop 集群中，所以为了做到资源能够均衡调度，会使用 YARN 来作为 Spark 的 Cluster Manager，为 Spark 的应用程序分配资源。

【例7-5】Spark on Yarn-client 运行。

```
1  #./bin/spark-submit--class org.apache-spark.examples.SparkPi-master yarn-client
2  lib/spark-examples-1.0.0-hadoop2.2.0.jar
3  #注:这里执行方式是-master yarn-client
```

在执行 Spark 应用程序前，要启动 Hadoop 的各种服务。由于已经有了资源管理器，所以不需要启动 Spark 的 Master、Worker 守护进程。也就是不需要在 Spark 的 sbin 目录下执行 start-all.sh 了。

运行流程分析如下。

1）Spark Yarn Client 向 YARN 的 ResourceManager 申请启动 Application Master。同时在 Spark Content 初始化中将创建 DAG Scheduler 和 TASK Scheduler 等，由于选择的是 YARN-Client 模式，程序会选择 Yarn Client Cluster Scheduler 和 Yarn Client Scheduler Backend。

2）Resource Manager 收到请求后，在集群中选择一个 Node Manager，为该应用程序分配第一个 Container，要求它在这个 Container 中启动应用程序的 Application Master，与 YARN-Cluster 的区别之处在于该 Application Master 不运行 Spark Context，只与 Spark Context 进行联系和资源的分配。

3）Client 中的 Spark Context 初始化完毕后，与 Application Master 建立通信，向 Resource Manager 注册，根据任务信息向 Resource Manager 申请资源（Container）。

4）一旦 Application Master 申请到资源（即 Container）后，便与对应的 Node Manager 通信，要求它在获得的 Container 中启动 Coarse Grained Executor Backend，启动后会向 Client 中的 Spark Context 注册并申请 Task。

5）Client 中的 Spark Context 分配 Task 给 Coarse Grained Executor Backend 执行，Coarse Grained Executor Backend 运行 Task 并向 Driver 汇报运行的状态和进度，以让 Client 随时掌握各个任务的运行状态，从而可以在任务失败时重新启动任务。

6）应用程序运行后，Client 的 Spark Context 向 Resource Manager 申请注销并关闭。

7.4 Spark 编程实践

本章主要通过 Spark Shell 进行交互分析，Spark Shell 提供了简单的方式来学习 API，也提供了交互的方式来分析数据。Spark Shell 支持 Scala 和 Python，本书选择使用 Scala 来进行介绍。

Scala 是一门现代的多范式编程语言，旨在以简练、优雅及类型安全的方式来表达常用编程模式。它平滑地集成了面向对象和函数语言的特性。Scala 运行于 Java 平台（JVM，Java 虚拟机），并兼容现有的 Java 程序。Scala 是 Spark 的主要编程语言，如果仅仅是写 Spark 应用，并非一定要用 Scala，用 Java、Python 都是可以的。使用 Scala 的优势是开发效率更高、代码更精简，并且可以通过 Spark Shell 进行交互式即席查询，方便排查问题。

7.4.1　启动 Spark Shell

执行如下命令启动 Spark Shell，如图 7-17 所示。

图 7-17　启动 Spark Shell

启动成功后如图 7-18 所示，会有"scala >"的命令提示符。

图 7-18　成功启动 Spark Shell

7.4.2　Spark RDD 基本操作

Spark 的主要抽象是分布式的元素集合（Distributed Collection of Items），称为 RDD（Resilient Distributed Datasets，弹性分布式数据集），它可被分发到集群各个节点上，进行并行操作，RDD 支持两种类型的操作。

1）转换（Transformations）指的是作用于一个 RDD 上并会产生包含结果的新 RDD 操作（如 map、filter、join、union 等）。

2）动作（Actions）指的是作用于一个 RDD 之后，会触发集群计算并得到返回值的操作（如 reduce、count、first 等）。

Spark 中的转换操作是"延迟的（Lazy）"，意味着转换时它们并不立即启动计算并返回结果。相反，它们只是"记住"要执行的操作和待执行操作的数据集（例如文件）。转换操作仅当产生调用 Action 操作时才会触发实际计算，完成后将结果返回到 Driver 程序，这种设计使 Spark 能够更高效地运行。例如，如果一个大文件以不同方式进行转换操作并传递到首个 Action 操作，此时 Spark 将只返回第一行的结果，而不是对整个文件执行操作。

默认情况下，每次对其触发执行 Action 操作时，都需要重新计算前面经过转换操作的 RDD，不过也可以使用持久化或缓存方法在内存中持久化 RDD 来避免这一问题。此时，Spark

将在集群的内存中保留这些元素，从而在下次使用时可以加速访问。

Spark 提供的 Transformation 与 Action 实现如表 7-4 所示。

表 7-4 Transformation 与 Action 实现

Transformation	map(f:T⇒U):RDD[T]⇒RDD[U]
	filter(f:T⇒Bool):RDD[T]⇒RDD[T]
	flatMap(f:T⇒Seq[U]):RDD[T]⇒RDD[U]
	sample(fraction:Float):RDD[T]⇒RDD[T](Deterministic sampling)
	groupByKey():RDD[(K,V)]⇒RDD[(K,Seq[V])]
	reduceByKey(f:(V,V)):V:RDD[(K,V)]⇒V:RDD[(K,V)]
	union():(RDD[T],RDD[T])⇒RDD[T]
	jion():(RDD[(K,V)],RDD[(K,W)])⇒RDD[(K,(V,W))]
	cogroup():(RDD[(K,V)],RDD[(K,W)])⇒RDD[(Seq[V],(Seq[V],Seq[W]))]
	crossProduct():(RDD[T],RDD[U])⇒RDD[(T,U)]
	mapValues(f:V⇒M):RDD[K,V]⇒RDD[(K,W)](Preserves partitioning)
	sort(c:Comparator[K]):RDD[(K,V)]⇒RDD[(K,V)]
	partitionBy(p:Partitioner[K]):RDD[(K,V)]⇒RDD[(K,V)]
Action	Count():RDD[T]⇒Long
	Collect():RDD[T]⇒Seq[T]
	Reduce(f:(T,T)⇒T):RDD[T]⇒T
	Lookup(k,K):RDD[K,V]⇒Seq[V](On hash/range partitioned RDDs)
	Save(path:String):Outputs RDD to a storage system,e.g.,HDFS

从 ./README 文件新建一个 RDD，代码如图 7-19 所示（本书出现的 Spark 交互式命令代码中，与位于同一行的注释内容为该命令的说明，命令之后的注释内容表示交互式输出结果）。

图 7-19 新建 RDD

代码中通过 "file://" 前缀指定读取本地文件。Spark Shell 默认是读取 HDFS 中的文件，需要先上传文件到 HDFS 中，否则会有 "org. apache. hadoop. mapred. InvalidInputException: Input path does not exist: hdfs://localhost:9000/user/hadoop/README.md" 的错误。上述命令的输出结果如图 7-20 所示。

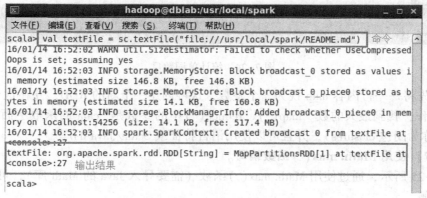

图 7-20 输出结果

1. 新建 RDD

RDDs 支持两种类型操作 Action 和 Transformation，图 7-21 演示 count( ) 和 first( ) 操作。

```
1. textFile.count()    // RDD 中的 item 数量，对于文本文件，就是总行数
2. // res0: Long = 95
3.
4. textFile.first()    // RDD 中的第一个 item，对于文本文件，就是第一行内容
5. // res1: String = # Apache Spark
```

图 7-21 count( ) 和 first( ) 操作

接着演示 Transformation，通过 filter transformation 来返回一个新的 RDD，可看到代码如图 7-22 所示。

```
1. val linesWithSpark = textFile.filter(line => line.contains("Spark"))   // 筛选出包含 Spark 的行
2.
3. linesWithSpark.count()    // 统计行数
4. // res4: Long = 17
```

图 7-22 Transformation 演示

如图 7-23 所示，一共有 17 行内容包含 Spark，这与通过 Linux 命令 cat ./README.md | grep "Spark" -c 得到的结果一致，说明是正确的。Action 和 Transformation 可以用链式操作的方式结合使用，使代码更为简洁。

```
1. textFile.filter(line => line.contains("Spark")).count()  // 统计包含 Spark 的行数
2. // res4: Long = 17
```

图 7-23 统计包含 Spark 的行数

2. RDD 的更多操作

【例 7-6】统计包含单词最多的那一行的单词数目，结果如图 7-24 所示。

```
1. textFile.map(line => line.split(" ").size).reduce((a, b) => if (a > b) a else b)
2. // res5: Int = 14
```

图 7-24 统计单词数目

代码首先将每一行内容 map 视为一个整数，这将创建一个新的 RDD，并在这个 RDD 中执行 reduce 操作，找到最大的数。map( )、reduce( ) 中的参数是 Scala 的函数字面量（function literals，也称为闭包 closures），并且可以使用语言特征或 Scala/Java 的库。

【例 7-7】使用 Math. max( ) 函数编写。

如图 7-25 所示，通过使用 Math. max( ) 函数（需要导入 Java 的 Math 库），可以使上述代码更容易理解。

```
import java.lang.Math

textFile.map(line => line.split(" ").size).reduce((a, b) => Math.max(a, b))
// res6: Int = 14
```

图 7-25 Math.max( )函数演示

Hadoop MapReduce 是常见的数据流模式，在 Spark 中同样可以实现。

【例 7-8】 使用 WordCount 进行统计，如图 7-26 所示。

```
val wordCounts = textFile.flatMap(line => line.split(" ")).map(word => (word, 1)).reduceByKey((a, b) => a + b)    // 实现单词统计
// wordCounts: org.apache.spark.rdd.RDD[(String, Int)] = ShuffledRDD[4] at reduceByKey at <console>:29

wordCounts.collect()    // 输出单词统计结果
// res7: Array[(String, Int)] = Array((package,1), (For,2), (Programs,1), (processing,1), (Because,1), (The,1)...)
```

图 7-26 WordCount 统计结果

7.4.3 Spark 应用程序

Spark 项目的构建不依赖于用户的操作系统中是否已经安装了 Spark，开发者一般会采用项目构建工具来辅助完成项目的构建、源码的编译、依赖的解决等工作。通常情况下，开发者会采用 Java+Maven 和 Scala+SBT 的搭配组合。Maven 基于项目对象模型（POM），可以通过一小段描述信息来管理项目的构建，是报告和文档的软件项目管理工具。SBT 是对 Scala 或 Java 语言进行编译的一个工具，类似于 Maven。Python 和 R 本身是解释型语言，不需要使用项目构建工具来辅助生成二进制文件或者字节码文件，因此直接将脚本文件提交给 Spark 运行即可。

不同语言编写的 Spark 应用所依赖的编译器/解释器/项目构建工具如表 7-5 所示，可根据需求自行去官方网站下载，并按照官方文档指示安装应用。

表 7-5 构建不同语言的 Spark 独立应用所依赖工具

语言	编译器/解释器	项目构建工具
Scala	Scala 2.10.x	SBT 0.13.0+
Java	Java 6+	Apache Maven 3.0.4+
Python	Python 2.6+	—
R	R 3.1+/Java 6+	—

上述的安装工作完毕后，就可以利用其中的工具开始编写不同语言的 Spark 独立应用。

7.5 Spark 的三个典型应用案例

本书的案例实践部分选取了典型的应用实例，帮助读者通过实践将理论知识与实际应用有机结合，解决学以致用的问题。

7.5.1 词频数统计

1. 案例描述

提起 Word Count（词频数统计），相信大家都不陌生，就是统计一个或者多个文件中单词

出现的次数。本节将此作为一个入门级案例，介绍使用 Scala 编写 Spark 大数据处理程序的过程。

2. 案例分析

对于词频数统计，用 Spark 提供的算子来实现，首先需要将文本文件中的每一行转化成一个个的单词，其次是对每一个出现的单词进行逐个计数，最后就是把所有相同单词的计数相加得到最终的结果。

第一步使用 flatMap 算子把一行文本 split 转换成多个单词；第二步需要使用 map 算子把单个的单词转化成一个有计数的 Key-Value 对，即 word=>(word,1)；最后一步统计相同单词的出现次数，需要使用 reduceByKey 算子把相同单词的计数相加得到最终结果。

3. 编程实现

SparkWordCount 类源码如下。

```scala
import org.apache.spark.SparkConf
import org.apache.spark.SparkContext
import org.apache.spark.SparkContext._

object SparkWordCount {
  def FILE_NAME:String = "word_count_results_";
  def main(args:Array[String]) {
    if (args.length < 1) {
      println("Usage:SparkWordCount FileName");
      System.exit(1);
    }
    val conf = new SparkConf().setAppName("Spark Exercise: Spark Version Word Count Program");
    val sc = new SparkContext(conf);
    val textFile = sc.textFile(args(0));
    val wordCounts = textFile.flatMap(line => line.split(" ")).map(
                          word => (word, 1)).reduceByKey((a, b) => a + b)
    wordCounts.saveAsTextFile(FILE_NAME+System.currentTimeMillis());
    println("Word Count program running results are successfully saved.");
  }
}
```

4. 提交到集群执行

本实例中，将统计 HDFS 中 /user/fams 目录下所有 txt 文件中的词频数。其中 spark-exercise.jar 是 Spark 工程打包后的 jar 包，这个 jar 包执行时会被上传到目标服务器的 /home/fams 目录下。

SparkWordCount 类执行命令如下。

```
./spark-submit \
--class com.ibm.spark.exercise.basic.SparkWordCount \
--master spark://hadoop036166:7077 \
--num-executors 3 \
--driver-memory 6g --executor-memory 2g \
--executor-cores 2 \
/home/fams/sparkexercise.jar \
hdfs://hadoop036166:9000/user/fams/*.txt
```

5. 监控执行状态

如图 7-27 所示，该实例把最终的结果存储在 HDFS 上，那么如果程序运行正常则可以在

HDFS 上找到生成的文件信息。

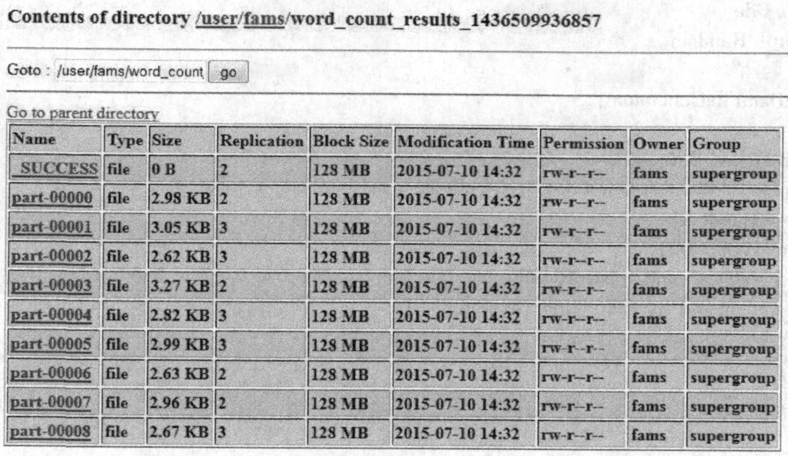

Contents of directory /user/fams/word_count_results_1436509936857

Goto : /user/fams/word_count go

Go to parent directory

Name	Type	Size	Replication	Block Size	Modification Time	Permission	Owner	Group
_SUCCESS	file	0 B	2	128 MB	2015-07-10 14:32	rw-r--r--	fams	supergroup
part-00000	file	2.98 KB	2	128 MB	2015-07-10 14:32	rw-r--r--	fams	supergroup
part-00001	file	3.05 KB	3	128 MB	2015-07-10 14:32	rw-r--r--	fams	supergroup
part-00002	file	2.62 KB	3	128 MB	2015-07-10 14:32	rw-r--r--	fams	supergroup
part-00003	file	3.27 KB	2	128 MB	2015-07-10 14:32	rw-r--r--	fams	supergroup
part-00004	file	2.82 KB	3	128 MB	2015-07-10 14:32	rw-r--r--	fams	supergroup
part-00005	file	2.99 KB	3	128 MB	2015-07-10 14:32	rw-r--r--	fams	supergroup
part-00006	file	2.63 KB	2	128 MB	2015-07-10 14:32	rw-r--r--	fams	supergroup
part-00007	file	2.96 KB	2	128 MB	2015-07-10 14:32	rw-r--r--	fams	supergroup
part-00008	file	2.67 KB	3	128 MB	2015-07-10 14:32	rw-r--r--	fams	supergroup

图 7-27 案例一输出结果

如图 7-28 所示，打开 Spark 集群的 Web UI，可以看到刚才提交的 Job 的执行结果。

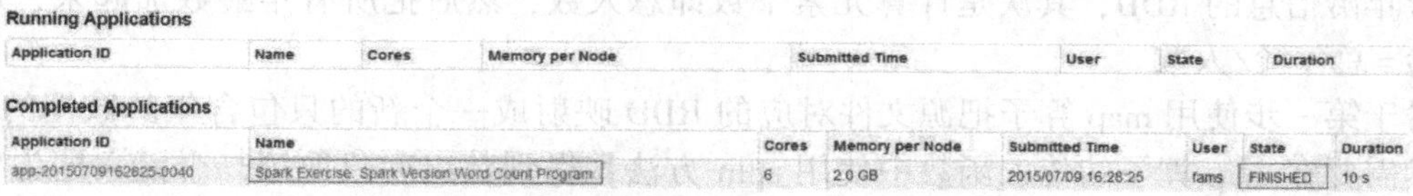

Running Applications

Application ID	Name	Cores	Memory per Node	Submitted Time	User	State	Duration

Completed Applications

Application ID	Name	Cores	Memory per Node	Submitted Time	User	State	Duration
app-20150709162825-0040	Spark Exercise: Spark Version Word Count Program	6	2.0 GB	2015/07/09 16:28:25	fams	FINISHED	10 s

图 7-28 案例一完成状态

如果程序还没有运行完成，可以在 Running Applications 列表里找到它。

7.5.2 人口的平均年龄

1. 案例描述

该案例中，假设需要统计一个 1,000 万人口的平均年龄，如果想测试 Spark 对于大数据的处理能力，可以把人口数放得更大，比如 1 亿人口，当然这个取决于测试所用集群的存储容量。假设这些年龄信息都存储在一个文件里，该文件的第一列是 ID，第二列是年龄。

测试数据格式预览如表 7-6 所示。

表 7-6 格式预览

1	21	7	2
2	65	8	3
3	43	9	15
4	55	10	80
5	22	11	34
6	12	12	48

现在需要用 Scala 写一个生成 1,000 万人口年龄数据的文件，年龄信息文件生成类源码如下。

```scala
import java.io.FileWriter
import java.io.File
import scala.util.Random

object SampleDataFileGenerator {

  def main(args:Array[String]) {
    val writer = new FileWriter(new File("C:\sample_age_data.txt"),false)
    val rand = new Random()
    for ( i <- 1 to 10000000) {
      writer.write( i + " " + rand.nextInt(100))
      writer.write(System.getProperty("line.separator"))
    }
    writer.flush()
    writer.close()
  }
}
```

2. 案例分析

要计算平均年龄，那么首先需要对源文件对应的 RDD 进行处理，也就是将它转化成一个只包含年龄信息的 RDD，其次是计算元素个数即总人数，然后把所有年龄数加起来，最后平均年龄=总年龄/人数。

对于第一步使用 map 算子把源文件对应的 RDD 映射成一个新的只包含年龄数据的 RDD，很显然需要在 map 算子的传入函数中使用 split 方法，得到数组后只取第二个元素即为年龄信息；第二步计算数据元素总数，需要对第一步映射的结果 RDD 使用 count 算子；第三步则是使用 reduce 算子对只包含年龄信息的 RDD 的所有元素用加法求和；最后使用除法计算平均年龄即可。

3. 编程实现

AvgAgeCalculator 类源码如下。

```scala
import org.apache.spark.SparkConf
import org.apache.spark.SparkContext
object AvgAgeCalculator {
  def main(args:Array[String]) {
    if (args.length < 1) {
      println("Usage:AvgAgeCalculator datafile")
      System.exit(1)
    }
    val conf = new SparkConf().setAppName("Spark Exercise:Average Age Calculator")
    val sc = new SparkContext(conf)
    val dataFile = sc.textFile(args(0), 5);
    val count = dataFile.count()
    val ageData = dataFile.map(line => line.split(" ")(1))
    val totalAge = ageData.map(age => Integer.parseInt(
                   String.valueOf(age))).collect().reduce((a,b) => a+b)
    println("Total Age:" + totalAge + ";Number of People:" + count )
    val avgAge : Double = totalAge.toDouble / count.toDouble
    println("Average Age is " + avgAge)
  }
}
```

4. 提交到集群执行

要执行本实例的程序,需要将刚刚生成的年龄信息文件上传到 HDFS,假设刚才已经在目标机器上执行生成年龄信息文件的 Scala 类,并且文件被生成到/home/fams 目录下。

需要运行一下 HDFS 命令,把文件复制到 HDFS 的/user/fams 目录。

年龄信息文件复制到 HDFS 目录的命令如下。

```
hdfs dfs -copyFromLocal /home/fams /user/fams
```

AvgAgeCalculator 类的执行命令如下。

```
./spark-submit \
--class com.ibm.spark.exercise.basic.AvgAgeCalculator \
--master spark://hadoop036166:7077 \
--num-executors 3 \
--driver-memory 6g \
--executor-memory 2g \
--executor-cores 2 \
/home/fams/sparkexercise.jar \
hdfs://hadoop036166:9000/user/fams/inputfiles/sample_age_data.txt
```

5. 监控执行状态

在控制台可以看到如表 7-7 所示信息。

表 7-7 显示结果

Total Age:494920921;Number of People:10000000
Average Age is 49.4920921_

也可以到 Spark Web Console 去查看 Job 的执行状态如图 7-29 所示。

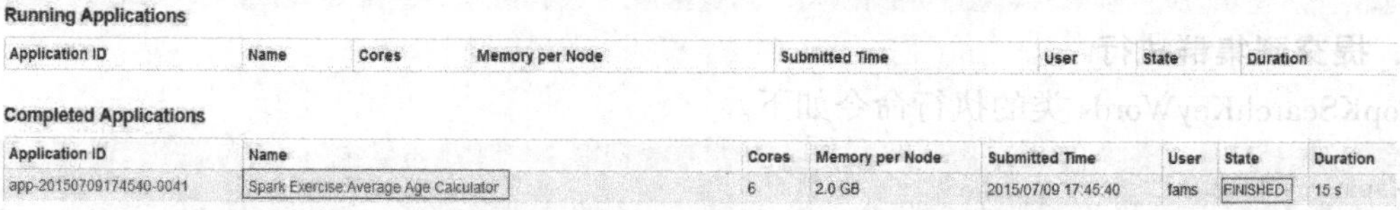

图 7-29 完成状态

7.5.3 搜索频率最高的 K 个关键词

1. 案例描述

该案例中假设某搜索引擎公司要统计过去一年用户搜索频率最高的 K 个科技关键词或词组,为了简化问题,假设关键词或词组已经被整理到一个或者多个文本文件中,并且文档中具有如表 7-8 所示的预览格式。

可以看到一个关键词或词组可能出现多次,并且大小写格式可能不一致。

2. 案例分析

要解决这个问题,首先需要对每个关键词出现的次数进行计算,在这个过程中需要识别大小写不同的相同单词或词组,如"Spark"和"spark"需要被认定为一个单词,对于出现次数统计的过程和

表 7-8 格式预览

| Spark |
| Hadoop |
| HDFS |
| …… |
| IBM Big Insights |
| Coudant |
| ApacheHBase |
| Java |
| …… |
| spark |
| Spark |
| …… |
| Storm |

word count 案例类似；其次需要对关键词或词组按照出现的次数进行降序排序，在排序前要把 RDD 数据元素从（k,v）转化成（v,k）；最后取排在最前面的 K 个单词或者词组。

对于第一步，使用 map 算子对源数据对应的 RDD 数据进行全小写转化，并且给词组计一次数，然后调用 reduceByKey 算子计算相同词组的出现次数；第二步需要对第一步产生的 RDD 的数据元素用 sortByKey 算子进行降序排序；第三步再对排好序的 RDD 数据使用 take 算子获取前 K 个数据元素。

3. 编程实现

TopKSearchKeyWords 类源码如下。

```
import org.apache.spark.SparkConf
import org.apache.spark.SparkContext

object TopKSearchKeyWords {
  def main(args:Array[String]) {
    if (args.length < 2) {
      println("Usage:TopKSearchKeyWords KeyWordsFile K");
      System.exit(1)
    }
    val conf = new SparkConf().setAppName("Spark Exercise:Top K Searching Key Words")
    val sc = new SparkContext(conf)
    val srcData = sc.textFile(args(0))
    val countedData = srcData.map(line => (line.toLowerCase(),1)).reduceByKey((a,b) => a+b)
    val sortedData = countedData.map{ case (k,v) => (v,k) }.sortByKey(false)
    val topKData = sortedData.take(args(1).toInt).map{ case (v,k) => (k,v) }
    topKData.foreach(println)
  }
}
```

4. 提交到集群执行

TopKSearchKeyWords 类的执行命令如下。

```
./spark-submit \
--class com.ibm.spark.exercise.basic.TopKSearchKeyWords \
--master spark://hadoop036166:7077 \
--num-executors 3 \
--driver-memory 6g \
--executor-memory 2g \
--executor-cores 2 \
/home/fams/sparkexercise.jar \
hdfs://hadoop036166:9000/user/fams/inputfiles/search_key_words.txt
```

如果程序成功执行，将在控制台看到以下信息。也可仿照案例二，使用 Scala 写一段小程序生成此案例需要的源数据文件，可以根据 HDFS 集群的容量，生成尽可能大的文件，用来测试本案例提供的程序，输出结果如表 7-9 所示。

表 7-9 输出结果

(spark,3)
(openstack,2)
(ibmbluemix,2)
(ibm big insights,2)
(hdfs,2)

7.6 本章小结

在本章中，从 Spark 概念出发，介绍了 Spark 的来龙去脉，阐述

Spark 生态系统全貌。对 Spark 生态系统的多个子项目进行了介绍,其中包含 Spark SQL、Spark Streaming、GraphX、MLlib 等。通过多个方面比较了 Spark 与 Hadoop 的差异,介绍了 Spark 的功能和特点,并分析了 Spark 适用的问题类型以及场景应用,目前基于 Spark 的应用已经逐步落地,尤其是在互联网领域,读者可以看到 Spark 的蓬勃发展以及在大数据分析平台中所处的位置及重要性。然后选取代表性的 Spark 应用案例进行分析,展示了 Spark 在工业界的应用状况。通过对 Spark 的安装部署,掌握了 Spark 的一些基本操作和运行模式,并通过一些编程实例来加深了解。最后选取了三个最典型的 Spark 应用案例进行了详尽的阐述,帮助读者更好地理解和运用 Spark 的相关知识。

7.7 习题

1. 动手独立完成 Spark 的下载和安装。
2. 实现 Logistic 回归。
3. 案例描述交替最小均方 Alternating Least Squares。
4. 简述文本查询 Text Search。

第 8 章 流计算 Storm

随着互联网应用的高速发展，企业积累的数据量越来越大。随着 MapReduce、Hadoop 等相关技术的出现，处理大规模数据变得简单起来，但是这些数据处理技术都不是实时的系统，它们的设计目标也不是实时计算。随着大数据业务的快速增长，针对大规模数据处理的实时计算变成了一种业务上的需求，缺少"实时的 Hadoop 系统"已经成为整个大数据生态系统中的一个巨大缺失。Storm 正是在这样的需求背景下出现并很好地满足这一需求的。

Storm 是一个免费开源、分布式、高容错的实时计算系统。Storm 令持续不断的流计算变得容易，弥补了 Hadoop 批处理所不能满足的实时要求。Storm 经常用于实时分析、在线机器学习、持续计算、分布式远程调用和 ETL 等领域。Storm 的部署管理非常简单，而且在同类的流式计算工具中，Storm 的性能也是非常出众的。

本章首先介绍了流计算的基本概念和需求，分析了 MapReduce 框架为何不适合处理流数据；然后阐述了流计算的处理流程和可应用的场景；接着介绍了流计算框架 Storm 的设计思想和设计架构；最后介绍了流数据的处理框架 Spark Streaming 以及应用实例。

8.1 流计算概述

Storm 是一个实时的、分布式的、可靠的流式数据处理系统。它的工作就是委派各种组件分别独立地处理一些简单任务。在 Storm 集群中处理输入流的是 Spout 组件，而 Spout 又把读取的数据传递给 Bolt 组件，也有可能传递给下一个 Bolt。可以把 Storm 集群想象成一个由 Bolt 组件组成的链条集合，数据在这些链条上传输，而 Bolt 作为链条上的节点来对数据进行处理。

流计算一方面可应用于处理金融服务，如股票交易、银行交易等产生的大量实时数据。另一方面流计算主要应用于各种实时 Web 服务中，如搜索引擎、购物网站的实时广告推荐，SNS 社交类网站的实时个性化内容推荐，大型网站、网店的实时用户访问情况分析等。

8.1.1 流计算的概念

近年来，由于流式计算具有低延迟、可扩展和高容错等诸多优点，且其可将流式数据不经存储直接在内存中进行实时计算，所以得到了学术界与工业界的青睐。Storm 为分布式实时计算提供了一组通用原语，可被用于"流处理"之中，实时处理消息并更新数据库。这是管理队列及工作者集群的另一种方式。Storm 也可被用于"连续计算"（Continuous Computation），对数据流做连续查询，在计算时就将结果以流的形式输出给用户。它还可被用于"分布式RPC"，以并行的方式运行昂贵的运算。Storm 的主工程师 NathanMarz 表示：Storm 可以方便地在一个计算机集群中编写与扩展复杂的实时计算，Storm 用于实时处理，就好比 Hadoop 用于批处理。Storm 保证每个消息都会得到处理，而且它很快。在一个小集群中，每秒可以处理数以百万计的消息，可以使用任意编程语言来做开发。

流计算保证每个消息都会得到处理，而且处理速度非常快，在一个小集群中，每秒可以处理数以百万计的消息。流计算的处理速度非常惊人：经测试，每个节点每秒可以处理 100 万个数据元组。其主要应用领域有实时分析、在线机器学习、持续计算、分布式 RPC（远过程调用协议，一种通过网络从远程计算机程序上请求服务，而不需要了解底层网络技术的协议）、ETL（数据抽取、转换和加载）等。

针对不同的应用场景，相应的流计算系统会有不同的需求，但是针对海量数据的流计算，无论在数据采集、数据处理中都应达到秒级别的要求。

8.1.2 流计算与 Hadoop

Storm 是最佳的流式计算框架，流计算的优点是全内存计算，所以它的定位是分布式实时计算系统，流计算对于实时计算的意义类似于 Hadoop 对于批处理的意义。

Hadoop 实现了 MapReduce 的思想，将数据切片计算来处理大量的离线数据。Hadoop 处理的数据必须是已经存放在 HDFS 上或者类似 HBase 的数据库中，所以 Hadoop 实现的时候是通过移动计算到这些存放数据的机器上来提高效率。

流计算的网络直传、内存计算的时延必然比 Hadoop 通过 HDFS 传输的时延低得多；当计算模型比较适合流式时，流计算的流式处理省去了批处理的收集数据时间；因为流计算是服务型的作业，也省去了作业调度的时延。所以从时延上来看，流计算要快于 Hadoop。

下面举一个应用场景，几千个日志生产方生产日志文件，需要进行一些 ETL 操作存入一个数据库。假设利用 Hadoop，则需要先存入 HDFS，按每一分钟切一个文件的粒度来算（这个粒度已经极端细了，再小的话 HDFS 上会有一堆小文件），Hadoop 开始计算时，一分钟已经过去了，然后再开始调度任务又花了一分钟，然后作业运行起来。假设机器特别多，几秒钟就算完，然后写数据库假设也花了很少的时间，这样，从数据产生到最后可以使用已经过去了至少两分多钟。

而流式计算则是数据产生时，就有一个程序去一直监控日志的产生，产生一行就通过一个传输系统发给流式计算系统，然后流式计算系统直接处理，处理完之后直接写入，在资源充足时，每条数据从产生到写入数据库可以在毫秒级别完成。

Hadoop 使用作为中间交换的介质，而流计算的数据是一直在内存中流转的。两者面向的领域也不完全相同，一个是批量处理，基于任务调度的；另外一个是实时处理，基于流的。以水为例，Hadoop 可以看作是纯净水，一桶桶地搬；而流计算是用水管，预先接好，然后打开水龙头，水就源源不断地流出来了。

总之，流数据处理和批量数据处理是两种截然不同的数据处理模式，MapReduce 是专门面向静态数据的批量处理的，内部各种实现机制都为批处理做了高度优化，不适合用于处理持续到达的动态数据。正所谓"鱼和熊掌不可兼得"，想设计一个既适合流计算又适合批处理的通用平台，虽然想法很好，但是实际上是很难实现的。因此，当前业界诞生了许多专门的流数据实时计算系统来满足各自需求。

8.1.3 流计算框架

流计算框架包括：Storm、Spark Streaming、Flink、Apache Flink、Kafka、Samza 和 Heron。

1）Storm 是一个分布式的、容错的实时计算系统，作为最早的一个实时计算框架，早期应用于各大互联网公司。在 Storm 出现之前，进行实时处理是非常痛苦的事情，主要的时间都用于关注往哪里发消息，从哪里接收消息，消息如何序列化，真正的业务逻辑只占了源代码的一小部分。一个应用程序的逻辑运行在很多 worker 上，但这些 worker 需要各自单独部署，还需要部署消息队列。最大的问题是系统很脆弱，而且不是容错的，需要自己保证消息队列和 worker 进程工作正常。Storm 具有编程简单、高性能、低延迟、分布式、可扩展、容错、消息不丢失等特点。但是，Storm 没有提供 Exactly once（严格一次）的功能，并且开启 ack 功能后又会严重影响吞吐，所以会给大家一种印象：流式系统只适合吞吐相对较小的、低延迟不精确的计算；而精确的计算则需要由批处理系统来完成，所以出现了 Lambda 架构，同时运行两个系统：一个流式，一个批量。用批量计算的精确性来弥补流式计算的不足，但是这个架构存在一个问题就是需要同时维护两套系统，代价比较大。

2) Spark Streaming 采用小批量的方式，提高了吞吐性能。Spark Streaming 批量读取数据源中的数据，然后把每个 batch 转化成内部的 RDD。Spark Streaming 以 batch 为单位进行计算，而不是以 record 为单位，大大减少了 ack 所需的开销，显著满足了高吞吐、低延迟的要求，同时也提供 Exactly once 功能。但因为处理数据的粒度变大，导致 Spark Streaming 的数据时延不如 Storm，Spark Streaming 是以秒级返回结果（与设置的 batch 间隔有关），Storm 则是毫秒级。

3) Flink 是一个针对流数据和批数据的分布式处理引擎，主要由 Java 代码实现。对 Flink 而言，其所要处理的主要场景就是流数据，批数据只是流数据的一个极限特例而已。Flink 可以支持本地的快速迭代，以及一些环形的迭代任务，并且可以定制化内存管理。如果要对比 Flink 和 Spark 的话，Flink 并没有将内存完全交给应用层。这也是为什么 Spark 相对于 Flink，更容易出现 OOM（Out of Memory）的原因。就框架本身与应用场景来说，Flink 更相似于 Storm。

4) ApacheFlink 的特点有：低延迟的流处理器；丰富的 API 能够帮助程序员快速开发流数据应用；灵活的操作状态和流窗口；高效的流与数据的容错。

5) Kafka 是一个分布式的、分区的、多副本的日志提交服务，它通过一种独一无二的设计提供了一个消息系统的功能。实现流处理最基本的方法是使用 Kafka API 读取输入数据流进行处理，并产生输出数据流。这个过程可以用任何编程语言实现。这种方法比较简单，易于操作，适用于任何有 Kafka 客户端的语言。

6) Samza 处理数据流时，会分别按次处理每条收到的消息。Samza 的流单位既不是元组，也不是 Dstream，而是一条条消息。在 Samza 中，数据流被切分开来，每个部分都由一组只读消息的有序数列构成，而这些消息每条都有一个特定的 ID。该系统还支持批处理，即逐次处理同一个数据流分区的多条消息。Samza 的执行与数据流模块都是可插拔式的，尽管 Samza 的特色依赖 Hadoop 的 YARN（另一种资源调度器）和 Apache Kafka。

7) Heron。Twitter 由于本身的业务特性，对实时性有着强烈的需求。因此在流计算上投入了大量的资源进行开发。第一代流处理系统 Storm 发布以后得到了广泛的关注和应用。根据 Storm 在实践中遇到的性能、规模、可用性等方面的问题，Twitter 又开发了第二代流处理系统——Heron，并在 2016 年将其开源。目前的 Heron 支持 Aurora、YARN、Mesos 以及 EC2，而 Kubernetes 和 Docker 等目前正在开发中。通过可扩展插件 Heron Scheduler，用户可以根据不同的需求及实际情况选择相应的运行平台，从而达到多平台资源管理器的支持。

8.2 开源流计算框架 Storm

Twitter Storm 发布于 2011 年，是一个免费、开源的分布式实时计算系统。Twitter 是全球访问量最大的社交网站之一，Twitter 开发 Storm 流处理框架是为了应对其不断增长的流数据实时处理需求。Storm 对于实时计算的意义类似于 Hadoop 对于批处理的意义。

Storm 计算模型以 Topology 为单位，一个 Topology 由一系列 Spout 和 Bolt 组件构成，如图 8-1 所示，事件流（数据流的具体实现形式）会构成 Topology 的各组件之间流动。Spout 负责产生事件，而 Bolt 负责对接收到的事件进行各种处理，计算出需要的结果。Bolt 可以级联，也可以往外发送事件（通过用户指定的方式，往外发送的事件可以和接收到的事件或数据是同一类型或不同类型）。

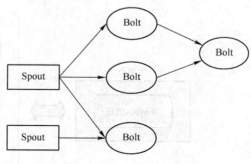

图 8-1　Storm Topology 结构

流分组（Stream Grouping）控制着事件在 Topology 中如何流动，决定数据由哪些组件的哪类任务线程处理。如图 8-2 所示的 Topology 中，Spout 有两个实例，Bolt A、Bolt B、Bolt C 分别有 4、3、2 个实例。Bolt A 的实例之一向外发送事件时，Storm 运行时将按照用户创建 Topology 时指定的流分组策略把事件发送到 Bolt B 特定的实例。Storm 提供了多种流分组的实现，使得事件按照用户想要的方式发送执行。

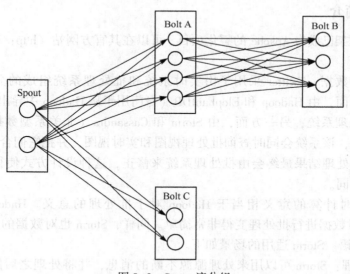

图 8-2　Storm 流分组

Storm 的总体架构设计得非常优雅，如图 8-3 所示。在一个集群中，有两种不同的节点，三种不同的守护进程：Nimbus 进程运行在主节点上，控制整个集群；Supervisor 进程运行在每个从节点上，管理节点上的任务；从节点上还有多个 Worker 进程来负责运行分配给它的具体任务。这些守护进程间的信息交换都通过 ZooKeeper 来实现，将状态信息注册到 ZooKeeper，这样当 Supervisor 所属的从节点失效时可以有效地重启 Supervisor 并根据 ZooKeeper 里保存的状态信息进行恢复。这种设计的折中，极大地简化了 Nimbus、Supervisor、Worker 各守护进程程序自身的设计。Storm 之所以受到业界的广泛关注并大量投入研究和使用，得益于它的许多独到之处。

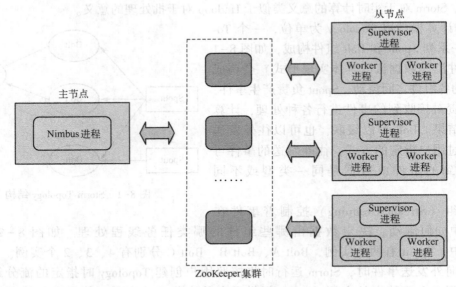

图 8-3 Storm 总体架构

8.2.1 Storm 简介

目前，Storm 框架已成为 Apache 的孵化项目，可以在其官方网站（http://storm.apache.org/）中了解更多信息。

为了处理实时数据，Twitter 采用了由实时系统和批处理系统组成的分层数据处理架构（见图 8-4），一方面，由 Hadoop 和 ElephantDB（专门用于从 Hadoop 中导出 Key/Value 数据的数据库）组成批处理系统；另一方面，由 Storm 和 Cassandra（非关系型数据库）组成实时系统。在计算查询时，该系统会同时查询批处理视图和实时视图，并把它们合并起来以得到最终的结果。实时系统处理结果最终会由批处理系统来修正，这种设计方式使得 Twitter 的数据处理系统显得与众不同。

Storm 对于实时计算的意义相当于 Hadoop 对于批处理的意义。Hadoop 提供了 Map 和 Reduce 原语，使对数据进行批处理变得非常简单。同样，Storm 也对数据的实时计算提供了简单 Spout 和 Bolt 原语。Storm 适用的场景如下。

1）流数据处理：Storm 可以用来处理源源不断的消息，并将处理之后的结果保存到持久化介质中。

2）分布式 RPC：由于 Storm 的处理组件都是分布式的，且处理延迟都极低，所以 Storm 可以作为一个通用的分布式 RPC 框架来使用。

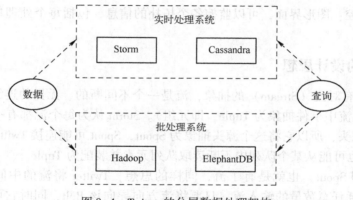

图 8-4 Twitter 的分层数据处理架构

8.2.2 Storm 的特点

Storm 的主要特点如下。

1）简单的编程模型：类似于 MapReduce 降低了并行批处理复杂性，Storm 降低了进行实时处理的复杂性。可以在 Storm 之上使用各种编程语言，默认支持 Java、Ruby 和 Python。要增加对其他语言的支持，只需实现简单的 Storm 通信协议即可。

2）高容错性：如果在消息处理过程中出现了一些异常，Storm 会重新部署这个问题的处理单元。Storm 保证一个处理单元永远运行（除非显式结束这个处理单元）。当然，如果处理单元重新被 Storm 启动时，需要应用自己处理中间状态的恢复。Storm 会管理工作进程和节点的故障，可自动进行故障节点的重启、任务的重新分配。

3）水平扩展：计算是在多个线程、进程和服务器之间并行进行的。伴随着业务的发展，数据量、计算量可能会越来越大，所以希望这个系统是可扩展的。Storm 的并行特性使其可以运行在分布式集群中。

4）保证数据不丢失：实时计算系统的关键就是保证数据被正确处理，丢失数据的系统使用场景会很窄，而 Storm 可以保证每一条消息都被处理到，这是 Storm 区别于 S4（Yahoo 开发的实时计算系统）系统的关键特征。

5）健壮性强：Hadoop 集群很难进行管理，它需要管理人员掌握很多 Hadoop 的配置、维护、调优的知识。而 Storm 集群很容易进行管理，容易管理是 Storm 的设计目标之一。

6）语言无关性：Storm 应用不应该只能使用一种编程平台，Storm 虽然是使用 Clojure 语言开发实现的，但是，Storm 的处理逻辑和消息处理组件都可以使用任何语言来进行定义，这就是说任何语言的开发者都可以使用 Storm。

7）支持本地模式和高效：Storm 有一种"本地模式"，也就是在进程中模拟一个 Storm 集群的所有功能，以本地模式运行 Topology 跟在集群上运行 Topology 类似，这对于开发和测试来说非常有用。用 ZeroMQ 作为底层消息队列，保证消息能快速被处理。

8）运维和部署简单：Storm 计算任务是以"拓扑"为基本单位的，每个拓扑完成特定的业务指标，拓扑中的每个逻辑业务节点实现特定的逻辑，并通过消息相互协作。实际部署时，仅需要根据实际情况配置逻辑节点的并发数，而不需要关心部署到集群中的哪台机器。所有部署仅需通过命令提交一个 jar 包，全自动部署。停止一个拓扑，也只需通过一个命令操作。Storm 支持动态增加节点，新增节点自动注册到集群中，但现有运行的任务不会自动负载均衡。

9）图形化监控：图形界面，可以监控各个拓扑的信息，包括每个处理单元的状态和处理消息的数量。

8.2.3　Storm 的设计思想

在 Storm 中也有对流（Stream）的抽象，流是一个不间断的、无界的连续 Tuple（Storm 在建模事件流时，把流中事件抽象为 Tuple，即元组）。Storm 认为每个流都有一个 Stream 源，也就是原始元组的源头，所以它将这个源头抽象为 Spout，Spout 可能连接 Twitter API 并不断发出推文（Tweets），也可能从某个队列中不断读取队列元素并装配为 Tuple。

有了源头（即 Spout）也就是有了流，同样的思想，Twitter 将流的中间状态转换抽象为 Bolt，Bolt 可以消耗任意数量的输入流，只要将流方向导向该 Bolt，同时它可以发送新的流给其他 Bolt 使用，这样一来，只要打开特定的 Spout（管口），再将 Spout 中流出的 Tuple 导向特定的 Bolt，由 Bolt 处理导入的流后再导向其他 Bolt 或者目的地。

假设 Spout 就是一个一个的水龙头，并且每个水龙头里流出的水是不同的，想获得哪种水就拧开哪个水龙头，然后使用管道将水龙头的水导向一个水处理器（Bolt），水处理器处理后使用管道导向另一个处理器或者容器中。图 8-5 和图 8-6 为 Spout、Tuple 和 Bolt 之间的关系和流程。

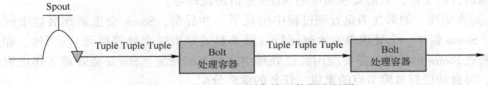

图 8-5　Spout、Bolt 顺序处理数据流程图

为了提高水处理效率，可以在同一个水源处接上多个水龙头并使用多个水处理器，如图 8-7 所示。

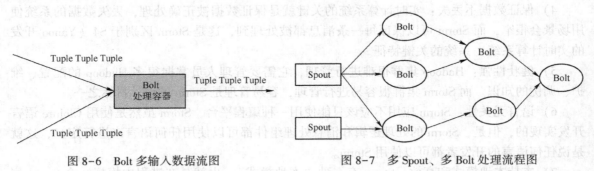

图 8-6　Bolt 多输入数据流图　　　　　图 8-7　多 Spout、多 Bolt 处理流程图

对应上面的介绍，可以很容易地理解图 8-6，这是一张有向无环图。Storm 将这个图抽象为 Topology（即拓扑），拓扑是 Storm 中最高层次的一个抽象概念，提交拓扑到 Storm 集群执行，一个拓扑就是一个流转换图。图 8-7 中的每个节点是一个 Spout 或者 Bolt，图中的边是指 Bolt 订阅了哪些流。

8.2.4　Storm 的框架设计

Storm 使用 ZooKeeper 来作为分布式协调组件，负责 Nimbus 和多个 Supervisor 之间的所有协调工作。借助于 ZooKeeper，若 Nimbus 进程或 Supervisor 进程意外终止，重启时也能读取、恢复之前的状态并继续工作，使得 Storm 极其稳定，如图 8-8 所示。

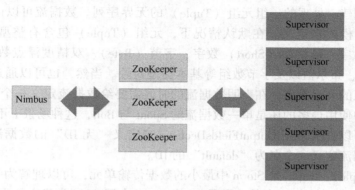

图 8-8　Storm 集群架构示意图

基于这样的架构设计，Storm 的工作流程如图 8-9 所示。

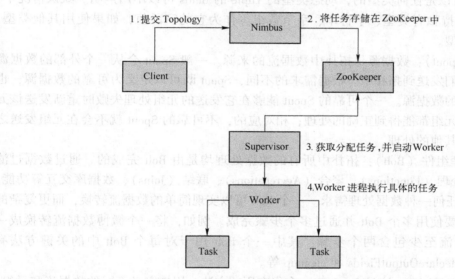

图 8-9　Storm 工作流程示意图

Nimbus 和 Supervisor 之间的通信依靠 ZooKeeper 来完成，并且 Nimbus 进程和 Supervisor 都是快速失败和无状态的。所有的状态要么在 ZooKeeper 里面，要么在本地磁盘上。这就意味着可以用 Kill-9 来杀死 Nimbus 和 Supervisor 进程，然后再重启它们，它们可以继续工作，就像什么也没发生过。这个设计使 Storm 具有非常高的稳定性。

要了解 Storm，首先需要了解 Storm 的设计思想。Storm 对一些设计思想进行了抽象化，其主要术语包括 Stream、Spout、Bolt、Topology、Nimbus 和 Stream 等。下面介绍这些术语。

1）拓扑（Topology）：Storm 的拓扑是对实时计算应用逻辑的封装，它的作用与 MapReduce 的任务（Job）很相似，区别在于 MapReduce 的一个 Job 在得到结果之后总会结束，而拓扑会一直在集群中运行，直到手动去终止它。拓扑还可以理解成由一系列通过数据流（Stream Grouping）相互关联的 Spout 和 Bolt 组成的拓扑结构。Spout 和 Bolt 称为拓扑的组件（Component）。

2）Nimbus：负责资源分配和任务调度，类似 Hadoop 中的 JobTracker。

3）数据流（Data Stream）：数据流是 Storm 中最核心的抽象概念。一个数据流指的是在分布式环境中并行创建、处理的一组元组（Tuple）的无界序列。数据流可以由一种能够表述数据流中元组的域的模式来定义。在默认情况下，元组（Tuple）包含有整型（Integer）数字、长整型（Long）数字、短整型（Short）数字、字节（Byte）、双精度浮点数（Double）、单精度浮点数（Float）、布尔值以及字节数组等基本类型对象。当然，也可以通过定义可序列化的对象来实现自定义的元组类型。在声明数据流的时候需要给数据流定义一个有效的 ID。不过，由于在实际应用中使用最多的还是单一数据流的 Spout 与 Bolt，这种场景下不需要使用 ID 来区分数据流，因此可以直接使用 OutputFieldsDeclarer 来定义"无 ID"的数据流。实际上，系统默认会给这种数据流定义一个名为"default"的 ID。

4）元组（Tuple）：Tuple 是 Storm 中最小的数据传输单元，可以理解为一个值列表或者键值对，其键（也称为"域名"或者"字段"，在 Storm 中用 Field 类代表）在 Spout 或者 Bolt 中通过 DeclareOutputFields()方法定义，值在 emit()方法中指定。具体参见后面的 Spout/Bolt 介绍。Tuple 中的值可以是任何类型的，动态类型的 Tuple 的 fields 可以不用声明。默认情况下，Storm 中的 Tuple 支持私有类型、字符串、字节数组等作为它的字段值，如果使用其他类型，就需要序列化该类型。

5）数据源（Spout）：数据源是拓扑中数据流的来源。一般 Spout 会从一个外部的数据源读取元组然后将它们发送到拓扑中。根据需求的不同，Spout 既可以定义为可靠的数据源，也可以定义为不可靠的数据源。一个可靠的 Spout 能够在它发送的元组处理失败时重新发送该元组，以确保所有的元组都能得到正确的处理；相对应的，不可靠的 Spout 就不会在元组发送之后对元组进行任何其他的处理。

6）数据流处理组件（Bolt）：拓扑中所有的数据处理均是由 Bolt 完成的。通过数据过滤（Filtering）、函数处理（Functions）、聚合（Aggregations）、联结（Joins）、数据库交互等功能，Bolt 几乎能够完成任何一种数据处理需求。一个 Bolt 可以实现简单的数据流转换，而更复杂的数据流转换通常需要使用多个 Bolt 并通过多个步骤完成。例如，将一个微博数据流转换成一个趋势图像的数据流至少包含两个步骤：其中一个 Bolt 用于对每个 Bolt 中的关键方法有 execute、prepare、declareOutputFields 和 cleanup 等。

7）DeclareOutputFields：这是 Spout 中一个很有用的方法，用来定义不同的数据流和元组。在一个 Topology 中，一个 Spout 可能发送很多数据消息，同时下游也可能有很多 Bolt 组件接收 Spout 发出的消息，但往往某个 Bolt 并不想接收 Spout 发来的所有数据，可能只需要接收某一类型数据流中的某些数据。Storm 提供了这样的"订阅"机制，即 Spout 可以发送多种多样的数据流，而下游的 Bolt 可以根据自己的需求进行订阅，其实现的关键方法就是 DeclareOutputFields。

8）工作进程（Workers）：Worker 运行在工作节点上（Supervisor 节点），是被 Supervisor 守护进程所创建的用来工作的进程。拓扑是在一个或多个工作进程（Workerprocesses）中运行的。每个工作进程都是一个实际的 JVM 进程，并且执行拓扑的一个子集。一个 Worker 里面不会运行隶属不同 Topology 的执行任务。

9）线程（Executors）：Executor 可以理解成一个 Worker 进程中的工作线程。一个 Executor 中只能运行隶属于同一个 Component（Spout/Bolt）的 Task。一个 Worker 进程中可以有一个或多个 Executor 线程。在默认情况下，一个 Executor 运行一个 Task。

10）任务（Task）：在 Storm 集群中每个 Spout 和 Bolt 都由若干个任务来执行。每个任务都与一个执行线程相对应。数据流分组可以决定如何由一组任务向另一组任务发送元组。可以在 TopologyBuilder 的 setSpout 方法和 setBolt 方法中设置 Spout/Bolt 的并行度。

8.3 实时计算处理流程

互联网上海量数据（一般为日志流）的实时计算过程可以划分为 3 个阶段：数据实时采集、数据实时计算和数据实时查询，如图 8-10 所示。下面分别介绍。

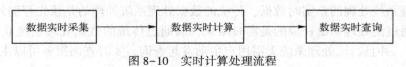

图 8-10　实时计算处理流程

8.3.1 数据实时采集和计算

数据实时采集通常采集多个数据源的海量数据，需要保证实时性、低延迟与稳定可靠。以日志数据为例，由于分布式集群的广泛应用，数据分散存储在不同的机器上，因此需要实时汇总来自不同机器上的日志数据。

目前有许多互联网公司发布的开源分布式日志采集系统均可满足每秒数百 MB 的数据采集和传输需求，如 Facebook 开源的 Scribe、LinkedIn 开源的 Kafka、Cloudera 开源的 Flume、淘宝开源的 TimeTunnel，以及基于 Hadoop 的 Chukwa 等。

传统的数据操作，首先将数据采集并存储在 DBMS 中，然后通过查询和 DBMS 进行交互，得到用户想要的答案。在整个过程中，用户是主动的，而 DBMS 是被动的，操作过程如图 8-11 所示。

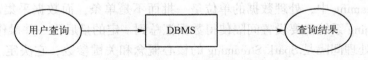

图 8-11　传统的数据操作过程

但是，对于现在大量存在的实时数据，如股票交易的数据，这类数据实时性强，没有止境，传统的架构并不合适。流计算就是针对这种数据类型准备的。在流数据不断变化的运动过程中实时地进行分析，捕捉到可能对用户有用的信息，并把结果发送出去。在整个过程中，数据分析处理系统是主动的，而用户却处于被动接收的状态，处理流程如图 8-12 所示。

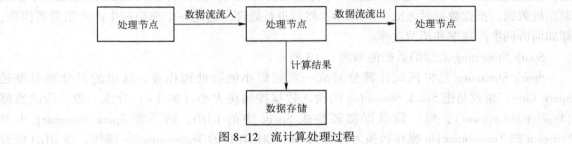

图 8-12　流计算处理过程

8.3.2 数据查询服务

数据查询服务是经由流计算框架得出的结果,可供用户进行数据查询、展示或存储。在传统的数据处理过程中,用户需要主动发起查询才能获得想要的结果。而在流处理过程中,数据查询服务可以不断更新结果,并将用户所需的结果实时推送给用户。虽然通过对传统的数据处理系统进行定时查询也可以实现不断更新结果和结果推送,但通过这样的方式获取的结果仍然是根据过去某一时刻的数据得到的结果,与实时结果有着本质的区别。

由此可见,流处理系统与传统的数据处理系统有如下不同之处。

1) 流处理系统处理的是实时数据,传统的数据处理系统处理的是预先存储好的静态数据。

2) 用户通过流处理系统获取的是实时结果,而通过传统的数据处理系统获取的是过去某一时刻的结果。并且,流处理系统无需用户主动发起查询,实时查询服务可以主动将实时结果推送给用户。

8.4 典型的流引擎 Spark Streaming

Spark Streaming 是 Spark 核心 API 的一个扩展,可以实现高吞吐量的、具备容错机制的实时流数据的处理。支持从多种数据源获取数据,包括 Kafk、Flume、Twitter、ZeroMQ、Kinesis 以及 TCP sockets,从数据源获取数据之后,可以使用诸如 map、reduce、join 和 window 等高级函数进行复杂算法的处理。最后还可以将处理结果存储到文件系统、数据库和现场仪表盘。在"One Stackrulethemall"的基础上,还可以使用 Spark 的其他子框架,如集群学习、图计算等,对流数据进行处理。

8.4.1 Spark Streaming

在 Spark Streaming 中,处理数据的单位是一批而不是单条,而数据采集却是逐条进行的,因此 Spark Streaming 系统需要设置间隔使得数据汇总到一定的量后再一并操作,这个间隔就是批处理间隔。批处理间隔是 Spark Streaming 的核心概念和关键参数,它决定了 Spark Streaming 提交作业的频率和数据处理的延迟,同时也影响着数据处理的吞吐量和性能。

Spark 的各个子框架,都是基于核心 Spark 的,Spark Streaming 在内部的处理机制是,接收实时流的数据,并根据一定的时间间隔拆分成一批批的数据,然后通过 Spark Engine 处理这些批数据,最终得到处理后的一批批结果数据。对应的批数据,在 Spark 内核对应一个 RDD 实例,因此,对应流数据的 DStream 可以看成是一组 RDDs,即 RDD 的一个序列。通俗点理解的话,在流数据分成一批一批后,通过一个先进先出的队列,然后 Spark Engine 从该队列中依次取出批数据,把批数据封装成一个 RDD,然后进行处理,这是一个典型的生产者消费者模型,即如何协调生产速率和消费速率。

Spark Streaming 处理的数据流如图 8-13 所示。

Spark Streaming 是将流式计算分解成一系列短小的批处理作业。这里的批处理引擎是 Spark Core,也就是把 Spark Streaming 的输入数据按照块大小(如 1 s)分成一段一段的数据(Discretized Stream),每一段数据都转换成 Spark 中的 RDD,然后将 Spark Streaming 中对 DStream 的 Transformation 操作转换为针对 Spark 中对 RDD 的 Transformation 操作,将 RDD 经过操作变成中间结果保存在内存中。整个流式计算根据业务要求可以对中间的结果进行叠加或者

图 8-13 数据流

存储到外部设备。如图 8-14 显示了 Spark Streaming 的整个流程。

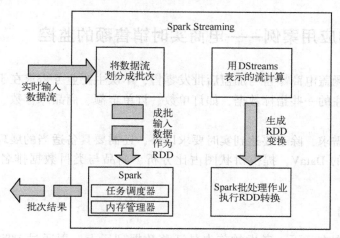

图 8-14 Spark Streaming 流程

8.4.2 Storm 和 Spark Streaming 框架对比

1. 数据处理方式

Spark Streaming 是构建在 Spark 上的实时流计算框架,利用时间批量窗口生成 Spark 的计算输入源 RDD,后对该 RDD 生成 Job,进行排队调度到 Spark 计算框架中执行,底层是基于 Spark 资源调度和任务计算框架的;Spark Streaming 是基于数据的批处理方式,针对数据形成任务进行计算,是移动计算而不移动数据,而 Storm 恰恰相反,Storm 在处理架构上是数据流入到计算节点,移动的是数据而不是计算,对于时间窗口的批量数据处理,需要用户自己来实现,这个在之前的 Storm 相关章节中有介绍。

2. 生态体系

Spark Streaming 是基于 Spark 的,可以和 Spark 其他的组件结合,实现交互式地查询 Adhoc,机器学习 MLib 等。而 Storm 相对来讲,只是作为一个流式计算框架,缺乏现有的 Hadoop 生态体系的融合。

3. 延迟以及吞吐量

Spark Streaming 基于对批量数据的处理,依赖 Spark 的调度和计算框架,在延迟方面比 Storm 要高,一般最小的延迟可能在几秒钟左右,而 Storm 可以达到 100 ms 以内。正因为 Spark Streaming 是以批处理的方式处理数据,整体的吞吐量比较高。

4. 容错性

Spark Streaming 通过 lineage 以及在内存维护两份数据备份进行容错，通过 lineage 记录之前对 RDD 的操作，若某节点在运行时候出现故障，则可以通过备份数据在其他节点重新计算得到。Storm 通过 ack 组件进行数据流的跟踪，开销比 Spark Streaming 要大。

5. 事务性

Spark Streaming 保证数据只被处理一次，并且是在批处理的层次级别。Storm 通过跟踪机制能保证每个记录至少被处理一次。实际上，Storm 借助其内置的 Trident 机制也实现了 Exactly once 功能，但其实现依赖于事务更新机制，这会导致处理比较耗时，且通常由用户自行实现，适用于一些对数据冗余零容忍的场景。所以对于有状态的计算，对事务性要求比较高的话，Spark Streaming 要更好一些。

8.5 流计算的应用案例——电商实时销售额的监控

用户商业模式涵盖电商零售与加盟店批发零售，本次主要业务需求在于淘宝双十一期间能实时计算用户所关注的一些指标数据，如订单数、订单金额、商品库存数、订单来源地、商品排名等。

基于这些指标需求，除了要达到实时要求以外，还需要具备适当的展现图设计的需求，本次使用的是阿里云的 DataV，提供饼状图占比分析、商品与类目数据排名、国家地图热力展示等。

8.5.1 技术架构

由于用户的数据在云下，考虑的首先是迁移数据到云上，再通过 DTS 将数据同步至 DataHUB，接着使用阿里流计算开发平台接入 DataHUB 数据，并开发流计算代码，将执行结果输出至 RDS MySQL，最后 DataV 引用 RDS 数据并开发图形展现界面。最终设计的技术架构如图 8-15 所示。

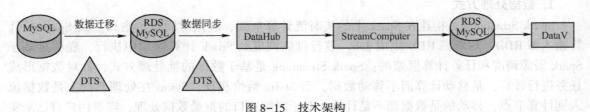

图 8-15 技术架构

8.5.2 技术实现

（1）数据迁移与数据同步

由于数据不能直接到 DataHub，使用阿里云 DTS 工具先完成数据迁移至 RDS，链接：https://dts.console.aliyun.com/。再使用数据同步功能，将 RDS 数据同步至 DataHub（注：RDS 收费可包月、DTS 收费按小时）。在数据同步环节需注意，根据企业数据量的大小，调整数据传输的通道大小。另外 DataHub 自动创建对应同步的表 Topic（标题），所以不需要在同步前自建 Topic，建了会报错（注意系统生成的 Topic 与自建的有所不同）。

（2）Stream Computer 流计算开发

其开发方式和技术要求，相比传统的开源产品，要简单许多，而且流计算平台功能比较丰富，特别是监控系统。其链接地址是：https://stream.console.aliyun.com。DataHUB 业务表的引用如图 8-16 所示。

```
-- 创建业务表，与DATAHUB一致
create table table_name(                    -- a
    dts_column1 varchar,                    -- b
    dts_column2 varchar,
    dts_column3 bigint,
    dts_column4 double,
    dts_operation_flag varchar,             -- c
    dts_instance_id varchar,
    dts_db_name varchar,
    dts_table_name varchar,
    dts_utc_timestamp varchar,
    dts_before_flag varchar,
    dts_after_flag varchar
) with (
    type='datahub',                         -- d
    endPoint='http://dh-cn-hangzhou.aliyuncs.com',  -- e
    project='project_name',                 -- f
    topic='topic_name',                     -- g
    accessId='accessId',
    accessKey='accessKey',
    startTime='2017-11-08 00:00:00'         -- h
);
```

图 8-16 业务表的引用

注解说明：
① 在流计算引擎中建一张表，该表的名称建议和 DataHub 上一致。
② 要引用到该表的哪些字段，建议不需要的字段不要引用。
③ 系统自建的 Topic，该字段记录的是该行数据是更新，还是插入，还是删除。
④ 流计算可以引用多种数据源，这里表明数据源类型。
⑤ 固定写法。
⑥ DataHub 上的项目名称。
⑦ DataHub 上的 Topic 名称。
⑧ DataHub 默认保留三天内的业务数据，该时间指定流计算引擎从哪个时间点取数。

商品维表的引用如图 8-17 所示。

```
-- 商品维表信息
create table dim_product(
    skucode varchar,
    skuname varchar,
    primary key(skucode),                   -- a
    PERIOD FOR SYSTEM_TIME                  -- b
) with (
    type='rds',
    url='jdbc:mysql://yourHostName:3306/databaseName',
    tableName=dim_product,
    userName='username',
    password='password'
);
```

图 8-17 商品维表信息

注解说明：
① 该表的主键是什么，需要指定。

② 维表的固定写法，表明维表的更新时间（默认是多久，调整更新时间怎么弄？）。注意该表的来源是 RDS，后面的连接方式和正常的 MySQL 连接方式没什么区别。

数据输出表的写法和维表的写法基本一致，只是没有 PERIOD FOR SYSTEM_TIME，提前在 RDS 上建好即可。应用脚本开发：将引用到的业务表与维表进行关联，将数据输出至目标表如图 8-18 所示。

```
-- 解析业务数据
Insert into ads_product_qty
select c.dts_clomun3,
       sum(b.dts_qty) as qty_sum
from table_a a
join ( select
              dts_clomun1    ,
              dts_skuname    ,
              dts_skucode    ,
              case
              when dts_operation_flag = 'U' and dts_before_flag = 'Y' and dts_after_flag = 'N' then -1 * dts_qty
              when dts_operation_flag = 'U' and dts_before_flag = 'N' and dts_after_flag = 'Y' then dts_qty
              when dts_operation_flag = 'D'  then -1 * dts_qty
              else dts_qty
              end as dts_qty
       from table_b ) b
on a.dts_clomun1 = b.dts_clomun1
join dim_product FOR SYSTEM_TIME AS OF PROCTIME() as c on b.dts_skucode = c.skucode         -- a
group by c.dts_clomun3
```

图 8-18 解析业务数据

注解说明：

和标准 SQL 没有太大区别，主要就是维表的使用方式略有不同，不过也是固定写法，照搬即可。

> **注意**：由于原始数据有插入、删除、更新三种动作，所以 DataHub 上也会有三种状态的数据，这就需要分别进行处理，否则数据会不准。

8.5.3 项目预案

由于流计算可能存在的风险，考虑以传统的计算方式开发第二套方案，当流计算出故障时，能快速切换两种方案，保证数据基本能正常使用，可能延迟会大一些。通过评估，由于数据量预计不会太大，考虑使用定时调用存储过程的方式进行方案切换，两套方案的展现模式一样，当调用指标计算到第二套方案时，数据直接输出在 DataV。设计如图 8-19 所示。

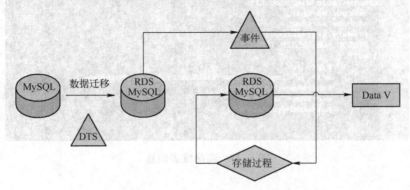

图 8-19 定期调用任务刷数据

8.6 本章小结

本章首先介绍了流计算的基本概念和需求。流数据即持续到达的大量数据，对流数据的处理强调实时性，一般要求为秒级。MapReduce 框架虽然广泛应用于大数据处理中，但其面向的是海量数据的离线处理，并不适合用于处理持续到达的流数据。流计算可应用在多个场景中，如实时业务分析，流计算带来的实时性特点可以大大增加实时数据的价值，为业务分析带来质的提升。

接着介绍了流计算框架 Storm 的设计思想和设计架构。Storm 流处理框架具有可扩展性、高容错性、能可靠地处理消息的特点，使用简单，学习和开发成本较低。Storm 框架对设计概念进行了抽象化，其主要术语包括 Stream、Spout、Bolt、Topology 和 Stream 等，在 Topology 中定义整体任务的处理逻辑，再通过 Bolt 具体执行，Stream Grouping 则定义了 Tuple 如何在不同组件间进行传输。

本章最后通过一个电商实时销售额的监控实例来加深对 Storm 框架的了解。

8.7 习题

1. 简述 Storm 和 Hadoop 的区别联系。
2. 简述 Storm 框架功能作用及其体系架构。
3. Storm 的特点有哪些？
4. 简要说明你对融合框架的理解。
5. 现实生活中还有哪些关于流计算的应用案例？

第 9 章 分布式协调系统 ZooKeeper

本章将介绍分布式协调系统 ZooKeeper，直译为"动物园管理员"。在动物园里，游客可以根据动物园提供的向导图到不同的场馆观赏各种类型的动物。为了让各种不同的动物呆在它们应该待的地方，而不是相互串门，就需要动物园管理员按照动物的各种习性加以分类和管理，这样游客才能更加放心安全地观赏动物。

回到企业级应用系统中，随着信息化水平的不断提高，企业级系统变得越来越庞大臃肿，性能急剧下降，客户抱怨频频。拆分系统是目前可选择的解决系统可伸缩性和性能问题的行之有效的方法。但是拆分系统同时也带来了系统的复杂性——各子系统不是孤立存在的，它们彼此之间需要协作和交互，这就是常说的分布式系统。各个子系统就好比动物园里的动物，为了使各个子系统能正常为用户提供统一的服务，必须需要一种机制来进行协调——这就是 ZooKeeper。

9.1 ZooKeeper 概述

ZooKeeper 是一个分布式的、开放源码的应用程序协调服务，是 Google 的 Chubby 的一个开源实现，是 Hadoop 和 HBase 的重要组件。它是一个为分布式应用提供一致性服务的软件，提供的功能包括：配置维护、域名服务、分布式同步、组服务等。

随着互联网技术的发展，企业对计算机系统的计算、存储能力要求越来越高，各大 IT 企业都在追求高并发、海量存储的极致，在这样的背景下，单纯依靠少量高性能单机来完成计算机云计算的任务已经无法满足需求，企业的 IT 架构逐渐由集中式向分布式过渡。所谓的分布式是指：把一个计算任务分解成若干个计算单元，并分派到不同的计算机中去执行，最终汇总计算结果的过程。

ZooKeeper 是源代码开放的分布式协调服务，是一个高性能的分布式数据一致性的解决方案，它将那些复杂的、容易出错的分布式一致性服务封装起来。用户可以通过调用 ZooKeeper 提供的接口来解决一些分布式应用中的实际问题。

9.1.1 ZooKeeper 简介

ZooKeeper 是一个维护配置信息、服务名称、分布式同步和集群服务的集中服务。我们以前在分布式应用中使用这些服务时，每次在实际实现中，不可避免地要花费大量时间来修复 bug、配置信息设置。因为其管理的复杂性、脆弱性使得即使解决了所有其他问题，却又要面对不同服务的复杂部署。

ZooKeeper 是由一组 ZooKeeper 服务器构成的系统。客户端连接到一台 ZooKeeper 服务器上，使用并维护一个 TCP 连接，通过这个连接发送请求、接受响应、获取观察事件及发送心跳。如果这个 TCP 连接中断，客户端将尝试连接到另外的 ZooKeeper 服务器。客户端第一次连接到 ZooKeeper 服务时，接受这个连接的 ZooKeeper 服务器会为这个客户端建立一个会话，当这个客户端连接到另外的服务器时，这个会话会被新的服务器重新建立。

9.1.2 ZooKeeper 数据模型

如图 9-1 所示，ZooKeeper 使用树状层次模型来存储数据，树上用来存储数据的每个节点被称为 znode。每个 znode 都有一个唯一的路径（Path），这种模型与标准文件系统中树状模型非常类似，路径必须是绝对的，因此必须由斜杠字符来开头。除此之外，它们必须是唯一的，也就是说每一个路径只有一个表示，因此这些路径不能改变。应用程序使用 ZooKeeper 客户端 API 操作这些 znode 来存取数据。

ZooKeeper 虽然可以关联一些数据，但并没有被设计为常规的数据库或者大数据存储，相反的是，它用来管理调度数据，比如分布式应用中的配置文件信息、状态信息、汇集位置等。这些数据的共同特性就是它们都是很小的数据，通常以 KB 为大小单位。ZooKeeper 的服务器和客户端都被设计为严格检查并限制每个 znode 的数据大小至多 1 MB，但常规使用中应该远小于此值。

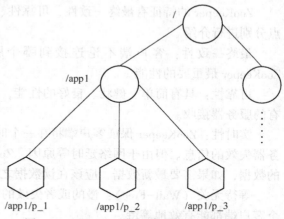

图 9-1 ZooKeeper 数据模型和层次命名空间

ZooKeeper 中对每个节点存储数据的操作需要具有原子性，所有事物请求的处理结果在整个集群中所有机器上的应用情况是一致的。也就是说读操作将获取与节点相关的所有数据，写操作也将替换掉节点的所有数据。另外，每个节点都拥有自己的 ACL（访问控制列表），这个列表规定了用户的权限，即限定了特定用户对目标节点可以执行的操作。

znode 有两种类型：永久节点和临时节点，同时这两种类型又可以与顺序节点属性相结合。临时节点类型的 znode 会在创建该 znode 的会话（Session）结束后被删除，当然也可以手动删除。虽然每个临时的 znode 都会绑定到一个客户端会话，但它们对所有的客户端都是可见的。另外，ZooKeeper 的临时节点不允许拥有子节点，而永久节点类型的 znode 是持久化的，该节点的生命周期不依赖于会话，并且只有在客户端显示执行删除操作的时候，它们才能被删除。顺序节点属性是指系统会分配给该 znode 一个唯一的序列号，而且 ZooKeeper 保证该序列号是单向增长的，也就是说后创建的 znode 所获得的序列号肯定比先创建的 znode 的序列号大。

客户端可以通过 API 在 znode 上创建 watch()监控 znode 的状态变化，当 znode 被删除或更新时将会触发 watch 所对应的操作。当 watch 被触发时，ZooKeeper 在该 znode 上创建 watch 的客户端会收到事件通知，从而可以做相应的处理，因为 watch 只能被触发一次，这样可以减少网络流量。

ZooKeeper 的功能实现就是围绕着 ZooKeeper 客户端对 znode 的读（getdata 接口）、写（setdata 接口）、创建（create 接口）和删除（delete 接口）等操作完成的。Hadoop 体系中的 HBase、Hive 等组件均使用了 ZooKeeper 的功能完成集中可靠的配置信息管理以及多个组件间的协同工作。ZooKeeper 框架为配置数据提供顺序一致性、原子级操作、单一系统镜像、持久性和及时性的保障。为了实现保障机制，ZooKeeper 框架代码使用了不少先进的算法技术，如在多个 ZooKeeper 服务器的情况下自动选取主节点的 Zab 协议等，感兴趣的读者可以进行深入了解。

9.1.3 ZooKeeper 特征

在 ZooKeeper 中，znode 是一个跟 UNIX 文件系统路径相似的节点，可以往这个节点存储数据或从中获取数据。如果在创建 znode 时 Flag 设置为 EPHEMERAL，那么当创建这个 znode 的节点和 ZooKeeper 失去连接后，这个 znode 将不再存在在 ZooKeeper 里，ZooKeeper 使用 watch 察觉事件信息。当客户端接收到事件信息，比如连接超时、节点数据改变、子节点改变，可以调用相应的行为来处理数据。ZooKeeper 的 Wiki 页面展示了如何使用 ZooKeeper 来处理事件通知、队列、优先队列、锁、共享锁、可撤销的共享锁、两阶段提交。

ZooKeeper 的特征有最终一致性、可靠性、实时性、等待无关、顺序性等。下面对这些特点分别进行介绍。

最终一致性：客户端不论连接到哪个服务器，展示给它的都是同一个视图，这是 ZooKeeper 最重要的性能。

可靠性：具有简单、健壮、良好的性能，如果消息 m 被一台服务器接收，那么它将被所有的服务器接收。

实时性：ZooKeeper 保证客户端将在一个时间间隔范围内获得服务器的更新信息，或者服务器失效的信息。但由于网络延时等原因，ZooKeeper 不能保证两个客户端能同时得到刚更新的数据，如果需要最新数据，应该在读数据之前调用 sync( ) 接口。

等待无关（Wait-Free）：慢的或者失效的客户端，不得干预快速的客户端的请求，使得每个客户端都能有效地等待。

顺序性：包括全局有序和偏序两种，全局有序是指如果一台服务器上消息 a 在消息 b 前发布，则在所有服务器上消息 a 都将在消息 b 前被发布；偏序是指如果一个消息 b 在消息 a 后被同一个发送者发布，a 必将排在 b 前面。

监控：当节点的状态发生变化时，监控（Watcher）机制可以让客户端得到通知。要实现监控的类必须实现 org.apache.zookeeper.Watcher 的接口，如下所示。

```
public void process( WatchedEvent event) {
    try {
        Stat stat = zookeeper.exists( nodePath, false);
        if( stat != null) {
            zookeeper.delete( nodePath, -1);
        }
    } catch ( KeeperException e) {
        e.printStackTrace( );
    } catch ( InterruptedException e) {
        e.printStackTrace( );
    }
}
```

"process" 方法是 org.apache.zookeeper.Watcher 的接口中定义的方法，当监控条件满足时，此方法被自动调用。在这个例子中通过 exists 方法获取传入的节点是否存在，如果存在则先删除它，然后让用户重新创建，以达到修改节点的目的。

9.1.4 ZooKeeper 工作原理

ZooKeeper 的核心是原子广播，这个机制保证了各个服务器之间的同步。实现这个机制的协议叫作 Zab 协议。Zab 协议有两种模式，它们分别是恢复模式（选主）和广播模式（同步）。当服务启动或者在领导者（leader）崩溃后，Zab 就进入了恢复模式，当 leader 被选举出来，且大多数服务器完成了和 leader 的状态同步以后，恢复模式就结束了。状态同步保证了

leader 和 Server 具有相同的系统状态。

为了保证事务的顺序一致性，ZooKeeper 采用了递增的事务 ID 号（zxid）来标识事务。所有的提议（Proposal）都在被提出的时候加上了 zxid。实现中 zxid 是一个 64 位的数字，它的高 32 位是 epoch 用来标识 leader 关系是否改变，每次一个 leader 被选出来，它都会有一个新的 epoch 标识当前属于那个 leader 的统治时期，低 32 位用于递增计数。

ZooKeeper 服务启动后会从配置文件中所设置的服务器中选择一台作为领导者（leader），其余的机器便成为跟随者（follower），当且仅当一半或一半以上的跟随者的状态和领导者的状态同步之后，才代表领导者的选举过程完成了。此过程正确无误地结束之后，ZooKeeper 的服务也就开启了。在整个 ZooKeeper 系统运行的过程中如果领导者出现问题失去了响应，那么原有的跟随者将重新选出一个新的领导者来完成整个系统的协调工作。ZooKeeper 的工作原理如图 9-2 所示。

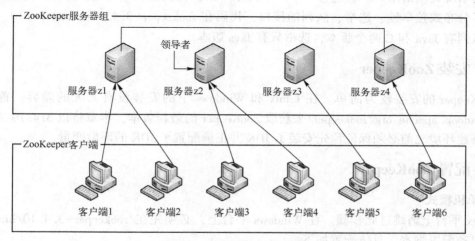

图 9-2　ZooKeeper 的工作原理

ZooKeeper 选举领导者的核心思想是：由某个新加入集群的服务器发起一次选举，如果该服务器获得 n/2+1 个票数，那么该服务器将成为整个 ZooKeeper 系统的领导者。除领导者以外，系统中其他服务器将成为跟随者。当领导者服务器发生故障时，剩下的跟随者将重新进行新一轮的领导者选举。在实际过程中 ZooKeeper 的领导者选举有两种实现方式：LeaderElection 和 FastLeaderElection。

1）LeaderElection。使用 LeaderElection 实现领导者选举时，每个服务器会开启一个回复（Response）线程和选举线程。当新增一个服务器时，LeaderElection 会发动一次选举，此时 ZooKeeper 中的每个服务器都会获得当前服务器编号最大的那一台服务器的编号。如果当次编号最大的服务器没有获得 n/2+1 个票数，则重新选举，直到系统中成功地选举出领导者。

2）FastLeaderElection。使用 FastLeaderElection 实现领导者选举时，每个服务器都会产生含有三个线程的接收线程池和含有三个线程的发送线程池。在没有选举时，这两个线程池均处于阻塞状态，当新增一个服务器时，FastLeaderElection 会发动一次选举。此时选举线程发起相关的流程操作，通过将自己的编号和用来存储描述领导者是否发生变化的变量值通知其他服务器。最后每个服务器都会获得编号最大的服务器的相关信息，在下一次投票时将票投给编号最大的服务器，重复选举过程，直到系统中成功选举出领导者。

如果领导者失去了响应，所有的跟随者都会向领导者发送 ping 消息，如果没有得到响应，那么将会发起新一轮的领导者选举。

9.2 ZooKeeper 的安装和配置

ZooKeeper 是用 Java 编写的，运行在 Java 环境上，因此，在部署 ZooKeeper 的机器上需要安装 Java 运行环境。为了正常运行 ZooKeeper，需要 JRE1.6 或者以上的版本。对于集群模式下的 ZooKeeper 部署，三个 ZooKeeper 服务进程是建议的最小进程数量，而且不同的服务进程建议部署在不同的物理机器上面，以减少机器带来的风险，从而实现 ZooKeeper 集群的高可用性。

ZooKeeper 的目标就是封装好复杂易出错的关键服务，将简单易用的接口和性能高效、功能稳定的系统提供给用户。它包含一个简单的原语集，提供 Java 和 C 接口。ZooKeeper 代码版本提供了分布式独享锁、选举、队列的接口，代码在 zookeeper-3.4.8\src\recipes 中。其中分布锁和队列有 Java 和 C 两个版本，选举只有 Java 版本。

9.2.1 安装 ZooKeeper

ZooKeeper 的安装较为简单。在 Linux 和 Windows 下的安装没有太大的差异。首先通过 http://hadoop.apache.org/zookeeper/来获取 ZooKeeper 的最新版本，本章将以 3.4.10 为演示版本。在搭建环境之前必须保证预先安装了 JDK 并正确配置了 JDK 的环境变量。

9.2.2 配置 ZooKeeper

1. 单机模式

Linux 平台上请跳过此步骤。在 Windows 平台上，必须先在/zookeeper-3.4.10/bin 的目录下创建启动配置脚本，具体配置如下。

```
>>setlocal
>>set ZOOCFGDIR=%~dp0%..\conf
>>set ZOO_LOG_DIR=%~dp0%..
>>set ZOO_LOG4J_PROP=INFO,CONSOLE
>>set CLASSPATH=%ZOOCFGDIR%
>>set CLASSPATH=%~dp0..\*;%~dp0..\lib\*;%CLASSPATH%
>>set c=%~dp0..\build\classes;%~dp0..\build\lib\*;%CLASSPATH%
>>set ZOOCFG=%ZOOCFGDIR%\zoo.cfg
>>set ZOOMAIN=org.apache.zookeeper.server.ZooKeeperServerMain
>>java "-Dzookeeper.log.dir=%ZOO_LOG_DIR%" "-Dzookeeper.root.logger=%ZOO_LOG4J_PROP%" "-cp"
>>"%CLASSPATH%" "%ZOOMAIN%" "%ZOOCFG%" "%*"
>>endlocal
```

将/zookeeper-3.3.3/conf 下的 zoo_sample.cfg 文件改名为 zoo.cfg。当 ZooKeeper 运行时，系统会自动扫描 zoo.cfg 中的配置作为启动设置。

修改 zoo.cfg 中 tickTime、dataDir 和 clientPort 的内容，这三项配置的含义如下。

1）tickTime：服务器端和客户端之间交互的基本时间单元（以毫秒为单位）。
2）dataDir：保存 ZooKeeper 数据、日志的路径。
3）clientPort：客户端与 ZooKeeper 相互交互的端口号，默认情况下设置为 2181。

具体配置内容如下。

```
>>tickTime = 2000
>>dataDir = /zookeeper/data
>>clientPort = 2181
```

2. 集群模式

在完成单机配置的基础上修改 zoo.cfg 来完成集群模式的配置。新修改 zoo.cfg 的内容如下。

```
>>tickTime = 2000
>>initLimit = 10
>>syncLimit = 5
>>dataDir = /zookeeper/data
>>clientPort = 2181
>>server.1 = 192.168.0.1:7000:7001
>>server.2 = 192.168.0.2:7000:7001
>>server.3 = 192.168.0.3:7000:7001
```

在 zoo.cfg 配置文件中添加了 initLimit、syncLimit 和 server 的相关配置。这些配置项的含义如下。

1) initLimit：ZooKeeper 所能接受的客户端的数量。

2) syncLimit：服务器和客户端之间请求与应答之间的时间间隔（是 tickTime 的倍数）。

3) server.A=B:C:D。其中 A 是一个数字，表示这个是第几号服务器；B 是服务器的 IP 地址；C 表示服务器与集群中的领导者交换信息的端口；当领导者失效后，D 表示用来执行选举时服务器相互通信的端口。

9.2.3 运行 ZooKeeper

在 Windows 平台下直接运行 bin 目录下的 zkSe-rver.cmd 便可开启 ZooKeeper 服务。Linux 平台下调用 zkServer.sh。如果出现如图 9-3 所示的界面，则表示系统开启成功。

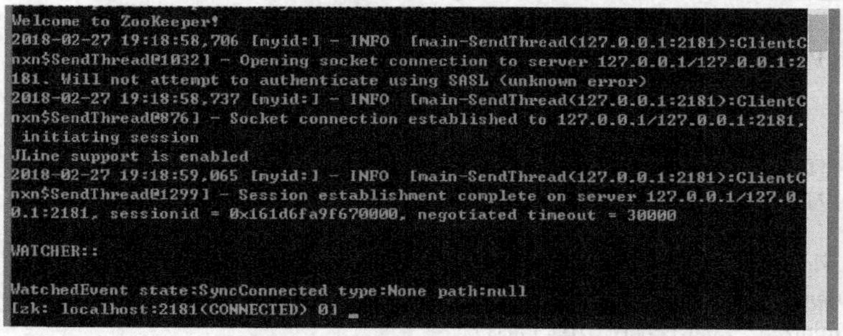

图 9-3 系统开启成功界面

系统开启成功后，再启动客户端工具 zkCli.cmd 或 zkCli.sh，出现提示符[zk:服务器地址:端口号（CONNECTED)0]后，就可以执行一些简单的命令。

常用的命令有以下几种。

1) create：创建一个新的节点，或者向已存在的节点中添加一个节点。

2) ls：用于观察某个节点的具体的结构情况，主要是该节点所包含的子节点的数量及子节点的名称。

3) get：用于获取节点中的值。

4）delete：用于删除一个节点，此节点必须存在且不包含任何子节点，在同时满足这两个条件的情况下该命令才能执行。

5）set：用于修改节点中的值。

9.3 ZooKeeper 的简单操作及步骤

通过 ZooKeeper 服务器自带的 zkCli.sh 工具模拟客户端访问和操作 ZooKeeper 服务器（包含集群服务器）。ZooKeeper 基本操作包括：创建 ZooKeeper 访问客户端、创建 ZooKeeper 节点信息、设置 path node 值、获取 path node 值和删除节点。具体代码如下。

```java
package zookeeper;
import org.apache.curator.framework.CuratorFramework;
import org.apache.curator.framework.CuratorFrameworkFactory;
import org.apache.curator.retry.ExponentialBackoffRetry;
import org.apache.curator.utils.ZKPaths;
import org.apache.zookeeper.ZooKeeper;
import java.nio.charset.Charset;
/**
 * ZooKeeper 基本操作<br/>
 * Created byzhengyong on 16/11/24.
 */
public classZooKeeperCURD {
    private static final intsessionTimeout = 15000;
    private static final String ZK_HOST = "127.0.0.1:2181";
    private static final String ZK_PATH = "/zkPath";
    private staticCuratorFramework curatorClient = null;
    public static void main(String[] args) throws Exception {
        createClient();
        create(ZK_PATH);
        setDataValue(ZK_PATH, "test data");
        getDataValue(ZK_PATH);
        delete(ZK_PATH);
    }
    /**
     * 创建 ZooKeeper 访问客户端
     * @throws Exception
     */
    private static voidcreateClient() throws Exception {
        if (curatorClient == null) {
            synchronized (ZooKeeperCURD.class) {
                curatorClient = CuratorFrameworkFactory.builder().connectString(ZK_HOST);
                curatorClient.start();
            }
        }
    }
    /**
     * 创建 ZooKeeper 节点信息
     * @throws Exception
     */
    private static void create(String path) throws Exception {
```

```java
        ZooKeeper zookeeper = new ZooKeeper(ZK_HOST, sessionTimeout, null);
        ZKPaths.mkdirs(zookeeper, path);
    System.out.println(String.format("create path=%s", path));
}
/**
 * 设置path node值
 * @param path 路径
 * @param data 值
 * @throws Exception
 */
private static void setDataValue(String path, String data) throws Exception {
        curatorClient.setData().forPath(path, data.getBytes(Charset.forName("UTF-8")));
        System.out.println(String.format("set path=%s, data=%s", path, data));
}
/**
 * 获取path node值
 * @param path 路径
 * @param data 值
 * @throws Exception
 */
private static void getDataValue(String path) throws Exception {
        byte[] value = curatorClient.getData().forPath(path);
        String result = new String(value, Charset.forName("UTF-8"));
        System.out.println(String.format("get path=%s, data=%s", path, result));
        return result;
}
/**
 * 删除节点
 * @param param path 路径
 */
private static void deletes(String path) throws Exception {
        curatorClient.delete().forPath(path);
        System.out.println(String.format("delete path=%s", path));
}
}
```

运行结果如下：

```
create path=/zkPath
set path=/zkPath, data=test data
get path=/zkPath, data=test data
delete path=/zkPath
```

理解ZooKeeper的一种方法是将它视为一个提供可用性的文件系统。它没有文件和目录，但是有一个统一概念的节点，即znode，作为数据以及其他znode的容器。znode来自于一个层次级的命名空间。传统的建立成员列表的方法是以小组的名称创建一个父znode，同时子znode使用的是组成员的名称。

下面要写一个为组创建一个znode的程序，用来实现ZooKeeper API。

【例9-1】创建组。

创建组的代码如下。

```java
public classConnectionManager implements Watcher{
    private static final int SESSION_TIMEOUT = 5000;
    protected ZooKeeper zk;
    privateCountDownLatch countDownLatch = new CountDownLatch(1);
    public void connect(String hosts) throwsIOException,InterruptedException {
        zk = new ZooKeeper(hosts,SESSION_TIMEOUT,this);
        countDownLatch.await();
    }
    public void process(WatchedEvent watchedEvent) {
        if(watchedEvent.getState() == Event.KeeperState.SyncConnected) {
            countDownLatch.countDown();
        }
    }
    public void close() throws InterruptedException {
        zk.close();
    }
}
public classCreateGroup extends ConnectionManager{
    public voidcreateGroup(String groupName) throws KeeperException,InterruptedException {
        String path = "/" +groupName;
        StringcreatePath = zk.create(path,null,ZooDefs.Ids.OPEN_ACL_UNSAFE,CreateMode.PERSISTENT);
        System.out.println("Create:"+createPath);
    }
    public static void main(String[] args) throwsIOException,InterruptedException,KeeperException {
        CreateGroup group = new CreateGroup();
        group.connect("localhost");
        group.createGroup("/zoo");
        group.close();
    }
}
```

main 方法执行的时候，先创建一个 CreateGroup 对象，并调用它的 connect 方法，此方法实例化一个新的 ZooKeeper 对象，它是客户端 API 的主要类并且维护着客户端和 ZooKeeper 服务器端的连接。这个构造函数有三个参数，第一个是 ZooKeeper 的主机地址，第二个是每个会话的超时时间，第三个是 Watcher 对象的实例，Watcher 接收 ZooKeeper 的响应，并通知它各种事件。这个例子中 ConnectionManager 是一个 Watcher，因此将它传递给 ZooKeeper 的构造函数。

当一个 ZooKeeper 的实例被创建后，它启动一个线程连接到 ZooKeeper 服务。其对构造函数的响应返回很快，因此在使用 ZooKeeper 对象前等待连接建立非常重要。在这里使用 Java 的 CountDownLatch 来阻塞，直到 ZooKeeper 准备好客户端连接到 ZooKeeper 后，Watcher 的 process 方法才会被调用，并收到一个事件，表明连接已经建立。当收到该事件的时候，使用 CountDownLatch 的 countDown 操作减掉一个计数。此时计数器归 0，await 方法返回。当 connect 方法完成后，调用 createGroup 方法。在这个方法里使用 ZooKeeper 的 create 方法创建一个新的 ZooKeeper 的 znode。Znode 可能是临时的或者永久性的。一个临时性的 znode，在客户端与服务器端断开连接后，服务器端便把节点删除。create 方法的返回值是 ZooKeeper 的创建路径。

【例 9-2】加入组。

下面是一个将成员注入到组里的程序，每个程序在程序运行的时候加入到组中，当程序结束时，它必须从这个组中移除。可以在 ZooKeeper 的命名空间下创建临时节点来实现。

```java
public class JoinGroup extends ConnectionManager{
    public void joinGroup(String groupName, String memberName) throws KeeperException,
InterruptedException{
        String path = "/" +groupName + "/" + memberName;
        String createPath=zk.create(path,null,ZooDefs.Ids.OPEN_ACL_UNSAFE,CreateMode.EPHEMERAL);
        System.out.println("Create:"+createPath);
    }
    public static void main(String[] args) throws IOException,InterruptedException,KeeperException{
        JoinGroup group = new JoinGroup();
        group.connect("localhost");
        group.joinGroup("/zoo","test");
        group.close();
    }
}
```

JoinGroup 与 CreateGroup 十分相似，在 JoinGroup 中创建一个临时的节点作为 znode 的子节点，最后会看到在程序结束的时候，临时节点也相应地被删除。

【例 9-3】列出组成员。

现在实现一个程序，找出组中的成员，实现如下。

```java
public class ListGroup extends ConnectionManager{
    public void listGroup(String groupName) throws KeeperException, InterruptedException{
        String path = "/" +groupName;
        List<String> children = zk.getChildren(path,false);
        if(children.isEmpty()){
            System.out.println("no child");
            System.exit(1);
        }else{
            for(String child : children){
                System.out.println(child);
            }
        }
    }
    public static void main(String[] args) throws IOException,InterruptedException,KeeperException{
        ListGroup group = new ListGroup();
        group.connect("localhost");
        group.listGroup("/zoo");
        group.close();
    }
}
```

【例 9-4】删除一个组。

ZooKeeper 提供了一个带有路径和版本号的 delete 方法，ZooKeeper 只在删除的 znode 的版本号和已经定义过的版本号一样的时候才会删除该 znode，乐观锁机制能够使客户端发现 znode 修改的冲突，你可以不管版本号而使用版本号-1 来删除该 znode。ZooKeeper 中没有递归删除操作，因此在删除父节点前要先删除子节点信息。

```java
public class DeleteGroup extends ConnectionManager{
    public void deleteGroup(String groupName) throws KeeperException, InterruptedException{
        String path = "/" +groupName;
        List<String> children = zk.getChildren(path,false);
```

```
            for(String child : children){
                StringtempPath = path + "/" + child;
                List<String> temp = zk.getChildren(tempPath,false);
                if(temp.isEmpty()){
                    zk.delete(path + "/" + child,-1);
                }else{
                    deleteGroup(tempPath);
                }
            }
            zk.delete(path,-1);
        }
        public static void main(String[] args) throwsIOException,InterruptedException,KeeperException{
            DeleteGroup group = new DeleteGroup();
            group.connect("localhost");
            group.deleteGroup("/zoo");
            group.close();
        }
    }
```

9.4 ZooKeeper Shell 操作

Shell 操作包括两种命令，分别是 ZooKeeper 服务命令和 ZooKeeper 客户端命令，Shell 操作 ZooKeeper(zk)，进入 ZooKeeper 的命令操作模式。首先进入到 bin 路径下面：cd/usr/local/zk/bin，执行命令 zkCli.sh，进入 ZooKeeper 命令操作模式，进入之后可以查看到 zk 的相关命令，这些命令包括创建、删除、查看等。

9.4.1 ZooKeeper 服务命令

在准备好相应的配置之后，可以直接通过 zkServer.sh 这个脚本进行服务的相关操作。
① 启动 zk 服务：sh bin/zkServer.sh start。
② 查看 zk 服务状态：sh bin/zkServer.sh status。
③ 停止 zk 服务：sh bin/zkServer.sh stop。
④ 重启 zk 服务：sh bin/zkServer.sh restart。

9.4.2 ZooKeeper 客户端命令

ZooKeeper 的客户端包括 Java 版本和 C 语言版本。选用 Java 版本连接 zk 的命令如下：

```
bin/zkCli.sh -server ip:port
```

执行此命令后，客户端会成功连接上 zk，会出现包括"Welcome to Zookeeper!"的欢迎语以及其他一些连接的信息等。连接成功后，便可以使用命令与 zk 服务进行交互。

```
lihaodeMacBook-Pro:bin lihao$ ./zkCli.sh -server 127.0.0.1:2182
Connecting to 127.0.0.1:2182
……
Welcome to ZooKeeper!
……
```

1. help

help 命令会输出 zk 支持的所有命令。

```
>>[zk: 127.0.0.1:2182(CONNECTED) 0] help
>>ZooKeeper-server host:port cmd args
>>stat path [watch]
>>set path data [version]
>>ls path [watch]
>>delquota [-n|-b] path
>>ls2 path [watch]
>>setAcl path acl
>>setquota -n|-b val path
>>history
>>redocmdno
>>printwatches on|off
>>delete path [version]
>>sync path
>>listquota path
>>rmr path
>>get path [watch]
>>create [-s] [-e] path dataacl
>>addauth scheme auth
>>quit
>>getAcl path
>>close
>>connect host:port
```

2. Ls

查看指定路径下包含的节点。

```
>>[zk: localhost:2181(CONNECTED) 2] ls /
>>[zookeeper]
```

3. Create

创建一个节点，例如：

```
>>[zk: localhost:2181(CONNECTED) 3] create /zk mydata
>>Created /zk
```

以上命令创建一个/zk 节点，且其内容为"myData"。

4. get

显示指定路径下节点的信息，例如检查一下上面的/zk 节点是否创建成功。

```
>>[zk: localhost:2181(CONNECTED) 4] get / zk
>>mydata
>>cZxid = 0xb59
>>ctime = Thu Jun 30 11:13:24 CST 2016
>>mZxid = 0xb59
>>mtime = Thu Jun 30 11:13:24 CST 2016
>>pZxid = 0xb59
>>cversion = 0
>>dataVersion = 0
>>aclVersion = 0
>>ephemeralOwner = 0x0
>>dataLength = 6
>>numChildren = 0
```

可以看到/zk 节点的内容为 "myData"，且输出包含了 znode 的其他信息。

5. set

设置节点的内容，例如：

```
>>[zk: localhost:2181(CONNECTED) 6] set / zk "anotherData"
>>… …
>>[zk: localhost:2181(CONNECTED) 7] get / zk
>>"anotherData"
>>… …
```

6. delete

删除一个节点，例如：

```
>>[zk: localhost:2181(CONNECTED) 8] delete / zk
>>[zk: localhost:2181(CONNECTED) 9] get / zk
>>Node does not exist:/zk
```

以上就是 zk 客户端最常用的几个命令，从这几个命令也可以看到 zk 提供的 API 设计较为简单。

9.5　ZooKeeper API 操作

ZooKeeper 作为一个分布式的服务框架，主要用来解决分布式集群中应用系统的一致性问题。它能提供基于类似于文件系统的目录节点树方式的数据存储，但是 ZooKeeper 并不是用来专门存储数据的，它的作用主要是用来维护和监控所存储数据的状态变化，通过监控这些数据状态的变化，从而可以达到基于数据的集群管理。这里将介绍 ZooKeeper 的操作接口示例。

```
//使用客户端连接 ZooKeeper API
public class Test1{
private static String connectString = "192.168.1.97:2181";
private static intsessionTimeout = 99999;
public static void main (Sring[] args){
Watcher watcher = new Watcher(){
public void process (WatchedEvent arg0){
System.out.println("监听到的事件");
    }
};
try{
ZooKeeperz1 = new ZooKeeper(connectString,sessionTimeout,watcher);
System.out.println(z1);
byte[] data = z1.getData("/crxy",watcher,null);//获得值
System.out.println("获取的值为:"+new String(data));
z1.setData("/crxy", "xiaoming".getBytes(),-1);//设置值
z1.close();
}catch (Exception e){
e.printStackTrace();
    }
  }
}
```

【例 9-5】数据存储。

数据存储代码示例如下：

```java
public class Test2 {
    private static String connectString = "192.168.1.97:2181";
    private static int sessionTimeout = 9999;
    public static void main(String[] args) {
        try{
            //创建服务器连接
            ZooKeeper zooKeeper = new ZooKeeper(connectString,sessionTimeout,new Watcher(){
                //监控所有被触发的事件
                public void process(WatchedEvent event){
                    System.out.println(event.getType()+event.getPath());
                }
            });
            System.out.println(zooKeeper);
            //创建一个目录节点
            zooKeeper.create("/testRootPath","testRootData".getBytes(),Ids.OPEN_ACL_UNSAFE,CreateMode.PERSISTENT);
            //创建一个子目录节点
            //zooKeeper.create("/testRootPath/testChildPathOne","testChildDataOne".getBytes(),Ids.OPEN_ACL_UNSAFE,CreateMode.PERSISTENT);
            // zooKeeper.create("/testRootPath/testChildPathOne2","testChildDataOne2".getBytes(),Ids.OPEN_ACL_UNSAFE,CreateMode.PERSISTENT);
            System.out.println(new String(zooKeeper.getData("/testRootPath",false,null)));
            //取出子目录节点列表
            System.out.println(zooKeeper.getChildren("/testRootPath",true));
            //修改子目录节点数据
            zooKeeper.setData("/testRootPath/testChildPathOne","modifyChildDataOne".getBytes(),-1);
            System.out.println(new String(zooKeeper.getData("/testRootPath/testChildPathOne2",false,null)));
            System.out.println("目录节点状态:["+zooKeeper.exists("/testRootPath",true)+"]");
            //删除子目录节点
            // zooKeeper.delete("/testRootPath/testChildPathOne",-1);
            // zooKeeper.delete("/testRootPath/testChildPathOne2",-1);
            //删除父目录节点
            // zooKeeper.delete("/testRootPath",-1);
            zooKeeper.close();
        } catch (Exception e) {
            e.printStackTrace();
        }
    }
}
```

【例9-6】监控数据。

监控数据示例代码如下：

```java
public class Test3 {
    private static String connectString="192.168.1.97:2181,192.168.1.98:2181,192.168.1.99:2181";
    private static int sessionTimeout = 9999;
    public static void main(String[] args) {
        try {
            //创建服务器连接
            ZooKeeper zooKeeper = new ZooKeeper(connectString,sessionTimeout,new Watcher() {
                //监控所有被触发的事件
                public void process(WatchedEvent event) {
                    System.out.println(event.getType()+event.getPath());
```

```
    });
System.out.println(zooKeeper);
//持久的(以下代码只能执行一次)
//zooKeeper.create("/pp","".getBytes(),ZooDefs.Ids.OPEN_ACL_UNSAFE,CreateMode.PERSISTENT);
//持久有序的(在/pp下面增加一个节点,可以重复执行,父节点必须以/结尾)
//zooKeeper.create("/pp","".getBytes(),ZooDefs.Ids.OPEN_ACL_UNSAFE,CreateMode.PERSISTENT_SEQUENTIAL);
//临时的(临时的下面不能有子节点)
//zooKeeper.create("/ee","".getBytes(),ZooDefs.Ids.OPEN_ACL_UNSAFE,CreateMode.PERSISTENT);
//Thread.sleep(10000);
//临时有序的
zooKeeper.create("/pp","".getBytes(),ZooDefs.Ids.OPEN_ACL_UNSAFE,CreateMode.EPHEMERAL_SEQUENTIAL);
Thread.sleep(10000);//睡眠10s
zooKeeper.close();
}catch(Exception e){
e.printStackTrace();
    }
   }
 }
```

9.6 ZooKeeper 应用案例——Master 选举

Master 选举可以说是 ZooKeeper 最典型的应用场景了。比如 HDFS 中 Active NameNode 的选举、YARN 中 Active ResourceManager 的选举和 HBase 中 Active HMaster 的选举等。

针对 Mater 选举的需求,通常情况下,可以选择常见的关系型数据库中的主键特性来实现:希望成为 Master 的机器都向数据库中插入一条相同主键 ID 的记录,数据库会帮我们进行主键冲突检查,也就是说,只要有一台机器能插入成功,那么就认为向数据库中成功插入数据的客户端机器成为 Master。

利用 ZooKeeper 的强一致性,能够在分布式高并发情况下,创建的节点一定能够保证全局唯一性,即 ZooKeeper 将会保证客户端无法创建一个已经存在的 znode。也就是说,如果同时有多个客户端请求创建同一个临时节点,那么最终一定只有一个客户端请求能够创建成功。利用这个特性,就能很容易地在分布式环境中进行 Master 选举了。

9.6.1 使用场景及结构

现在很多时候我们的服务需要 7×24 小时工作,假如一台机器停止工作,希望能有其他机器顶替它继续工作。此类问题现在多采用 Master-Salve 模式,也就是常说的主从模式,正常情况下主机提供服务,备机负责监听主机状态,当主机异常时,可以自动切换到备机继续提供服务(这里类似于数据库跟备库,备库正常情况下只监听、不工作),这个切换过程中选出下一个主机的过程就是 Master 选举。

对于以上提到的场景,传统的解决方式是采用一个备用节点,这个备用节点定期给当前节点发送 ping 包,主节点收到 ping 包后会向备用节点发送应答 ack,当备用节点收到应答,就认为主节点还在工作,让它继续提供服务,否则就认为主节点挂掉了,自己将开始行使主节点职责,如图 9-4 所示。

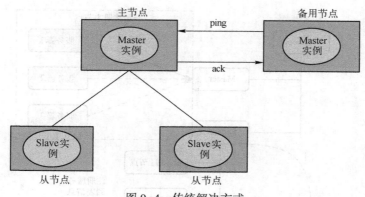

图 9-4 传统解决方式

但这种方式会存在一个隐患,就是网络故障问题,如图 9-5 所示。

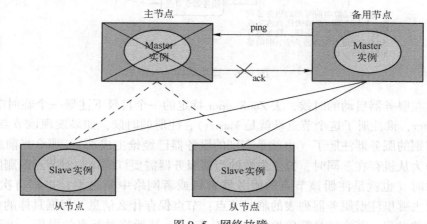

图 9-5 网络故障

也就是说,主节点并没有挂掉,只是在备用节点 ping 主机点,请求应答的时候发生网络故障,这样备用节点同样收不到应答,就会认为主节点挂掉,然后备机会启动自己的 Master 实例。这样就会导致系统中有两个主节点,也就是双 Master。出现双 Master 以后,从节点会将它做的事情一部分汇报给主节点,一部分汇报给备用节点,这样服务就乱套了。为了防止这种情况出现,可以考虑采用 ZooKeeper,虽然它不能阻止网络故障的出现,但它能保证同一时刻系统中只存在一个主节点。来看 ZooKeeper 是怎么实现的:在此处,抢主(争抢注册主节点)程序包含在服务程序中,需要程序员来手动写抢主逻辑。

ZooKeeper 自己在集群环境下的抢主算法有三种,可以通过配置文件来设定,默认采用 FastLeaderElection,不做赘述;此处主要讨论集群环境中,应用程序利用 Master 的特点,自己选主的过程。程序自己选主,每个人都有自己的一套算法,有采用"最小编号"的,有采用类似"多数投票"的,各有优劣,本书的算法仅做演示理解使用,其结构如图 9-6 所示。

结构图解释:左侧树状结构为 ZooKeeper 集群,右侧为程序服务器。所有的服务器在启动的时候,都会订阅 ZooKeeper 中 Master 节点的删除事件,以便在主服务器挂掉的时候进行抢主操作;所有服务器同时会在 Servers 节点下注册一个临时节点(保存自己的基本信息),以便于应用程序读取当前可用的服务器列表。

选主原理介绍:ZooKeeper 的节点有两种类型,持久节点与临时节点。临时节点有个特性,就是如果注册这个节点的机器失去连接,那么这个节点会被 ZooKeeper 删除。选主过程就是利

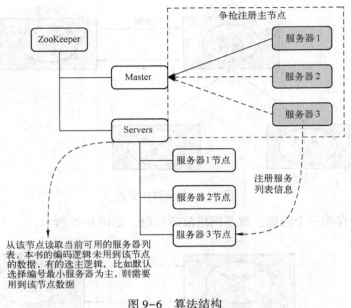

图 9-6　算法结构

用这个特性，在服务器启动的时候，去 ZooKeeper 特定的一个目录下注册一个临时节点（这个节点作为 Master，谁注册了这个节点谁就是 Master），注册的时候，如果发现该节点已经存在，则说明已经有别的服务器注册了（也就是有别的服务器已经抢主成功），那么当前服务器只能放弃抢主，作为从机存在。同时，抢主失败的当前服务器需要订阅该临时节点的删除事件，以便该节点删除时（也就是注册该节点的服务器宕机或者网络中断之类）进行再次抢主操作。从机具体需要去哪里注册服务器列表的临时节点，节点保存什么信息，根据具体的业务不同自行约定。选主的过程，其实就是简单地争抢在 ZooKeeper 注册临时节点的操作，谁注册了约定的临时节点，谁就是 Master。

需要注意的是，在本书的例子中，根据一定算法将任务分配到不同的机器上执行。这种情况下，主节点与从节点的职责也是不同的，主节点挂掉也会涉及从节点进行 Master 选举的问题。这种情况下，作为主节点需要知道当前有多少个从节点还活着，那么此时也需要用到 Servers 节点下的数据了。

算法架构如图 9-7 所示，左边区域代表 ZooKeeper 集群，右边代表三台工作服务器。

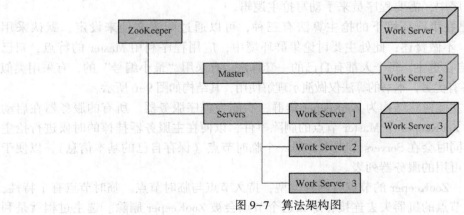

图 9-7　算法架构图

它们在各自启动过程中首先会去 ZooKeeper 集群的 Servers 节点下创建临时节点，并把自己的基本信息写入到临时节点，这个过程叫作服务注册。系统中的其他服务可以通过获取 Servers 节点的子节点列表来了解当前系统哪些服务器可用。这个过程叫作服务发现。

接着这些服务器会去尝试创建 Master 节点，谁能创建成功，谁就作为 Master 向外提供服务。其他机器作为 Slave，所有的 Slave 必须关注 Master 节点的删除事件。

一个临时节点在创建它的会话失效以后会自动被 ZooKeeper 删除掉，而创建会话的机器宕机会直接导致会话失效，可以通过监听 Master 节点的失效来了解 Master 节点是否宕机，一旦宕机，就必须发起新一轮的 Master 选举，新选举出的 Master 继续提供服务。

以上操作形成的程序主体流程如图 9-8 所示。

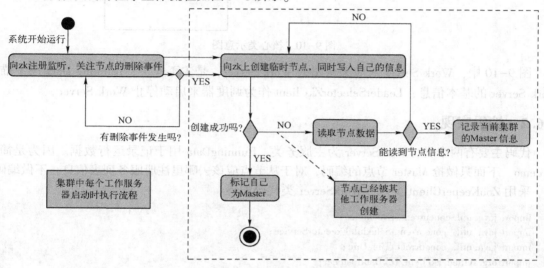

图 9-8　程序主体流程

Work Server 在启动的时候首先会注册监听 Master 节点的删除事件，紧接着会尝试创建 Master 节点，如果可以创建成功，说明自己就是 Master，如果不能则说明当前系统中 Master 节点已存在，其他机器争抢到了 Master 权利，这个时候可以读取 Master 节点的数据内容。如果可以读取成功，就把 Master 的基本信息放入自己的内存变量中；如果不能，说明在读取 Master 的瞬间 Master 宕机了。这时需要发起新一轮的 Master 选举来争抢 Master 权利。

应对网络抖动流程如图 9-9 所示。

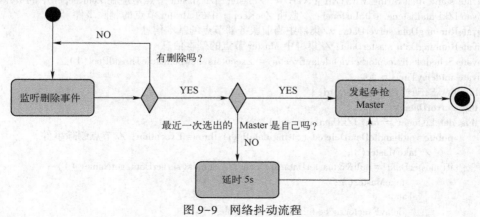

图 9-9　网络抖动流程

系统的核心类如图 9-10 所示。

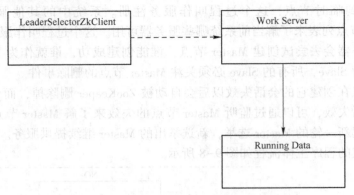

图 9-10 核心类示意图

图 9-10 中，Work Server 对应架构图的 Work Server，是主工作类；Running Data 用于描述 Work Server 的基本信息；LeaderSelectorZkClient 作为调度器来启动停止 Work Server。

9.6.2 编码实现

代码主要有两个类，WorkServer 为主服务类，RunningData 用于记录运行数据。因为是简单的 demo，下面只做抢 Master 节点的编码，对于从节点应该去哪里注册服务列表信息，不做编码。

采用 ZooKeeperClient 实现，WorkServer 类代码如下：

```
import java.util.concurrent.Executors;
import java.util.concurrent.ScheduleExecutorService;
import java.util.concurrent.TimeUnit;
import org.IOItec.zkclient.IZkDataListener;
import org.IOItec.zkclient.ZkClient;
import org.IOItec.zkclient.exception.ZkException;
import org.IOItec.zkclient.exception.ZkInterruptedException;
import org.IOItec.zkclient.exception.ZkNoNodeException;
import org.IOItec.zkclient.exception.ZkNodeExistsException;
import org.apache.zookeeper.CreateMode;
public class WorkServer{
    private volatile boolean running = false;//记录服务器运行状态
    privateZkClient zkClient;//开源客户端-zk 客户端
    private static final String MASTER_PATH = "/master";//Master 节点对应在 ZooKeeper 中的节点路径
    privateIZkDataListener dataListener;//监听 ZooKeeper 中的 Master 节点的删除事件
    privateRunningData serverData;//集群中当前服务器节点的基本信息
    privateRunningData masterData;//集群中 Master 节点的基本信息
    private ScheduledExecutorServicedelayExector = Executors.newScheduleThreadPool(1);
    private intdelayTime = 5;
    publicWorkServer(RunningData rd){
        this.serverData = rd;
        this.dataListener = new IZkDataListener(){
            public voidhandleDataDeleted (String dataPath) throws Exception{ //节点删除事件
                //takeMaster();
                if(masterData!=null&&masterData.getName().equals(serverData.getName()))){
                    takeMaster();
                }else{
                    delayExector.schedule (new Runnable (){
```

```java
                    public void run () {
                         takeMaster();
                    }
               }, delayTime, TimeUnit.SECONDS);
          }
     }
          public voidhandleDataChange ( String dataPath, Object data)
               throws Exception {//节点内容变化事件
     }
     };
}
publicZkClient getZkClient () {
     returnzkClient;
}
public voidsetZkClient (ZkClien zkClient) {
     this.zkClient = zkClient;
}
/**
 *服务 start 方法
 *@throws Exception
 */
public void start () throws Exception {
    if (running) {
       throw newEcxception("server has startup…");
    }
    Running = true;
    zkClient.subscribeDataChanges(MASTER_PATH, dataListener);
    takeMaster();
}
/**
 *服务 stop 方法
 *@throws Exception
 */
Public void stop () throws Exception {
     if (!running) {
         throw new Exception ("server hasstoped");
     }
running = false;
delayExector.shutdown ();
zkClient.unsubscribeDataChanges(MASTER_PATH, dataListener);
releaseMaster ();
   }
/**
 *争抢 Master 权利
 */
private voidtakeMaster () {
      if ( !running) {
          return;
      }
try {
        zkClient.create(MASTER_PATH, serverData, CreateMode.EPHEMERAL);
        masterData = serverData;
        System.out.println(serverData.getName() + " is master");
//以下代码作为演示,每隔5s释放Master权利
```

```java
            delayExector.schedule(new Runnable() {
                public void run() {
            if (checkMaster()) {
                    releaseMaster();
                }
            }
        }, 5, TimeUnit.SECONDS);
    } catch (ZkNodeExistsException e) {
        RunningData runningData = zkClient.readData(MASTER_PATH, true);
        if (runningData == null) {
            takeMaster();
        } else {
            masterData = runningData;
        }
    } catch (Exception e) {
//ignore;
    }
}
/**
 * 释放 Master 权利
 */
private void releaseMaster() {
    if (checkMaster()) {
        zkClient.delete(MASTER_PATH);
    }
}
/**
 * 检测是否是 Master
 */
private boolean checkMaster() {
    try {
        RunningData evenData = zkClient.readData(MASTER_PATH);
        masterData = eventData;
        if (masteData.getName().equals(serverData.getName())) {
            return true;
        }
        return false;
    } catch (ZkNodeException e) {
        return false;
    } catch (ZkInterruptedException e) {
        return checkMaster();
    } catch (ZkException e) {
        return false;
    }
}
}
```

RunningData 类:

```java
import java.io.Serializable;
public class RunningData implements Serializable {
    private static final long serialVersionUID = 4260577459043203630L;
    private Long cid;
    private String name;
    public Long getCid() {
        return cid;
```

```java
    }
    public void setCid(Long cid) {
        this.cid = cid;
    }
    public String getName() {
        return name;
    }
    public void setName(String name) {
        this.name = name;
    }
}
```

说明：在实际生产环境中，可能会由于插拔网线等因素导致网络短时的不稳定，也就是网络抖动。由于正式生产环境中可能 Server 在 zk 上注册的信息是比较多的，而且 Server 的数量也是比较多的，那么每一次切换主机，每台 Server 要同步的数据量（比如要获取谁是 Master，当前有哪些 Salve 等信息，具体视业务不同而定）也是比较大的。那么这种短时间的网络抖动最好不要影响系统稳定，也就是最好选出来的 Master 还是原来的机器，那么就可以避免在发现 Master 更换后，各个 Salve 因为要同步数据等导致的 zk 数据网络风暴。所以在抢主的时候，如果之前主机是本机，则立即抢主，否则延迟 5 s 抢主。这样就给原来主机预留出一定时间让其在新一轮选主中占据优势，从而利于环境稳定。

测试代码如下：

```java
import com.sql.zookeeper.common.ZooKeeperConstant;
import org.IOItec.zkclient.ZkClient;
import org.IOItec.zkclient.serialize.SerializableSerializer;
import java.io.BufferedReader;
import java.io.InputStreamReader;
import java.util.ArrayList;
import java.util.List;
public class LeaderSelectorZkClient{
//启动的服务个数
    private static final int CLIENT_QTY = 10;
    public static void main (String [] args) throws Exception{
//保存所有 zkClient 的列表
        List<ZkClient> clients = new ArrayList< ZkClient> ();
//保存所有服务的列表
        List<WorkServer> workServers = new ArrayList< WorkServer> ();
        try {
            for (int i=0; i<CLIENT_QTY; ++i){
//创建 zkClient
                ZkClient client = new ZkClient(ZooKeeperConstant. ZK_CONNECTION_STRING, 5000, 5000, new SerializableSerializer());
                clients.add(client);
//创建 serverData
                RunningData runningData = new RunningData();
                runningData.setCid(Long.valueOf(i));
                runningData.setName("Client #" + i);
//创建服务
                WorkServer workServer = new WorkServer(runningData);
                workServer.setZkClient(client);
                workServers.add(workServer);
                workServer.starrt();
```

```
        System. out. println("按 Enter 键退出！\n");
        newBufferedReader( new InputStreamReader (System. in) ).readLine( );
    } finally {
        System. out. println("Shutting down…");
        for (WorkServer workServer : workServers) {
            try {
                workServer. stop ( );
            } catch (Exception e) {
                e. printStackTrace( );
            }
        }
        for (ZkClient client : clients) {
            try {
                client. close( );
            } catch (Exception e) {
                e. printStackTrace( );
            }
        }
    }
}
```

两次测试，本地模拟 10 台 Server，不启用防止网络抖动和启用防抖动的两次测试结果分别如图 9-11 和图 9-12 所示。

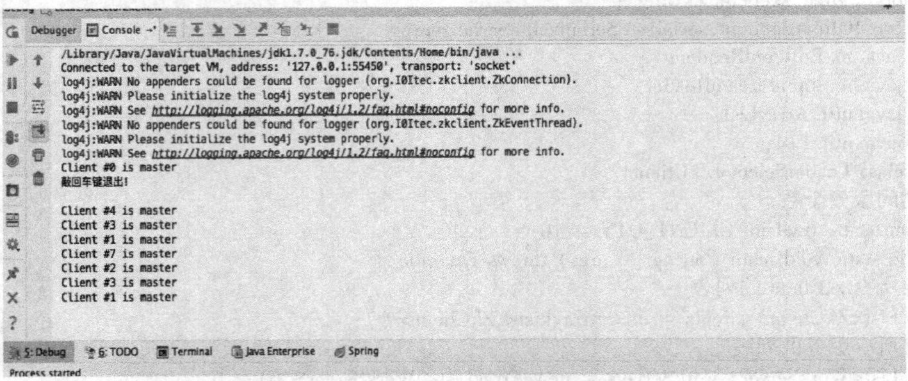

图 9-11　未启用防抖动结果

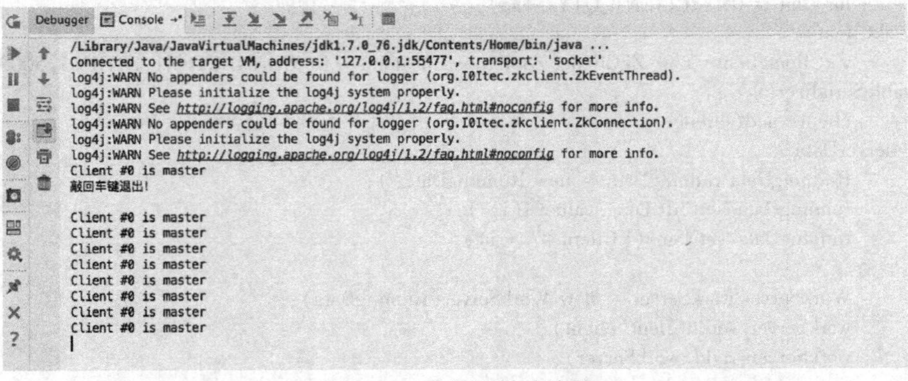

图 9-12　启用防抖动结果

可以看到，未启用的时候，断线后重新选出的主机是随机的，没有规律；启用防抖动后，每次选出的 Master 都是 ID 为 0 的机器。至此，已经通过编码实现了简单的 Master 选举。

9.7 本章小结

本章介绍了分布式协调系统 ZooKeeper，首先进行了简单的解释，说明什么是 ZooKeeper 以及它的一些特征和数据模型。接下来就是详细讲解如何安装和配置 ZooKeeper，然后介绍 ZooKeeper 的一些简单操作、使用这些命令时的操作步骤，以及 ZooKeeper API 的简单使用。接着介绍 ZooKeeper Shell 的操作及相关的服务命令和客户端命令。最后介绍了一个 Master 选举案例让大家更加深入地了解 ZooKeeper 的作用及应用。

9.8 习题

1. 简述 ZooKeeper 的定义及功能。
2. 简述 ZooKeeper 访问接口。
3. 简述 ZooKeeper 命令数据模型以及节点类型。
4. 说明 ZooKeeper API 的简单使用。
5. 简述 ZooKeeper 的工作原理。

第10章 销售数据分析系统

销售数据分析是在广泛收集各方面信息的基础上，运用各种定性和定量的分析方法，揭示企业业务发展的内在规律，为更好地开展营销销售工作服务。企业每天都产生大量的经营数据，这些数据反映了企业生产、销售以及用户资料等重要信息，通过对这些数据的分析，除了可以掌握企业自身的各种信息外，还可以了解用户的消费行为特征和某项业务的市场表现，预测其各方面的表现以指导企业的市场活动。

在当今激烈的竞争和复杂的动态市场环境下，正确及时的决策是企业生存和发展的重要环节。各式业务系统如 ERP 在企业中应用，使得企业的数据越来越多，如何把业务数据迅速转化成为对市场、对运营状况的认知，从而辅助企业决策，不断优化决策管理流程，提升对市场变化的响应能力，已经成为销售部门迫切需要解决的问题。

10.1 数据采集

WebCollector 是一个无需配置、便于二次开发的 Java 爬虫框架（内核），它提供精简的 API，只需少量代码即可实现一个功能强大的爬虫。WebCollector 是基于 Java 环境的爬虫框架，使用它需要用到 Java 环境，Eclipse、MySQL 数据库等组件。WebCollector 采用一种粗略的广度遍历，网络爬虫会在访问页面时，从页面中探索新的 URL，继续爬取。WebCollector 为探索新 URL 提供了两种机制，自动解析和手动解析。WebCollector-Hadoop 是 WebCollector 的 Hadoop 版本，支持分布式爬取。WebCollector-Hadoop 能够处理的量级高于单机版，具体数量取决于集群的规模。

10.1.1 在 Windows 下安装 JDK

JDK 是 Java 的开发工具包，其中包括开发工具、源代码、JRE。JRE 是 Java 运行时环境，包含了 Java 虚拟机、Java 基础类库，是运行 Java 程序所需要的软件环境。

首先在官网上下载 JDK：http://www.oracle.com/technetwork/java/javase/downloads/jdk8-downloads-2133151.html，选择下载 jdk-8u171-windows-x64.exe。

双击打开安装包进行安装，开始安装界面如图 10-1 所示。

单击"下一步(N)"按钮，用户可以更改安装位置。现修改为 E:\Java\jdk1.8.0_171\，随后单击"下一步(N)"按钮，选择目标文件位置，安装完成，如图 10-2 所示。

为了方便后续的操作，将 Java 的环境添加到系统环境变量内。

首先打开文件安装的位置，即文件夹 E:\Java\

图 10-1 JDK 安装界面

jdk1.8.0_171\下，然后进入\bin目录下，可以看到，其中有一个可执行文件为java.exe，如图10-3所示，将目标文件的绝对路径复制，本书安装的路径为E:\Java\jdk1.8.0_171\bin。

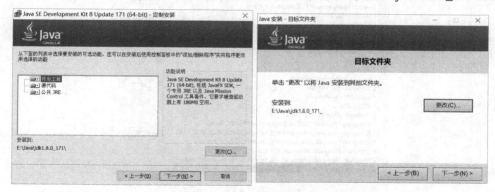

图10-2　JDK安装过程

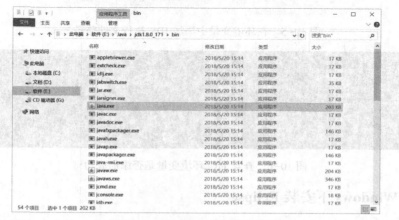

图10-3　JDK Java执行文件位置

之后右击"此电脑"图标，选择属性一栏，进入高级系统设置选项，在"高级"这一窗口中，选择环境变量，随后在系统变量中选择"Path"→"编辑"→"新建"，将刚刚所复制的目录粘贴到新建变量中，如图10-4、图10-5所示。

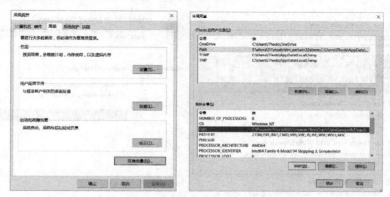

图10-4　配置JDK环境变量

之后可以打开DOS命令框，输入java来查看系统变量中已经成功加入了Java变量。出现图10-6所示内容表明已经成功添加了Java环境变量。

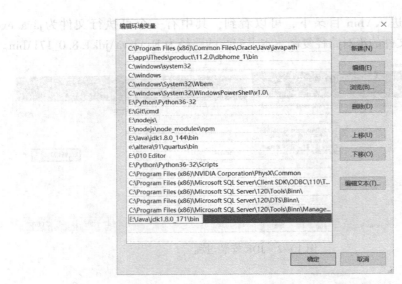

图 10-5 在环境变量中添加 JDK 执行文件路径

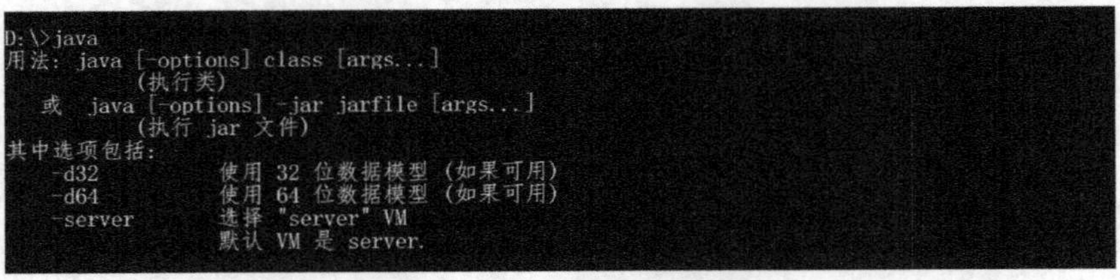

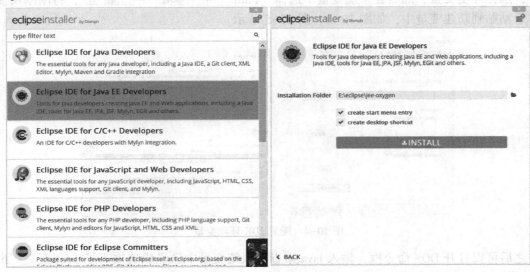

图 10-6 查看 Java 环境变量是否添加成功

10.1.2 在 Windows 下安装 Eclipse

首先在 Eclipse 官网（https://www.eclipse.org/downloads/）上下载，下载好安装程序后双击打开，选择安装 Eclipse IDE for Java EE Developers，之后选择安装路径即可，如图 10-7 所示。

图 10-7 安装 Eclipse

10.1.3 将 WebCollector 项目导入 Eclipse

在安装完成 Eclipse 之后，选择将 WeCollector 导入 Eclipse 中。

首先在官网（https://github.com/CrawlScript/WebCollector）中下载源码，之后解压到 Eclipse 的 workspace 文件夹下，然后解压。

然后打开图 10-7 所示的上一步安装的Eclipse，在主界面中选择 File→Import→General→Existing Projects into Workspace，在弹出的对话框中，单击 Select root directory 一栏的 "Browser" 按钮来选择 WebCollector 文件夹，然后单击"确定"按钮后即可打开 WebCollector 项目，如图 10-8 所示。

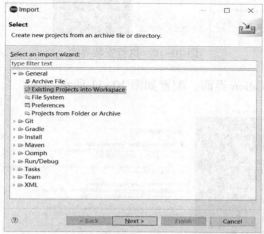

图 10-8　导入 Webcollector

10.1.4 在 Windows 下安装 MySQL

当使用 WebCollector 收集到数据之后，可以将数据放入 MySQL 中，接下来将介绍在 Windows 下安装 MySQL。

首先在官网 https://dev.mysql.com/downloads/installer/ 下载 mysql-installer-community-8.0.11.0.msi，然后双击打开安装程序。

安装程序界面如图 10-9 所示，选择接受然后单击"Next"按钮，直接安装默认配置，单击"Next"按钮，执行并完成安装，如图 10-10 所示。

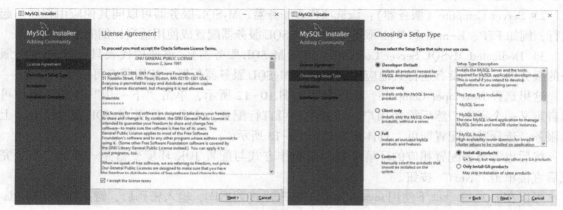

图 10-9　选择 MySQL 配置

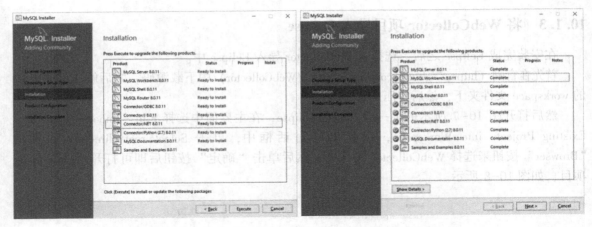

图 10-10　执行安装界面

之后进入 Group Replication 界面，配置如图 10-11 所示。

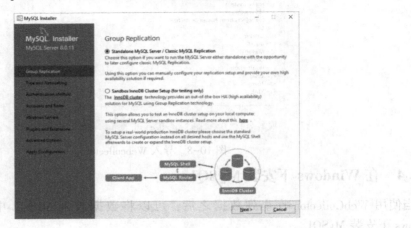

图 10-11　Group Replication 界面

单击 "Next" 按钮，之后有三种方式可供选择。

1) Developer Compute（开发机器）：该选项代表典型个人用桌面工作站，假定机器上运行着多个桌面应用程序。将 MySQL 服务器配置成使用最少的系统资源。

2) Server Compute（服务器）：该选项代表服务器、MySQL 服务器可以同其他应用程序一起运行，例如 FTP、E-mail 和 Web 服务器。将 MySQL 服务器配置成使用适当比例的系统资源。

3) Dedicated MySQL Server Compute（专用 MySQL 服务器）：该选项代表只运行 MySQL 服务的服务器。假定没有运行其他应用程序。将 MySQL 服务器配置成使用所有可用系统资源。

这里选择 Developer Compute，端口配置如图 10-12 所示，单击 "下一步" 按钮，用户可以自定义一个密码，然后添加用户，此处用户可自行配置。之后，配置 MySQL 在 Windows 上的服务，选择默认配置即可，具体配置如图 10-13 所示。

然后也需要去配置相应的环境变量，其操作方式与配置 JDK 环境变量是一样的。安装完成后直接单击 "Next" 按钮。

可以在 DOS 命令框下使用 mysql -uroot -p 来连接数据库，输入密码后，键入命令 show databases，结果如图 10-14 所示，说明 MySQL 可用。

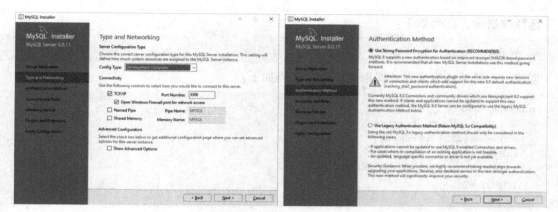

图 10-12 服务及端口配置

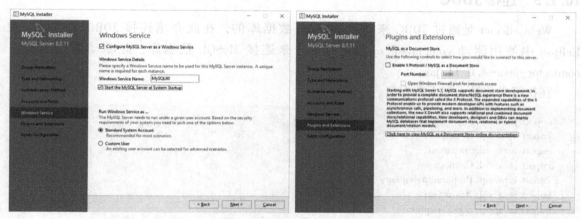

图 10-13 MySQL 服务配置

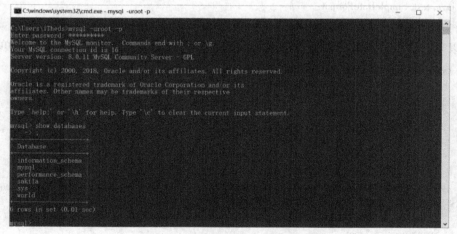

图 10-14 查看 MySQL 可用与否

之后建立一个专门用于存放抓取信息的数据库。

打开 MySQL Shell，创建数据库指定字符集。输入命令：

screate databae sp_db DEFAULT CHARACTER SET gbk COLLATE gbk_chinese_ci;

选择数据库,代码如下:

```
use sp_db;
```

创建一个简单的表来存放抓取的信息,代码如下:

```
create table spider(
    id int not null auto_increment,
    urlvarchar(255) default null,
    titlevarchar(255) default null,
    contentvarchar(255) default null,
    primary key (id)
);
```

10.1.5 连接 JDBC

WebCollector 是通过 JDBC 来访问 MySQL 数据库的,在此介绍连接 JDBC 的方式。在 Eclipse 中使用驱动 com.mysql.cj.jdbc.Driverl 来连接 MySQL 数据库,此驱动需要 mysql-connector-java-8.0.11.jar。

在执行类前导入如下数据包。

```
import java.sql.DriverManager;
import java.sql.ResultSet;
import java.sql.Statement;
import java.sql.Connection;
import java.sql.PreparedStatement;
import java.sql.ResultSet;
import java.sql.SQLException;
import java.text.DateFormat;
import java.text.ParseException;
import java.text.SimpleDateFormat;
import java.util.Date;
```

构造以下方法,将抓取的数据以形参的方式通过此方法存入数据库中,在此简单演示抓取 url、title、content 三个数据并且放入数据库中。

```
public static void doit(int id,Stringurldata,String title, String content){
        //声明 Connection 对象
        Connection con = null;
        //驱动程序名
        String driver = "com.mysql.cj.jdbc.Driver";
        //URL 指向要访问的数据库名 mydata
        String url = "jdbc:mysql://localhost:3306/sp_db?useUnicode=true&characterEncoding=utf-8&useSSL=false&serverTimezone=GMT";
        //MySQL 配置时的用户名
        String user = "root";
        //MySQL 配置时的密码
        String password = "********";
        //遍历查询结果集
        try{
    Class.forName(driver);
            //1. getConnection()方法,连接 MySQL 数据库\
```

```java
                con = DriverManager.getConnection(url,user,password);
                if(!con.isClosed())
                    System.out.println("Succeeded connecting to the Database!");
                //2. 创建statement类对象,用来执行SQL语句\
                Statement statement = con.createStatement();
    PreparedStatement psql;
    //预处理添加数据,其中有四个参数--"?"
    psql = con.prepareStatement("insert into spider (id,url,title,content) " + "values(?,?,?,?)");
    psql.setInt(1, id);
    psql.setString(2, urldata);             //设置参数1,创建ID
    psql.setString(3, title);               //设置参数2
    psql.setString(4, content);
    psql.executeUpdate();                   //执行更新
    psql.close();
    con.close();
            }catch(ClassNotFoundException e){
                //数据库驱动类异常处理
                System.out.println("Sorry,can't find the Driver!");
                e.printStackTrace();
                }catch(SQLException e){
                //数据库连接失败异常处理
                e.printStackTrace();
                }catch (Exception e){
                // TODO: handle exception
                e.printStackTrace();
            }finally{
                System.out.println("\n数据入库成功\n");
            }
        }
    }
```

10.1.6 运行爬虫程序

在 Eclipse 中打开 AutoNewsCrawler.java 文件或者 ManualNewsCrawler.java 文件,单击"Run"按钮开始运行,运行结束后结果如图 10-15 所示,使用命令 select * from spider 在 MySQL 中查看,如图 10-16 所示。

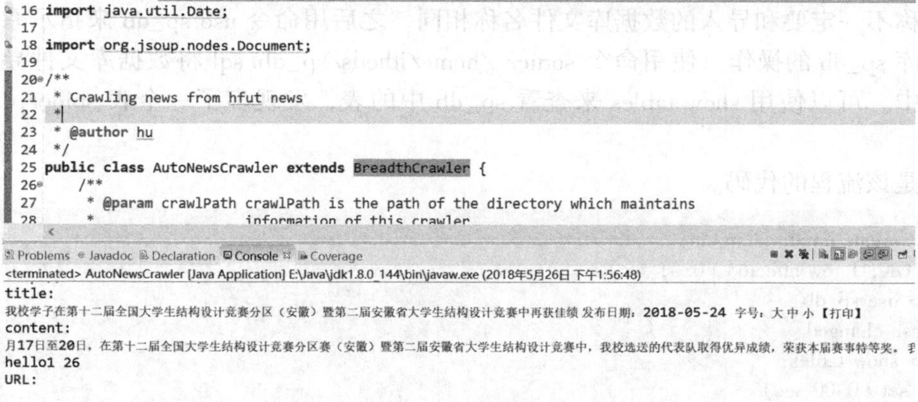

图 10-15 在 Eclipse 上查看运行结果

图 10-16　查看抓取信息是否录入到数据库

10.2　在 HBase 集群上准备数据

WebCollector 得以运行之后就可以将抓取的信息导入 Hadoop 平台进行分析了。在此，将在 WebCollector 采集到的数据导入到 Linux 下的 MySQL 中，然后将数据导入到 HBase 表里面。在实时应用中，可以直接在服务器端或者 Linux 的主机上进行安装配置。

10.2.1　将数据导入到 MySQL

首先将数据库从 Windows 中的 MySQL 中导出，在 DOS 命令窗口进入到 MySQL workbench 文件夹 C:\Program Files\MySQL\MySQL Workbench 8.0 CE 中，执行命令\mysqldump -u root -p sp_db>D:/sp_db.sql，执行后会提示输入 MySQL 密码，将 root 用户有控制权限的数据库 sp_db 导出到 D：盘下保存为 sp_db.sql 文件，如图 10-17 所示。

图 10-17　数据库导出

之后将资源文件直接复制到 CentOS 上的用户文件夹 itheds 下。首先在 MySQL 中使用命令 create database sp_db 来创建一个存放数据库 sp_db.sql 的空数据库，需要说明的是，这个空数据库的名称不一定要和导入的数据库文件名称相同。之后用命令 use sp_db 来指示系统接下来针对数据库 sp_db 的操作。使用命令 soruce /home/itheds/sp_db.sql 将数据库文件导入到数据库 sp_db 中。可以使用 show tables 来查看 sp_db 中的表，发现多了一个表 spider，说明导入成功。

以下是该流程的代码。

```
mysql> create database sp_db;
Query OK, 1 row affected (0.41 sec)
mysql> use sp_db
Database changed
mysql> show tables;
Empty set (0.00 sec)
mysql> source /home/itheds/sp_db.sql;
Query OK, 0 rows affected (0.00 sec)
```

```
......
......
Query OK, 0 rows affected (0.00 sec)
mysql> show tables;
+------------------+
| Tables_in_sp_db  |
+------------------+
| spider           |
+------------------+
1 row in set (0.00 sec)
mysql>
```

10.2.2 将 MySQL 表中的数据导入到 HBase 表中

将 Linux 中的数据导入到 HBase 表中有三种方法，使用 SQL 导入、使用 Java API 导入、使用 import Tsv 导入，在这里介绍使用 SQL 导入。

首先启动 HBase 集群，进入 HBase Shell，创建列族名为 f1，名称为 PINGJIA.SPIDER 的列表。输入命令：

```
create 'PINGJIA.SPIDER' , 'f1'
```

之后通过 Sqoop 来将 MySQL 中的数据导入到 HBase 的 PINGJIA.SPIDER 表中，进入 Sqoop 的安装目录 sqoop-1.4.6.bin_hadoop-2.G.4-alpha 的 bin 目录下，执行命令：

```
sqoop import --connect jdbc:mysql://192.168.1.100:3306/sp_db -username root -P --table spider --hbase-table PINGJIA.SPIDER --columnfamily f1 --hbase-row-key id --hbase-create-table -m 1
```

利用驱动 JDBC 来将 MySQL 中的数据库 sp_db 的表 spider 导入 HBase 中的表 PINGJIA.SPIDER。之后打开 HBase 中的 PINGJIA.SPIDER 表来查看是否已经将数据录入。登入 HBase Shell，执行命令 count 'PINGJIA.SPIDER'，如果在最后显示的记录数量和 spider 表中的数量相同，则表明导入成功。

10.3 安装 Phoenix 中间件

Phoenix 是构建在 HBase 之上、使用标准的 SQL 操作 HBase 的关系数据库引擎，可以进行联机事务处理，拥有低延迟的特性。Phoenix 会把 SQL 编译成一系列的 HBase 的 scan 操作，然后把 scan 结果生成标准的 JDBC 结果集，其底层使用了 HBase 的 API、协处理器、过滤器，在处理千万级行的数据时优势明显。

10.3.1 Phoenix 架构

Phoenix 最早是 saleforce 的一个开源项目，后来成为 Apache 基金的顶级项目，Phoenix 架构如图 10-18 所示。

Phoenix 完全使用 Java 编写，作为 HBase 内嵌的 JDBC 驱动。Phoenix 查询引擎会将 SQL 查询转换为一个或多个 HBase 扫描，并编排执行以生成标准的 JDBC 结果集。直接使用 HBase API、协同处理器与自定义过滤器，对于简单查询来说，其性能量级是毫秒，对于百万级别的行数来说，其性能量级是秒。

HBase 的查询工具有很多，如 Hive、Tez、Impala、Spark SQL、Phoenix 等。

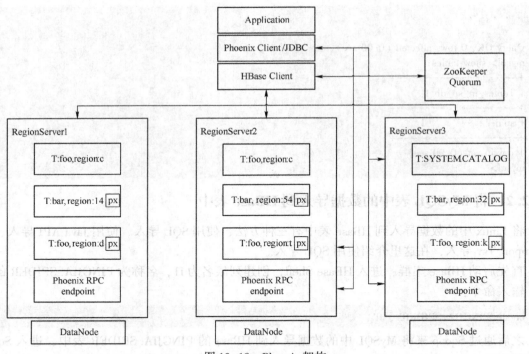

图 10-18　Phoenix 架构

Phoenix 通过以下方式使得可以少写代码，并且性能比自己写代码更好。将 SQL 编译成原生的 HBase scans，确定 scan 关键字的最佳开始和结束，让 scan 并行执行。

10.3.2　解压安装 Phoenix

安装 Phoenix 的前提是 Hadoop 集群、ZooKeeper、HBase 都安装成功。先到官网（http://phoenix.apache.org/）上把安装包下载下来，官网如图 10-19 所示。

图 10-19　JDK Phoenix 官方网站

然后将该文件复制到 Master 节点的 "/home/csu/" 目录下，执行如下解压缩命令。

```
tar -zxvf apache-phoenix-4.9.0-HBase-1.2-bin.tar.gz
```

解压缩完毕，系统自动生成 Phoenix 主安装目录，读者可以进入该目录查看文件内容。

10.3.3 Phoenix 环境配置

1. 修改 Linux 环境变量

执行"vim /home/csu/.bash_profile"命令,将如下代码放进 .bash_profile 文件。

```
export PHOENIX_HOME=/home/csu/apache-phoenix-4.9.0-HBase-1.2-bin
export PATH=$PHOENIX HOME/bin:$PATH
```

输入完毕,保存并退出 vim 编辑器。

执行"source/home/csu/.bashj_profile"命令,使上述配置生效。

2. 复制依赖库

HBase 在与 Phoenix 结合中,需要利用对应的依赖包,文件如下。

```
phoenix-4.9.0-HBase-1.2-client.jar
phoenix-4.9.0-HBase-1.2-server.jar
phoenix-core-4.9.0-HBase-1.2.jar
```

将上述文件复制到 Master 和 Slave 节点上的 HBase lib 目录中。首先进入 Phoenix 安装目录,然后执行复制命令。

```
cp phoenix-4.9.0-HBase-1.2-client.jar /home/csu/hbase-1.2.4/lib/
```

其他两个文件的复制命令类似。

```
cp phoenix-4.9.0-HBase-1.2-server.jar /home/csu/hbase-1.2.4/lib/
cp phoenix-core-4.9.0-HBase-1.2.jar /home/csu/hbase-1.2.4/lib/
```

本书示例有 Slave0 和 Slave1 这两个安装了 HBase region server 的节点,因此要进行两批复制。复制到 Slave0 的命令如下。

```
scp -r phoenix-4.9.0-HBase-1.2-client.jar csu@slave0:/home/csu/hbase-1.2.4/lib/
```

其他两条命令的输入类似。

```
scp -r phoenix-4.9.0-HBase-1.2-server.jar csu@slave0:/home/csu/hbase-1.2.4/lib/
scp -r phoenix-core-4.9.0-HBase-1.2.jar csu@slave0:/home/csu/hbase-1.2.4/lib/
```

3. 重启 HBase 集群

进入 Master 节点的 HBase 安装目录,执行如下命令。

```
bin/stop-hbase.sh
bin/start-hbase.sh
```

10.3.4 使用 Phoenix

1. Phoenix Shell 基本命令

要进入 Phoenix Shell 的前提是启动 Hadoop 和 HBase。在 Hadoop 和 HBase 启动条件下,执行如下命令进入 Phoenix Shell。

```
bin/sqlline.py 192.168.1.125:2181
```

其中 192.168.1.100 是 Phoenix 的安装节点 IP 地址,2181 是连接端口号。其实,启动 Phoenix Shell,本质上是 Phoenix 通过 JDBC 与 HBase 的连接。

启动 Phoenix Shell 时出现异常的主要原因可能如下。

1）可能是ZooKeeper没有启动，无论是HBase自带的ZooKeeper还是独立安装的ZooKeeper，只有能够确保正常启动才能使用Phoenix。

2）执行命令"./sqlline.py"时，后面使用了主机名或localhost。因为配置上的不同，部分使用者采用主机名会报错，这是因为使用者的Hadoop配置中没有包含主机名与IP地址的映射。如果使用主机名或localhost报错，可以改用IP地址尝试。

3）Phoenix和HBase兼容问题。apache-phoenix-4.9.0-HBase-1.2-bin.tar.gz文件名中包含了Phoenix和HBase版本号，这表明了它们之间的版本兼容性配置。如果安装的HBase版本与Phoenix中间件版本不匹配，就有可能会出现兼容性的问题。

4）Phoenix的依赖包没有被复制到HBase的lib目录下。

进入Phoenix Shell后，就可以输入命令使用Phoenix了。可以输入help命令查看Phoenix Shell命令列表，注意：所有的命令都是以"；"结尾的。

2. 在Phoenix中创建表

下面在Phoenix中创建"PINGJIA.SPIDER"表，该表与HBase中的PINGJIA.SPIDER表对应。在Phoenix Shell提示符下执行如下命令。

```
create table PINGJIA.SPIDER(
idvarchar primary key,
"f1"."platform"varchar,
"f1"."xinhao"varchar,
"f1"."title"varchar,
"f1"."content"varchar,
"f1"."memberlevel"varchar,
"f1"."formplaform"varchar,
"f1"."area"varchar,
"f1"."usermpression"varchar,
"f1"."color"varchar,
"f1"."price"varchar,
"f1"."productSize"varchar,
"f1"."creationSize"varchar,
"f1"."zhuaqutime"varchar,
"f1"."lable"varchar);
```

输入完毕按〈Enter〉键后，系统开始执行上述命令。等待片刻后，即可看到执行成功后的显示信息。

Phoenix本质上是一种HBase的查询工具。在Phoenix中创建表，实际上是通过JDBC建立与HBase表的一个连接，而数据仍然是存储在HBase中的，现在可以通过Phoenix操作HBase表了。因此，这就要求Phoenix中创建的表与用户所希望操作的HBase表存在对应关系，而且这种对应必须完全一致，比如说，Phoenix中创建的表与用户所希望操作的HBase表中的表名必须相同，并且大小写也要一致，字段名也要完全一致。

HBase的查询工具有很多，除了Phoenix外，还有Hive、Tez、Impala和Spark SQL等。这里之所以介绍Phoenix，主要目的还是向读者展示Phoenix的应用。不过，Phoenix在众多的查询软件中具有它自己的优势，可以在生产应用中多加以考虑。

10.4 基于Web的前端开发

Web前端开发技术主要包括三个要素：HTML、CSS和JavaScript。它要求前端开发工程师不仅要掌握基本的 Web 前端开发技术、网站性能优化、SEO 和服务器端的基础知识，而且要学会运用各种工具进行辅助开发以及理论层面的知识，包括代码的可维护性、组件的易用性、分层语义模板和浏览器分级支持等。

10.4.1 将 Web 前端项目导入 Eclipse

在开始之前要做一下准备工作，首先单击 Help/Install New Software…，在 Workwith 中找到 eclipse – http：//download. eclipse. org/releases/kepler，然后在 Web、XML、JavaEE and OSGi Enterprise Development 前打勾，继续要做的就是采用默认安装步骤，最后单击"Finish"完成，具体操作如图 10-20、图 10-21 所示。

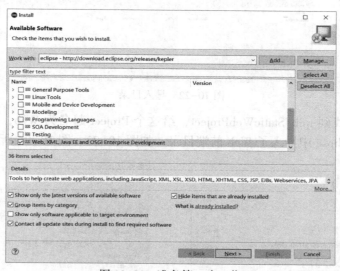

图 10-20　准备第一步工作

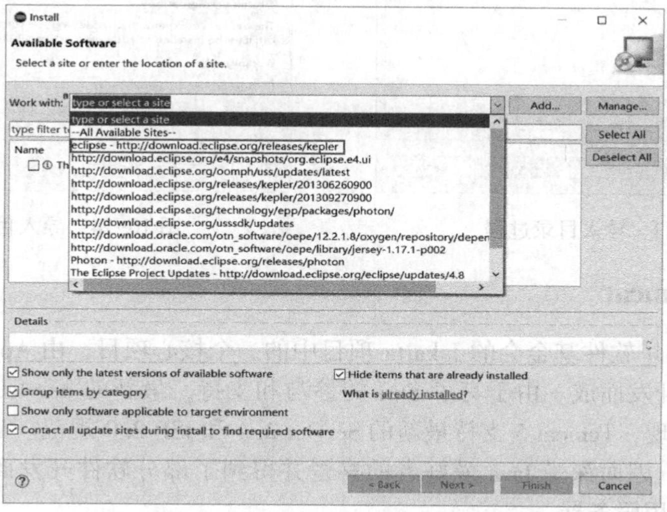

图 10-21　使用准备工作

这一步非常重要，其中包括很多要用到的东西。现在将 Web 目录导入到 Eclipse 当中。首先在 Eclipse 主界面中单击"File/New"，然后选择"Others"，或者直接使用快捷键〈Ctrl+N〉，如图 10-22 所示。

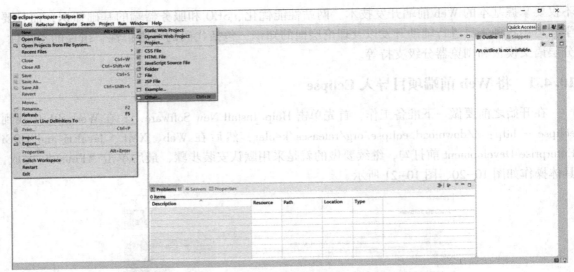

图 10-22　导入目录

然后在菜单中找到 web/StaticWebProject，给这个 Project 起名为 Web，然后单击"Finish"按钮，这样就在 Eclipse 中导入了 Web 前端目录，如图 10-23、图 10-24 所示。

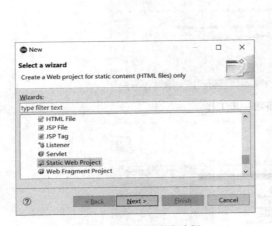

图 10-23　导入目录过程

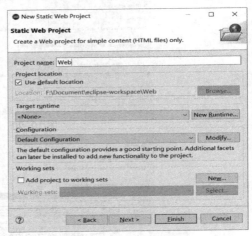

图 10-24　导入目录结果

10.4.2　安装 Tomcat

Tomcat 是 Apache 软件基金会的 Jakarta 项目中的一个核心项目，由 Apache、Sun 和其他一些公司及个人共同开发而成。由于有了 Sun 的参与和支持，最新的 Servlet 和 JSP 规范总是能在 Tomcat 中得到体现，Tomcat 5 支持最新的 Servlet 2.4 和 JSP 2.0 规范。Tomcat 技术先进、性能稳定，而且免费，因而深受 Java 爱好者的喜爱并得到了部分软件开发商的认可，成为目前比较流行的 Web 应用服务器。

Tomcat 服务器是一个免费的开放源代码的 Web 应用服务器，属于轻量级应用服务器，在中小型系统和并发访问用户不是很多的场合下被普遍使用，是开发和调试 JSP 程序的首选。对于一个初学者来说，可以这样认为，当在一台机器上配置好 Apache 服务器后，可利用它响应 HTML（标准通用标记语言下的一个应用）页面的访问请求。实际上 Tomcat 是 Apache 服务器的扩展，但运行时它是独立运行的，所以当运行 Tomcat 时，它实际上是作为一个与 Apache 独立的进程单独运行的。

以上关键是当配置正确时，Apache 为 HTML 页面服务，而 Tomcat 实际上运行 JSP 页面和 Servlet。另外，Tomcat 和 IIS 等 Web 服务器一样，具有处理 HTML 页面的功能，另外它还是一个 Servlet 和 JSP 容器，Tomcat 的默认模式是独立的 Servlet 容器。不过，Tomcat 处理静态 HTML 的能力不如 Apache 服务器。

Tomcat 的官方网站（http://tomcat.apache.org/）提供了多个版本的 Tomcat 的安装，如图 10-25 所示。

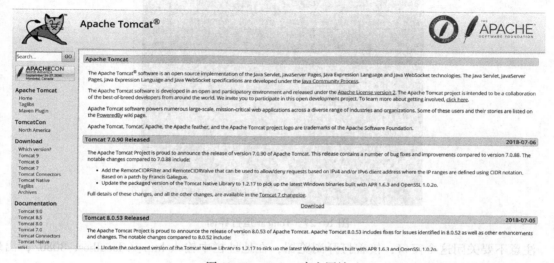

图 10-25　Tomcat 官方网站

进入如下界面，本书选择 64bit-Windows 版本进行示例安装，如图 10-26 所示。

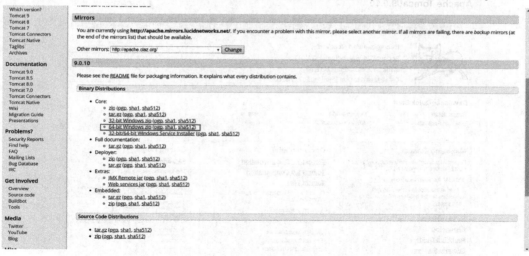

图 10-26　Tomcat 下载安装

下载完成后，将下载的压缩包解压到 C 盘（可任意选择解压路径）。这时还应该配置需要的环境变量。

将下面的两个 XX_HOME 添加到环境变量中。

1. 变量名：CATALINA_HOME
   变量值：C:\apache-tomcat-9.0.10（Tomcat 安装目录）
2. 变量名：JRE_HOME
   变量值：C:\Program Files\Java\jre-10.0.1（JRE 安装目录）

完成后，进入 Tomcat 的安装目录下的/bin/，运行其中的 startup.bat，会出现如图 10-27 所示界面。

图 10-27　Tomcat 运行界面

注意不要关闭这个窗口，接着打开浏览器，在地址栏中输入 http://localhost:8080/，出现图 10-28 所示界面即代表安装成功。

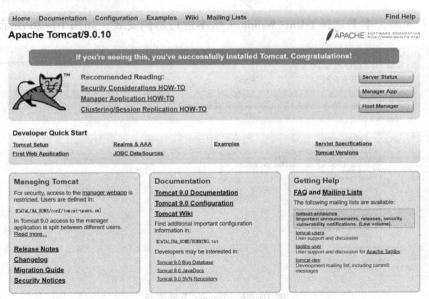

图 10-28　Tomcat 安装成功

10.4.3　在 Eclipse 中配置 Tomcat

打开 Eclipse 后，选择工具栏中的 Windows/Preferences，如图 10-29 所示。

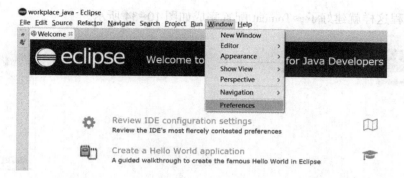

图 10-29 添加 Server

然后在弹出的窗口中找到 Serve/Runtime Environments，找到合适的 Tomcat 版本，然后单击"Finish"按钮，在 Tomcat installation directory 下方的输入框中输入 Tomcat 的安装路径，再单击"Finish"按钮，这样，在 Eclipse 中配置 Tomcat 就完成了。如图 10-30~图 10-33 所示。

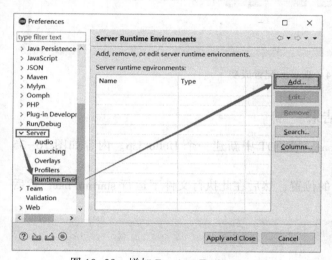

图 10-30 增加 Runtime Environments

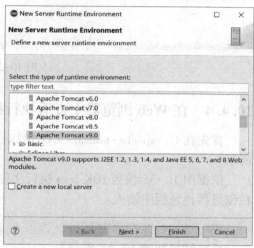

图 10-31 选择 Tomcat 版本（配置过程中）

图 10-32 新建项目

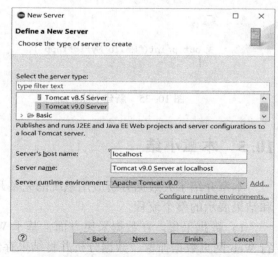

图 10-33 选择 Tomcat 版本（配置完成后）

Tomcat 工程这样就建好了，Tomcat 配置完成如图 10-34 所示。

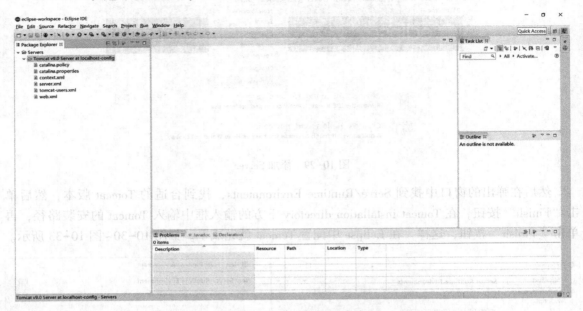

图 10-34 Tomcat 配置成功

10.4.4 在 Web 浏览器中查看执行结果

首先在 C:\apache-tomcat-9.0.10\webapps\ROOT 中新建一个 Hello.jsp。内容如图 10-35 所示。

依据图 10-35 找到 JDK java 执行文件的位置，然后在此执行文件下运行 startup.bat，然后在浏览器地址栏中输入：

http://localhost:8080/Hello.jsp

执行结果如图 10-36 所示。

图 10-35 新建 Hello.jsp   图 10-36 执行结果

10.5 本章小结

本章介绍了大数据分析应用系统的完整开发过程，涵盖了数据采集、数据分析、数据转换和结果展示的整个流程。

1）数据采集。在数据采集方面，基于 WebCollector 爬虫系统的设计方法，展示了如何进行 Web 网页数据抓取、数据分析并将结果存储到 MySQL 数据库的基本实现过程。

2）数据存储。在有了数据之后，还需要将采集到的数据结果导入到 Hadoop 分析平台中存储。应用 Sqoop 组件，将采集到 MySQL 数据库中的数据导入到 HBase 集群。

3）数据计算。在数据进入 HBase 之后，需要开展基于 HBase 的大数据分析计算，但是在分析数据的时候，项目借助 Phoenix 中间件实现了对 HBase 数据的读取。这里有两个关键点需要理解：第一是 HBase 的列式存储和基于 KV 的查询，其大大提高了数据处理效率；第二是 HBase 中的数据采用了 NoSQL 模式，而分析系统则是基于传统结构化数据库模式的，所以使用 Phoenix 中间件，将 HBase 数据转换成标准的 SQL 分析数据。

4）数据分析和结果展示。实际上，在这个项目中，数据分析和展示是通过后台的 Java Servlet 程序实现的。

10.6 习题

一、填空题

1. Phoneix 架构是一种提供对于_____操作间接执行 SQL 语句的中间件，使用_____连接数据库。

2. 在 Hadoop 中，数据分析和展示通过后台的_____程序实现。

二、判断题

1. JDBC 是一种连接数据库的方式。

2. Tomcat 的运行需要依靠 Apache 服务。

第 11 章 交互式数据处理

交互式处理（Interactive Processing）是指操作人员和系统之间存在交互作用的信息处理方式。操作人员通过终端设备（可见输入输出系统）输入信息和操作命令，系统接到后立即处理，并通过终端设备显示处理结果。操作人员可以根据处理结果进一步输入信息和操作命令。系统与操作人员以人机对话的方式一问一答，直至获得最终处理结果。采用这种方式，程序设计人员可以边设计、边调整、边修改，使错误和不足之处及时得到改正和补充。特别对于非专业的操作人员，系统能提供提示信息，逐步引导操作者完成所需的操作，得出处理结果。这种方式和非交互式处理相比具有灵活、直观、便于控制等优点，因而被越来越多的信息处理系统所采用。

从本章开始，将重点转移到大数据处理本身上面来。归根结底，Hadoop 及其组件都是用来分析大数据的。本章首先展示如何在 Hadoop 平台上进行交互式数据处理，主要以 Hive 组件为基本工具，介绍相关方法的运用。

11.1 数据预处理

数据预处理（Data Preprocessing）是指在主要的处理以前对数据所进行的一些处理。如对大部分地球物理面积性观测数据在进行转换或增强处理之前，首先将不规则分布的观测网经过插值转换为规则网的处理，以利于计算机的运算。另外，对于一些剖面测量数据，如地震资料预处理，包括垂直叠加、重排、加道头、编辑、重新取样、多路编辑等。

数据预处理的主要方法类型有基于粗糙集理论的约简方法、基于概念树的数据浓缩方法、信息论思想和知识发现、基于统计分析的属性选取方法、遗传算法。而常见的数据预处理方法有：数据清洗、数据集成、数据变换和数据归约。

1）数据清洗（Data Cleaning）：数据清洗的目的不只是要消除错误、冗余和数据噪音。其目的是要将按不同的、不兼容的规则所得的各种数据集统一起来。

2）数据集成（Data Integration）：是将多文件或多数据库运行环境中的异构数据进行合并处理，解决语义的模糊性。该部分主要涉及数据的选择、数据的冲突问题以及不一致数据的处理问题。

3）数据变换（Data Transformation）：是找到数据的特征表示，用维变换或转换来减少有效变量的数目或找到数据的不变式，包括规格化、规约、切换和投影等操作。

4）数据规约（Data Reduction）：是在对发现任务和数据本身内容理解的基础上，寻找依赖于发现目标的表达数据的有用特征，以缩减数据模型，从而在尽可能保持数据原貌的前提下最大限度地精简数据量。其主要有两个途径：属性选择和数据抽样，分别针对数据库中的属性和记录。

为了保证实践的真实性，本章为读者提供了一个较大的数据文件，这就是 sogou.10w.utf8。该文件是大数据领域很有名的一个供研究用的数据文件，内容是 sogou 网络访问日志数据，该文件被众多研究和开发人员所采用，大家可以去 https://pan.baidu.com/s/19UQPWb5plMaf2NX6t5NGrw 下载该文件。

11.1.1 查看数据

构建系统前，需要了解如何进行数据相关的预处理，进入实验数据文件夹，以下的大部分操作均围绕该数据文件进行。首先进入实验数据所在文件夹，即执行"cd /home/sogou_data/resources"，然后通过 less 命令查看 sogou.10w.utf8 文件内容，如图 11-1 所示。

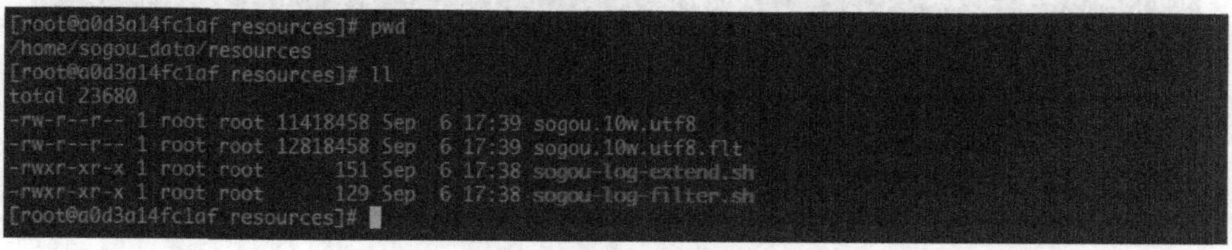

图 11-1 查看文件内容

Linux 中的 less 命令主要用来浏览文件内容，与 more 命令的用法相似。不同于 more 命令的是，less 可回滚浏览已经看过的部分，所以 less 的用法比 more 更灵活。在使用 more 的时候，用户不能向前面翻，只能往后面看，但是如果使用 less 命令，就可以配合 pageup 和 pagedown 等按键的功能，来回翻看文件，更方便浏览一个文件的内容。除此之外，利用 less 命令还可以进行向上和向下的搜索。图 11-2 所示给出了查看结果。读者可以运用刚才介绍的方法浏览文件。

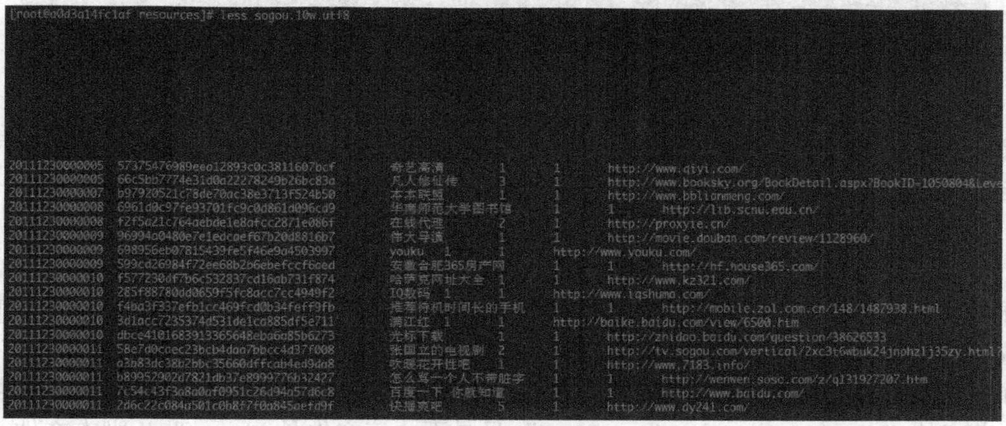

图 11-2 查看结果

现在主要关心的还是文件内容，sogou.10w.utf8 是一种 utf-8 格式的文件，这是一种文本类型的格式文件，它针对每个文字进行相应的编码，用双字节存储汉字，而英文单词和符号则用单字节存储。sogou.10w.utf8 文件很大，有 10 万条记录，每一条记录包括了访问时间、用户 ID、查询词、返回结果排序、用户单击的顺序号、用户单击的 URL，共计 6 个字段。字段与字段之间是通过一个"\t"（Tab）分割的。由于 sogou.10w.utf8 有 10 万条记录，所以这里只是查看一下部分内容，目的是让读者看看大数据文件到底是什么样子，没有必要从头看到尾。要终止上述查看，先按一下〈Esc〉键，接着按〈Enter〉键，再按〈q〉键即可。Linux 中 wc 命令的功能为统计指定文件中的行数、字数、字节数，并将统计结果显示输出。参数-l 表示统计行数，-w 表示统计字数，-c 表示统计字节数，如图 11-3 所示。

按〈Enter〉键后系统显示"100000 sogou.10w.utf8"。可见文件确实有 10 多万行。另一个

```
[root@a0d3a14fc1af resources]# ll
total 23680
-rw-r--r-- 1 root root 11418458 Sep  6 17:39 sogou.10w.utf8
-rw-r--r-- 1 root root 12818458 Sep  6 17:39 sogou.10w.utf8.flt
-rwxr-xr-x 1 root root      151 Sep  6 17:38 sogou-log-extend.sh
-rwxr-xr-x 1 root root      129 Sep  6 17:38 sogou-log-filter.sh
[root@a0d3a14fc1af resources]# wc -l sogou.10w.utf8
100000 sogou.10w.utf8
[root@a0d3a14fc1af resources]# wc -w sogou.10w.utf8
609109 sogou.10w.utf8
[root@a0d3a14fc1af resources]# wc -c sogou.10w.utf8
11418458 sogou.10w.utf8
[root@a0d3a14fc1af resources]# 
```

图 11-3　查看统计数、字数、字节数

有用的操作是 head 命令。有时候，用户希望截取文件的部分数据，head 命令就可以完成这个任务，如图 11-4 所示。

```
[root@a0d3a14fc1af resources]# ll
total 23680
-rw-r--r-- 1 root root 11418458 Sep  6 17:39 sogou.10w.utf8
-rw-r--r-- 1 root root 12818458 Sep  6 17:39 sogou.10w.utf8.flt
-rwxr-xr-x 1 root root      151 Sep  6 17:38 sogou-log-extend.sh
-rwxr-xr-x 1 root root      129 Sep  6 17:38 sogou-log-filter.sh
[root@a0d3a14fc1af resources]# head -200 sogou.10w.utf8 > sogou.200.utf8
[root@a0d3a14fc1af resources]# wc -l sogou.200.utf8
200 sogou.200.utf8
[root@a0d3a14fc1af resources]# 
```

图 11-4　截取文件的部分数据

按〈Enter〉键执行后，得到了一个 200 行的新数据文件 sogou. 200. utf8（文件名由用户自己决定，可以是任意的名字，如 sogou. ext）。读者也可以查看一下新文件的内容或行数。

11. 1. 2　数据扩展

很多时候用户希望扩展现有文件，例如增加新的字段，以便容纳更多的内容。下面就来扩展 sogou. 10w. utf8 文件，增加年、月、日、小时 4 个新字段。这样，扩展后的文件就有 10 个字段了。请读者首先到本章软件资源文件夹中，把一个名为 sogou-log-extend. sh 的文件复制到 Master 节点的“/home/sogou_data/resources/”目录下。该文件是 Linux Shell 脚本文件，里面的内容是扩展文件字段的命令。

文件复制到位后，请执行图 11-5 所示的命令。

```
[root@a0d3a14fc1af resources]# ll
total 11184
-rw-r--r-- 1 root root 11418458 Sep  6 17:39 sogou.10w.utf8
-rw-r--r-- 1 root root    22143 Sep  6 17:44 sogou.200.utf8
-rwxr-xr-x 1 root root      151 Sep  6 17:38 sogou-log-extend.sh
-rwxr-xr-x 1 root root      129 Sep  6 17:38 sogou-log-filter.sh
[root@a0d3a14fc1af resources]# ./sogou-log-extend.sh sogou.10w.utf8 sogou.10w.utf8.ext
[root@a0d3a14fc1af resources]# ll
total 23704
-rw-r--r-- 1 root root 11418458 Sep  6 17:39 sogou.10w.utf8
-rw-r--r-- 1 root root 12818458 Sep  6 17:46 sogou.10w.utf8.ext
-rw-r--r-- 1 root root    22143 Sep  6 17:44 sogou.200.utf8
-rwxr-xr-x 1 root root      151 Sep  6 17:38 sogou-log-extend.sh
-rwxr-xr-x 1 root root      129 Sep  6 17:38 sogou-log-filter.sh
[root@a0d3a14fc1af resources]# 
```

图 11-5　文件数据扩展

上述命令行中，bash 表示执行 bash shell 命令，sogou-log-extend.sh 就是执行对象，而源文件名（sogou.10w.utf8）和目标文件（sogou.10w.utf8.ext）则是参数。按〈Enter〉键后，系统会执行一段时间，最后得到一个含有 10 个字段的新数据文件 sogou.10w.utf8.ext。不妨用 less 命令查看一下其内容，如图 11-6 所示。

图 11-6　查看数据扩展后内容

可以看到每一行都增加了 4 个新字段，分别是年、月、日、小时，其内容是从第一个字段分离出来的。例如，第一个字段是"2011112300000005"，则新增加的 4 个字段就是"2007、08、09、10"。显然做这种扩展，目的是在将来进行统计分析的时候，操作更加方便快捷。

11.1.3　数据过滤

有时候需要过滤数据文件。通过分析可以看出，这 10 万条记录中，有的记录不是很完整，缺少了某一个或者某几个字段，这样得到的数据就不是很完整，因此，为了保留相对完整的记录，将这些记录中第 2 个或第 3 个字段为空的行过滤掉。同样，需要一个用于过滤处理的 bash shell 文件 sogou-log-filter.sh，将其复制到 Master 节点的 "/home/sogou_data/resources/" 目录下。注意 sogou-log-filter.sh 是有特定目标的，读者可以用任何文本编辑器打开 sogou-log-filter.sh 文件进行研究。把 sogou-log-filter.sh 文件复制到位后，请执行如图 11-7 所示的命令。

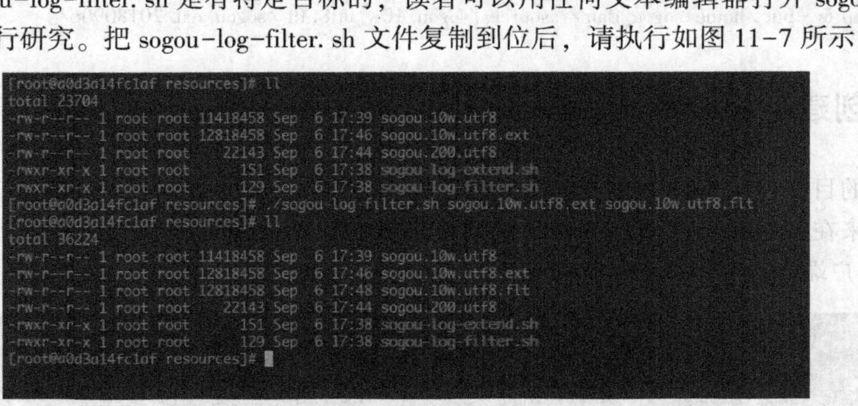

图 11-7　数据过滤命令

按〈Enter〉键后，系统开始进行过滤。这里需要耐心等待一下，因为处理 10 万条记录还是需要一点时间的。实际上 sogou.10w.utf8.ext 文件并没有字段为空的行，所以读者会看到过滤后得到的 sogou.10w.utf8.flt 文件与原来的 sogou.10w.utf8.ext 文件完全一样。这里主要还是为了给出一个过滤处理的命令，以便读者了解。

11.1.4 数据上传

由于是在 Hadoop 大数据平台上工作，所以需要将上述数据文件提交到 HDFS 上。首先确保已经启动了 Hadoop；然后在 HDFS 上创建 /sogou 目录，执行 "hadoop fs -mkdir /sogou"；最后创建 20180906 子目录，命令是 "hadoop fs -mkdir /sogou/20180906"，如图 11-8 所示。

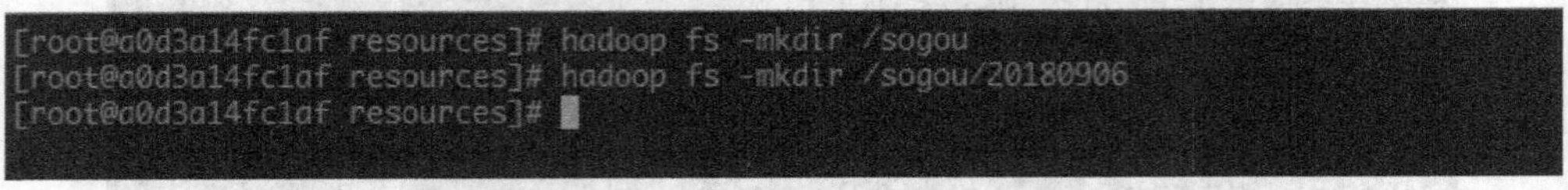

图 11-8　创建子目录

有了 "/sogou/20180906/" 目录，就可以将 sogou.10w.utf8 上传到 HFDS 里了，命令如图 11-9 所示。

图 11-9　上传命令

按〈Enter〉键后，系统开始上传 sogou.10w.utf8 文件。由于文件较大，需要等待片刻。传送完毕，可以查看一下 Hadoop 上的文件，查看命令如下。

>hadoop fs -ls /sogou/20180906

同理，也可以把过滤后得到的 sogou.10w.utf8.flt 文件上传到 HDFS 中，执行如下三条命令即可。

>hadoop fs -mkdir /sogou_ext
>hadoop fs -mkdir /sogou_ext/20180906
>hadoop fs -put /home/sogou_data/resources/sogou.10w.utf8.flt /sogou_ext/20180906/

11.2　创建数据仓库

本章的目标是在 Hive 中创建数据仓库，以便利用 Hive 的查询功能实现交互式应用。所以，接下来在 Hive 客户端进行操作。注意，要确保 Hadoop 和 MySQL 服务已经启动，然后进入 Hive 客户端，命令如图 11-10 所示。

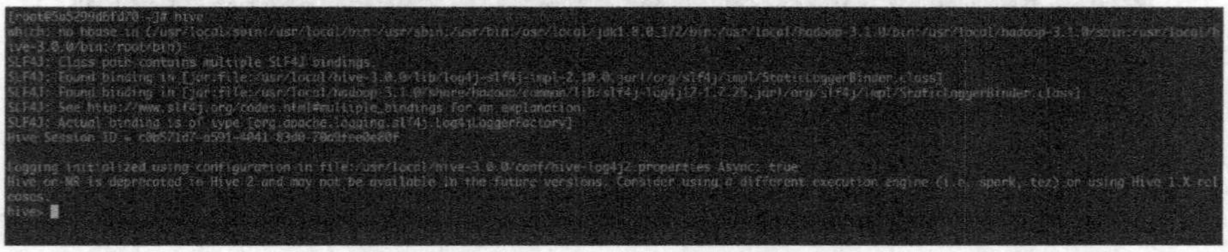

图 11-10　进入客户端

11.2.1 创建数据仓库的基本命令

先执行如下命令，尝试创建一个数据仓库，如图 11-11 所示。

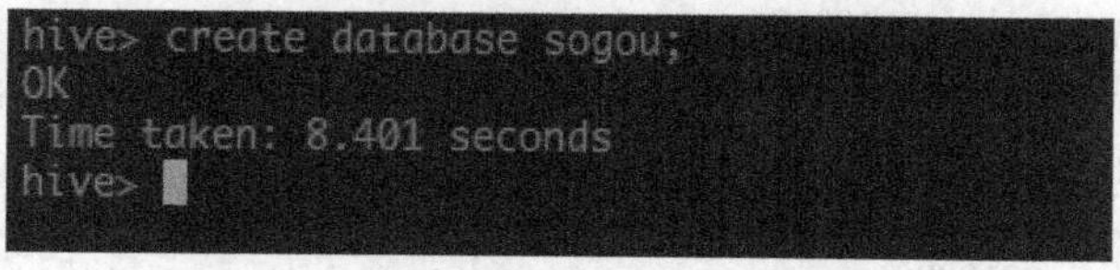

图 11-11 创建数据仓库

创建数据仓库后，可以打开数据仓库，输入执行命令：

use sogou;

查看数据仓库的表，使用如下命令：

show tables;

目前由于尚未创建任何表，所以查看结果是空的，仅仅看到"OK"和"Time taken：2.23 seconds"的提示，如图 11-12 所示。

图 11-12 创建成功

下面来创建一个外部表，命令如下。

>create external table sogou.sogou_20180906(ts string,uid string,keyword string,rank int,sorder int,url string)
>Row FORMAT DELIMITED
>FIELDS TERMINATED BY '\t'
>stored as TEXTFILE location '/sogou/20180906';

注意，一行命令以"；"号结束，命令关键字不区分大小写，例如"create"写成"CRE-ATE"，效果是一样的。另外，字段名不能与命令关键字混淆，例如，如果"ordering"写成了"order"，就会报错。

下面介绍 Hive 的基本操作。

查看数据库的命令是：

> show databases;

创建数据库的命令是：

> create databases sogou;

使用数据库的命令是：

> use sogou;

查看所有表名的命令是：

249

> show tables;

查看新创建的表结构的命令是:

> show create table sogou. sogou_20180906;
> describe sogou. sogou_20180906;

要删除已经创建的表的命令是:

> drop table sogou. sogou_20180906;

11.2.2 创建 Hive 区分表

上面实际是一个练习,下面正式创建一个表,命令如下。

>create external table sogou. sogou_ext_20180906
>(ts string,uid string,keyword string,rank int,sorder int,url string,year int,month int,day int,hour int)
>row format delimited
>fields terminated by '\t'
>stored as textfile location '/sogou_ext/20180906';

上述命令中,特别要注意,location 后面的"/sogou_ ext/20180906"就是在前面创建的 HDFS 目录,并且已经上传了 sogou.10w. utf8. flt 文件。接着创建带分区的表,命令如下。

>create external table sogou. sogou_partition
>(ts string,uid string,keyword string,rank int,sorder int,url string)
>partitioned by (year int,month int,day int,hour int)
>row format delimited
>fields terminated by '\t'
> stored as textfile;

为所见清楚,给出执行上述命令的截图,如图 11-13 所示。

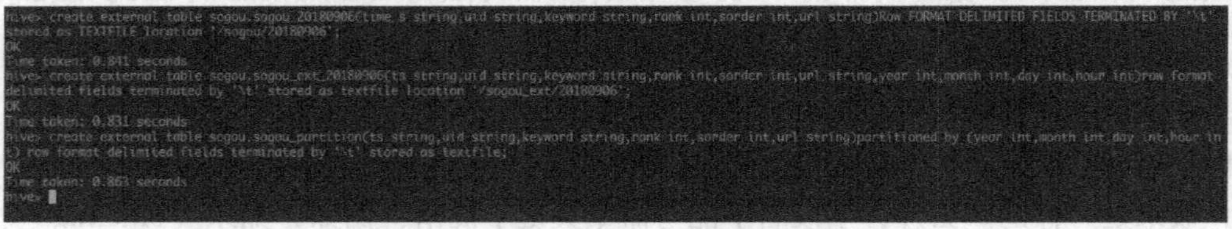

图 11-13 执行上述命令

向数据库中导入数据,命令如下。

>set hive. exec. dynamic. partition. mode=nonstrict;
>insert overwrite table sogou. sogou_partition partition(year,month,day,hour) select * from sogou. sogou_ext_20180906;

最后查询一下导入的数据,命令如下。

> select * from sogou. sogou_ext_20180906 limit 10;

查询结果如图 11-14 所示。

图 11-14 查询结果

11.3 数据分析

数据分析（Data Analysis）是指用适当的统计分析方法对收集来的大量数据进行分析，提取有用信息和形成结论而对数据加以详细研究与概括总结的过程。这一过程也是质量管理体系的支持过程。在实际操作中，数据分析可帮助人们做出判断，以便采取适当行动。数据分析的数学基础在 20 世纪早期就已确立，但直到计算机的出现才使得实际操作成为可能，并使得数据分析得以推广，数据分析是数学与计算机科学相结合的产物。

在统计学领域，有些人将数据分析划分为描述性统计分析、探索性数据分析以及验证性数据分析；其中，探索性数据分析侧重于在数据之中发现新的特征，而验证性数据分析则侧重于已有假设的证实或证伪。探索性数据分析是指为了形成值得假设的检验而对数据进行分析的一种方法，是对传统统计学假设检验手段的补充。该方法由美国著名统计学家约翰·图基（John Tukey）命名。定性数据分析又称为"定性资料分析""定性研究"或者"质性研究资料分析"，是指对诸如词语、照片、观察结果之类的非数值型数据（或者说资料）的分析。

11.3.1 基本统计

1. 统计总记录数

统计总记录数的命令是：

>select count（*）from sogou. sogou_ext_20180906；

2. 统计非空记录数

统计非空记录数的命令是：

>select count（*）from sogou. sogou_ext_20180906 where keywords is not null and keywords！=''；

[例 11-1] 统计独立 uid 数。

>select count（distinct(uid)）from sogou. sogou_ext_20180906；

3. 关键词分析

[例 11-2] 关键词长度统计。

>select avg（a. cnt）from（select size（split（keywords,'\\s+'））
As cnt from sogou. sogou_ext_20180906）a；

[例11-3] 频度排名(即频度最高的前20个词)。

>select keywords,count(*) as cnt from sogou. sogou_ext_20180906
group by keywords order bycnt desc limit 20；

4. uid 分析

[例11-4] 查询次数的分布。

>select sum(if(uids. cnt = 1,1,0)),sum(if(uids. cnt = 2,1,0)),sum(if(uids. cnt = 3,1,0) sum(if(uids. cnt>3,1,0))from(select uid,count(*) as cnt from sogou. sogou_ ext_20180906 group by uid)uids；

[例11-5] 平均查询次数。

>select count(a. cnt) from (select uid, count(*) as cnt from sogou. sogou_ext_20180906 group by uid having cnt>2) a；

[例11-6] 查询次数大于2次的用户占比。

>select count(distinct(uid))form sogou. sogou_ext_20180906；
> select count(a. cnt) from (select uid, count(*) as cnt from sogou. sogou_ext_ 20180906 group by uid having cnt>2) a；

设上述两项操作的结果分别是A、B，则查询次数大于2次的用户占比等于B/A。查询次数大于2次的数据展示如下。

>select b. * from
>(select uid,count(*) as cnt from sogou.sogou_ext_20180906 group by uid having cnt>2) a
>join sogou.sogou_ext_20180906 b on a.uid=b.uid
>limit 50；

11.3.2 用户行为分析

1. 点击次数与rank之间的关系

下面来计算rank在10以内的点击次数占比。首先，执行如下命令：

>select count(*) from sogou.sogou_ext_20180906 where rank<11；

结果如图11-15所示。然后执行如下命令：

>select count(*) from sogou.sogou_ext_20180906；

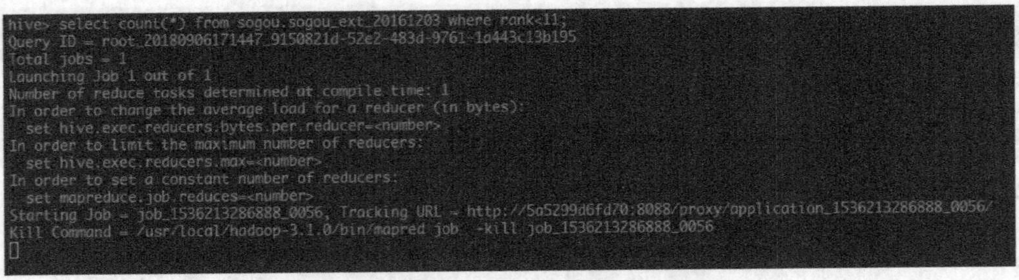

图11-15 rank命令执行结果

得出这条命令的执行结果当然是100000。

我们知道，用户上网查询往往只会浏览搜索引擎返回结果的前 10 个项目，也就是位于第一页的内容。这个用户行为说明，尽管搜索引擎的返回数目十分庞大，但是真正可能被用户关注的内容往往很少，只有排在最前面的很小部分会被用户浏览到。所以，传统的基于全部返回值计算的查全率、查准率的评价方式已经不适应网络信息检索的评价。正确的评价方式应该强调评价指标中有关最靠前的结果与用户查询需求之间的相关性。

2. 个性化行为分析

例如，如果想知道搜索过"仙剑奇侠传"且次数大于 3 的 uid，命令如下。

```
>select uid,count（*）as cnt from sogou.sogou_ext_20180906 where keywords='仙剑奇侠传' group by uid having cnt >3;
```

执行命令如图 11-16 所示。

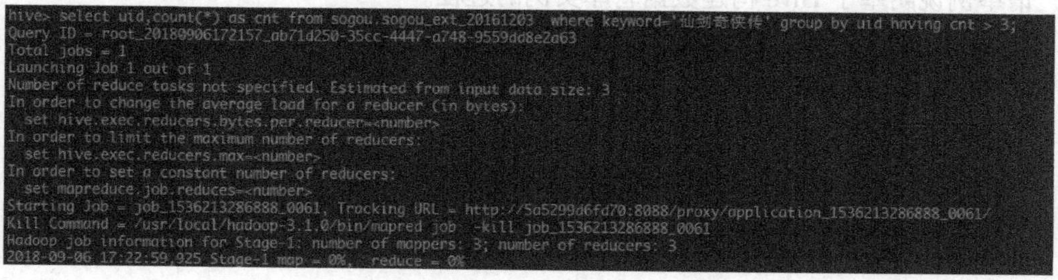

图 11-16 uid 命令

11.3.3 实时数据

1. 创建临时表

实际应用中，为了实时地显示当天搜索引擎的搜索数据，首先需要创建一些临时表，然后在一天结束后对数据进行处理，并将数据插入到临时表中，供显示部分展示。

```
>create table sogou.uid_cnt( uid string, cnt int)
> comment 'This is the sogou search data of one day'
>row format delimited
>fields terminated by '\t'
>stored as textfile;
```

2. 插入数据

```
>insert overwrite table sogou.uid cnt select uid, count（*）as cnt
> from sogou. sogou ext_ 20180906 group by uid;
```

这样前端开发人员就可以访问该临时表，并将数据展示出来，其展示方式可以根据实际需要设计，如表格、统计图等。

11.4 本章小结

本章介绍了如何利用 Hive 进行大数据处理和分析。Hive 是建立在 Hadoop MapReduce 基础上的数据仓库工具，用户只要借助 SQL 语句，即可完成很多处理和分析，因此，对实际工作者是有很大用处的。随着近年来个性化服务的发展，推荐系统在实际应用中的价值也得到越来越多的认可,大数据实时推荐在推荐效果上的优秀表现及其巨大的发展空间,使其获得很多的关注。大数据实时推荐仍然有许多值得探索的地方,如实时矩阵分解、实时LR、实时深度学习等在线学习算法。

11.5 习题

一、填空题

1. 查看数据是使用的是_____命令。
2. 创建 Hive 数据库的基本命令是_____。

二、简答题

1. 请举例说明基于 Hive 构建数据仓库实例的过程。

第 12 章 协同过滤推荐系统

互联网的迅速发展导致网上信息大幅增长，使得用户在面对大量信息时很难高效地从中获取对自己真正有用的信息。而推荐系统是一种基于用户的需求、偏好等信息，将用户感兴趣的产品推荐给用户的个性化信息服务系统。与搜索引擎相比，推荐系统通过研究用户的兴趣偏好进行个性化计算，由系统找到用户的兴趣点，从而引导用户明确自己的需求。一个好的推荐系统不仅能为用户提供个性化的服务，还能和用户建立密切关系，让用户信赖推荐的产品等。

推荐系统现已广泛应用于各个领域，其中最典型并具有良好发展前景的领域就是电子商务。与此同时，推荐系统也得到学术界的高度关注，并逐步发展成一门独立的学科。

12.1 推荐算法概述

推荐系统的定义在 1997 年由 Resnick 和 Varian 提出，其认为推荐系统就是利用互联网向用户提供信息和建议，帮助用户选择产品，或模拟售货员帮助用户完成购买行为的系统。通常推荐由三个要素组成：推荐算法、用户、候选推荐项目。简单来说，一次推荐过程就是推荐算法从候选推荐项目中挑出某些项目给用户。

目前推荐系统已经在电子商务、视频、音乐、新闻、博客等领域得到了广泛应用。通常这些领域的网站和应用会给用户推荐若干商品或者作品，这些推荐项目通常以"猜你喜欢""购买此商品的顾客也同时购买""相似的商品"等形式出现，而推荐的物品便是推荐系统通过推荐算法从海量物品中挑选出来的。推荐系统会根据用户的历史行为数据给出因人而异的推荐结果，因此也被称为个性化推荐。

一套完整的推荐系统通常包括用户信息收集、推荐模型计算、推荐结果展示三个部分。个性化推荐系统首先收集用户的网络操作行为（浏览、评分、购买等），并将这些行为数据存储到数据仓库中，然后通过机器学习、数据挖掘等相关技术对这些历史数据进行分析，从中找到用户的兴趣爱好，执行推荐算法生成推荐模型。有了推荐模型，便可以为用户提供个性化的推荐服务，实现主动推荐的目的。个性化推荐技术可以充分提高信息系统或者站点的服务质量和使用效率，从而吸引更多的用户。推荐系统的输入数据可以有多种来源途径，通常分为显示输入和隐式输入两种类型。显示输入是指用户明确表达喜好的行为，例如给电影评分、给微博点赞、购物后给予好评或差评等；隐式输入则一般指非特意的行为，如浏览商品详情页面、查看电影评价、搜索关键词等。这些行为并不代表用户喜欢或讨厌某个物品，但是推荐系统能够从中挖掘出用户的兴趣信息。

推荐系统的输出也是多样化的，有各种各样的形式。最常见的是推荐列表形式，如亚马逊等电子商务网站的推荐商品列表、YouTube 等视频网站的推荐影片列表、微博等社交网站的推荐关注用户等。这类是最直接的推荐形式，明确告诉用户这些是推荐结果，属于显示的推荐。另一类形式是隐式的推荐：购物网站在关键词搜索结果列表中加入推荐的结果，新闻网站根据推荐算法优化文章的排序，网络问答社区把用户可能感兴趣的话题优先展示。这些推荐系统融入传统的系统模块中，起到提升原有系统功能的效果。

推荐方法总体上可以分为基于人口统计学的推荐、基于内容的推荐、基于协同过滤的推荐、基于知识的推荐、组合推荐几类，下面主要介绍前三种。

12.1.1 基于人口统计学的推荐

基于人口统计学的推荐（Demographic-Based Recommendation）是最为简单的一种推荐算法，它根据系统用户的基本信息来发现用户之间的相关程度，然后将相似用户喜爱的其他物品推荐给当前用户，如图 12-1 所示。

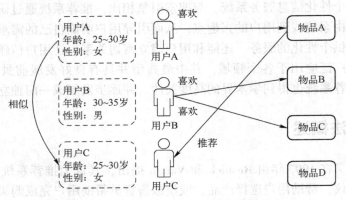

图 12-1 基于人口统计学的推荐系统原理

系统首先会根据用户的属性建模，如用户的年龄、性别、兴趣等信息，然后根据这些特征计算用户间的相似度。例如，系统通过计算，发现用户 A 和 C 比较相似，于是就把 A 喜欢的物品推荐给用户 C。

这种基于人口统计学的推荐机制的好处主要有两点：由于不使用当前用户对物品的喜好历史数据，所以对新用户没有"冷启动（Cold Start）"的问题；不依赖于物品本身的数据，在不同物品的领域都可以使用，它是领域独立的（Domain-Independent）。

而这种方法依然存在问题。这种基于用户基本信息进行分类的方法过于粗糙，尤其是对品味要求较高的领域，如图书、电影和音乐等，无法得到很好的推荐效果。另外一个局限在于，这个方法可能涉及一些与信息发现问题无关却比较敏感的信息，如用户的年龄等，这类信息不应该被轻易获取。下面给出一个典型应用案例。

Hulu 是一家美国的视频网站，它是由美国国家广播环球公司（NBC Universal）和福克斯广播公司（Fox）在 2007 年 3 月共同投资建立的。在美国，Hulu 已是最受欢迎的视频网站之一，拥有超过 250 个渠道合作伙伴、超过 600 个顶级广告客户、3,000 万的用户、3 亿的视频以及 11 亿的视频广告。广告是衡量视频网站成功与否的一个重要标准。事实证明，Hulu 的广告效果非常好，若以每千人为单位对广告计费，Hulu 的所得比电视台在黄金时段所得还高。那么，是什么让 Hulu 取得了这样的成功呢？

通过对视频和用户特点的分析，Hulu 根据用户的个人信息、行为模型和反馈，设计出一个混合的个性化推荐系统。它包含基于物品的协同过滤机制、基于内容的推荐、基于人口统计的推荐、从用户行为中提炼出来的主题模型以及根据用户反馈信息对推荐系统的优化等。此个性化推荐系统也进而成为一个产品，用于为用户推荐视频。这个产品通过问答的形式，与用户进行交互，获取用户的个人喜好，进一步提高个性化推荐的精度。

Hulu 把这种个性化推荐视频的思想应用到广告投放中,设计出了一套个性化广告推荐系统。那么,这种广告系统又是如何实现个性化的呢?

1)Hulu 的用户对广告拥有一定控制权。在某些视频中你可以根据自己的喜好选择相应的广告,或者选择在开头看一段电影预告片来抵消广告。

2)Hulu 收集用户对广告的反馈意见(评分)。例如,某个广告对收看用户是否有用?

3)根据人口统计的信息来投放广告。例如,分析 Hulu 用户的年龄、性别特征来投放不同的视频及广告。

4)根据用户的行为模式,进一步增加广告投放的准确性。

12.1.2 基于内容的推荐

基于内容的推荐是一种既依赖物品属性,也依赖用户对物品的历史评价信息的推荐方法。换言之,基于内容的推荐的信息来源有两个方面,一是物品属性,二是用户的历史评价(偏好)数据,而基于人口统计学的推荐只需要用户信息,不依赖物品属性。

系统首先对物品的属性进行建模,如图 12-2 所示以电影为例,图中用类型作为属性。当然,在实际应用中,不仅需要考虑电影的类型,还可以考虑演员、导演等信息。系统通过相似度计算发现,同属于爱情类的电影 A 和 C 相似度较高,系统同时发现用户 A 喜欢电影 A。由此得出结论,用户 A 很可能对电影 C 也感兴趣,于是将电影 C 推荐给用户 A。

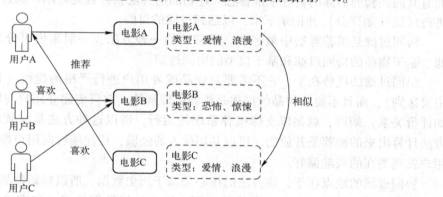

图 12-2 基于内容的推荐系统原理

基于内容的推荐方法的优点是,通过对物品属性维度的增加,可以获得更好的推荐精度,同时系统还可以根据用户的兴趣进行建模。但由于物品属性是有限的,很难进一步扩展更多的属性数据,而且物品相似度的衡量标准也只考虑到了物品本身,因此具有一定的片面性。此外,该方法还需要用户对物品的历史评价数据,而新用户因没有历史评价数据,无法被系统获知与某物品的联系,出现"冷启动"的问题。下面给出一个典型应用案例。

淘宝推荐系统,目标是为各个产品提供商品、店铺、人、类目属性等各种维度的推荐。以类目属性和社会属性为纽带,为人、商品和店铺建立联系是该系统的核心,如图 12-3 所示。

淘宝的宝贝推荐原则包括:基于内容的关联规则;全网优质宝贝算分;根据推荐属性筛选 TOP;基于推荐属性的关联关系;采用搜索引擎存储和检索优质宝贝;加入个性化用户信息。

在个性化推荐之上,淘宝还实现了基于内容的广告投放。由于个性化推荐出来的物品是用户所感兴趣的，可以想象，由此进行广告投放也应该行之有效。

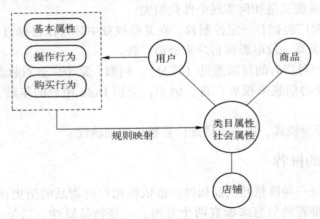

图 12-3 系统关系图

12.1.3 基于协同过滤的推荐

协同过滤（Collaborative Filtering，CF）又称为社会关系过滤，是指利用某个兴趣相投、拥有共同经验的群体的喜好来推荐感兴趣物品的方法，并且允许用户通过合作机制对推荐结果进行反馈（如评分）并记录下来，以达到过滤的目的。

协同过滤是推荐算法中最经典、最常用的一种方法，一般来说可分为基于用户的协同过滤、基于物品的协同过滤和基于模型的协同过滤。

协同过滤的优势在于，它不需要对物品或者用户进行严格的建模（这是与前两种算法的主要区别），而且不要求物品的描述是机器可理解的，它只要建立用户与物品的某种关系（例如评价关系）矩阵，就足以支撑推荐系统的运行，所以这种方法是与领域无关的。而且这种方法计算出来的推荐是开放的，可以共用他人的经验，往往能够向用户推荐新颖的物品，支持用户发现潜在的兴趣偏好。

协同过滤的缺点在于，该方法的核心是基于历史数据，所以对新物品和新用户都存在"冷启动"的问题，而且推荐的效果依赖于用户历史偏好数据的多少和准确性。此外，在大部分的实现中，用户历史偏好是用稀疏矩阵存储的，而稀疏矩阵的计算是一个挑战，包括可能出现少部分人的错误偏好会对推荐的准确度产生很大的影响，导致对一些有特殊品味的用户不能给予很好的推荐。

以上介绍的方法是推荐领域中最常见的几种方法，但可以看出，每种方法都存在问题并不是完美的，因此在实际应用中大都采用组合推荐算法，即把多种算法结合起来使用，各取所长，实现优势互补。

12.2 协同过滤推荐算法分析

协同过滤推荐算法的应用最为广泛，而基于用户的协同过滤推荐算法和基于物品的协同过滤推荐算法又称为基于记忆（Memory Based）的协同过滤技术，因此，本节将对这两种协同过滤算法做详细介绍。

12.2.1 基于用户的协同过滤推荐

基于用户的协同过滤算法是根据"跟你喜好相似的人喜欢的东西,你也很有可能喜欢"这一假设设计的。所以基于用户的协同过滤主要的任务就是找出用户的最近邻居,从而根据最近邻居的喜好做出未知项的评分预测。这种算法主要分为三个步骤。

1)用户评分。用户评分可以分为显性评分和隐形评分两种。显性评分就是直接给项目评分(例如给百度里的用户评分),隐形评分就是通过评价或是购买的行为给项目评分(例如在某购物网站购买了什么东西)。

2)寻找最近邻居。这一步就是寻找与你距离最近的用户,测算距离一般采用以下三种算法:皮尔森相关系数;余弦相似性;调整余弦相似性。这三种算法中调整余弦相似性效果会更好一些。

3)推荐。产生了最近邻居集合后,就根据这个集合对未知项进行评分预测,把评分最高的 N 个项推荐给用户。

具体过程通过一个例子来进一步了解。假设有一组用户,他们通过评分表现出对一组图书的喜好,用户对一本图书的喜好程度越高,给出的评分也就越高,范围是 1~5。我们可以用一个矩阵来表示这种用户与物品的评价关系(用户评分矩阵),如图 12-4 所示,行代表用户,列代表图书,矩阵的元素表示评分。例如,第一个用户(行 1)对第一本图书(列 1)的评分是 4,对第二本图书的评价是 3 分等。空的单元格代表用户未给图书评价。

采用基于用户的协同过滤,关键是要从原始的用户与物品评价关系矩阵计算出用户之间的相似度矩阵。

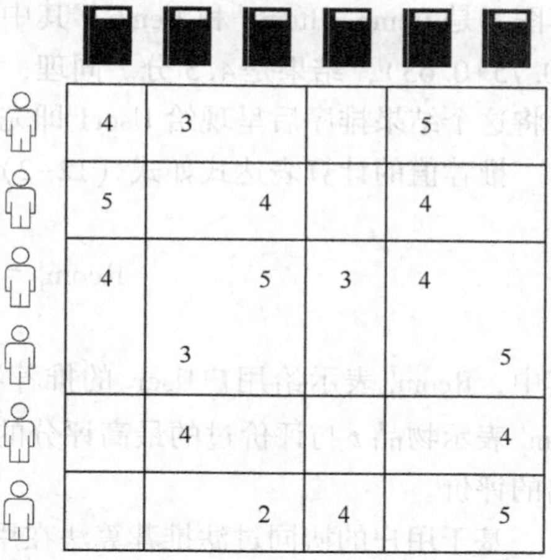

为了说明方便,把用户分别记为 User1、User2、User3 等,图书分别记为 Item1、Item2、Item3 等。请仔细观察图 12-4 给出的关系矩阵,不难发现,User1 对 Item1、Item2、Item5 给出了评价,User2 对 Item1、Item3、Item5 给出了评价,他们都对 Item1 和 Item5 有兴趣,有两本共同的图书,所以,可以认为 User1 和 User2 有比较大的相似度。同理,我们发现 User2 与 User3 之间的相似度更高,因为他们都对 Item1、Item3 和 Item5 感兴趣,不同点只有 Item4。显然,User1 与 User4、User5 的相似度低了一些,因为只有一本共同图书,而与最后一名用户完全不相似,因为他们之间没有一本共同图书。

图 12-4 用户与物品的评价关系矩阵

数学上,常见的做法是把用户的打分看成一个代表其特征的向量,例如 User1 的特征向量是(4,3,0,0,5,0),User2 对应的向量是(5,0,4,0,4,0)等。于是,只要计算向量之间的相似度,就可以得到用户之间的相似度,这种做法非常直接。有很多计算向量之间相似度的方法,本例使用的是余弦相似性(Cosine Similarity)计算方法,如式(12-1)所示。当然,还有其他一些计算相似度的公式,读者可以参考相关文献。

$$CS(X,Y) = \frac{\sum x_i y_i}{\sqrt{\sum x_i^2 \times \sum y_i^2}} \qquad (12-1)$$

将（4,3,0,0,5,0）和（5,0,4,0,4,0）代入式（12-1），可得到 0.75，即为 User1 与 User2 之间的相似性度量。

当计算出所有用户之间的相似性后，就能够得到一个用户相似度矩阵，如图 12-5 所示。这是一个对称矩阵，这意味着对它进行数学计算会有一些有用的特性。为了便于观察，单元格的背景颜色表明用户相似度的高低，更深的颜色表示他们之间更相似。

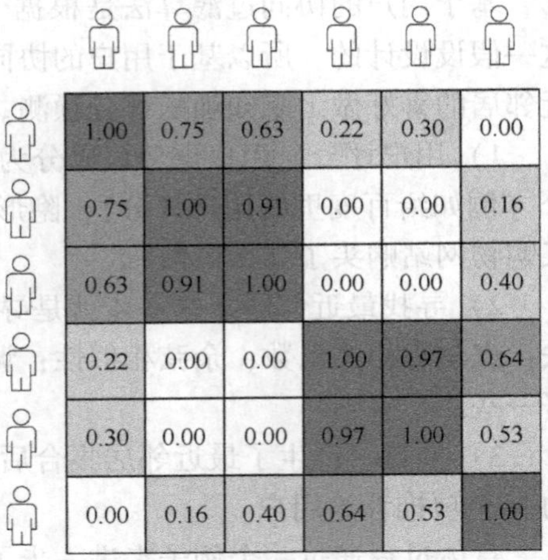

现在，已经为采用基于用户的协同过滤方法准备好了数据，接下来就可为用户生成推荐了。在一般情况下，对于一个给定的用户，找到最相似的用户，并推荐相似用户欣赏的物品，然后根据用户相似度对这些物品进行加权处理。

继续研究这个示例。来看 User1，我们为其生成一些推荐。首先，找到与第一个用户最相似的 N 个用户，这需要设定一个阈值（Threshold），规定相似度大于该

图 12-5 用户间的相似度矩阵

阈值才被认为有效，例如确定 0.60 是阈值，这样就能够为 User1 找到两名最相似的用户 User2 和 User3，即 $N=2$。然后，需要删除 User1 已经评价过的图书，再给最相似用户正在阅读的图书加权，最后计算出推荐打分。由于 User1 已经评价了 Item1、Item2 和 Item5，所以候选的推荐图书是 Item3、Item4 和 Item6。其中，Item3 的推荐值可以这样计算：（0.75×4+0.63×5）/（0.75+0.63），结果是 4.5 分。同理，对 Item4 的推荐值是 3 分，对 Item6 的推荐值是 0 分。最后将这个结果排序后呈现给 User1 即完成了推荐。

推荐值的计算表达式如式（12-2）所示。

$$\text{Rcom}_t^i = \frac{\sum (\text{Sim}_{ij} \times \text{Rank}_t^i)}{\sum \text{Sim}_t^i}, i \neq j \tag{12-2}$$

其中，Rcom_t^i 表示给用户 User_i 的推荐物品 t 的推荐值，Sim_{ij} 表示 User_i 与 User_j 之间的相似度，Sim_t^i 表示物品 t 与评价过的最高评分的前 N 名物品之间的相似度，Rank_t^i 表示 User_j 给物品 t 做出的评价。

基于用户的协同过滤推荐算法在用户数不大的情况下有一定效果，但是实际应用中用户数往往非常大，例如主要电子商务网站的用户数达到了上亿的数量级，这时候，基于用户的推荐算法将难以实用化，更不能实时推荐。

12.2.2 基于物品的协同过滤推荐

与用户数相比，物品的数量会少很多，因此，工业界比较倾向于采用基于物品的协同过滤推荐。同样，仍然以用户与物品之间的评价关系矩阵为基础。类似于基于用户的协同过滤，在基于物品的协同过滤中，要做的第一件事也是计算相似矩阵。然而，这一次要看的是物品与物品之间的相似性，而不是用户之间的相似性。在这里，要计算出一本书和其他书的相似性，可以将评价同一本图书的所有用户评价值看成这本图书的特征向量，然后比较它们之间的余弦相似性度量值。

图 12-6 给出了所有图书之间相似性度量值的对称矩阵。同样，单元格背景颜色的深浅表示相似度的高低，颜色越深表明相似度越高。

知道了图书之间的相似度，就可以为用户进行推荐了。在基于物品的推荐方法中，向某用户推荐的物品，是该用户没有用过的其他最相似的物品。

现在来为 User1 进行推荐。在本例中，因为 User1 已经评价过 Item1、Item2 和 Item5，所以将被推荐 Item3、Item4 和 Item6。但是，需要给出一个推荐排序。由于 User1 对 Item5 给出的评分最高，因此，可以简单比较一下 Item3、Item4 和 Item6 与 Item5 的相似度。可以看出，Item3 与 Item5 的相似度为 0.71，Item4 与 Item5 的相似度是 0.32，而 Item6 与 Item5 的相似度是0，所以推荐 Item3 和 Item4。同理，还可以再比较一下 Item3、Item4 和 Item6 与 Item1 的相似度，因为 Item1 是 User1 给出的第二高评分的书。结果分别是 0.79、0.32 和 0，所以还是推荐 Item3 和 Item4。实际上，需要综合考虑 Item3、Item4 和 Item6 与 Item1、Item5 的比较结果。

1.00	0.27	0.79	0.32	0.98	0.00
0.27	1.00	0.00	0.00	0.34	0.65
0.79	0.00	1.00	0.69	0.71	0.18
0.32	0.00	0.69	1.00	0.32	0.49
0.98	0.34	0.71	0.32	1.00	0.00
0.00	0.65	0.18	0.49	0.00	1.00

图 12-6　所有图书之间的相似度矩阵

显然，可以仿照式（12-2），得到综合评价表达式（12-3）。

$$\text{Rcom}_t^i = \frac{\sum(\text{Sim}_t^{\text{top}N} \times \text{Rank}_{\text{top}N}^i)}{\sum \text{Sim}_t^{\text{top}N}}, i \neq j \qquad (12\text{-}3)$$

其中，Rcom_t^i 表示给用户User_i 推荐物品 t 的推荐值，$\text{Sim}_t^{\text{top}N}$ 表示物品 t 与User_i 评价过的最高评分的前 N 名物品之间的相似度，$\text{Rank}_{\text{top}N}^i$是$\text{User}_i$ 给出的对物品评分的前 N 名。

这样依据式（12-3），假设 N 取 2，于是对 Item3 的综合推荐值等于(0.79×4+0.71×5)/(4+5)= 0.75；Item4 的推荐值等于(0.32×4+0.32×5)/(4+5)= 0.32；进一步计算 Item6 的推荐值，等于(0×4+0×5)/(4+5)= 0。所以，最后推荐给 User1 的是 Item3 和 Item4。

12.3　Spark MLlib 推荐算法应用

实际上，前面介绍的基于用户和基于物品的协同过滤推荐算法都是单纯地以系统存储的用户评分矩阵为推荐基础的。然而，仅仅以评价矩阵为计算基础，往往导致抗数据稀疏的能力较差，因此研究人员又发展出了基于模型的协同过滤技术。

12.3.1　ALS 算法原理

通常，用户对产品的评分矩阵是庞大而稀疏的，因此在非常稀疏的数据集上采用简单的用户（或物品）相似度比较进行推荐，直观上给人的感觉是这样做缺少依据。理论上分析也能理解，基于记忆的协同过滤方法实际上并没有充分挖掘数据集中的潜在因素。

本节介绍的 Spark MLlib 推荐方法交替最小二乘法（Alternating Least Squares，ALS），是一种基于模型的协同过滤推荐算法，其核心思想就是要进一步挖掘通过观察得到的所有用户给产品的打分，并通过引入用户特征矩阵（User Features Matrix）和物品特征矩阵（Item Features

Matrix）来建立一个机器学习模型，然后利用采集的数据对这个模型进行训练（反复迭代），最后得到用于推荐计算的用户特征矩阵和物品特征矩阵，从而来推断（也就是预测）每个用户的喜好并向用户推荐适合的物品。

ALS 算法解决了用户与物品评价关系矩阵中的缺失因子的问题，实现了利用预测得到的缺失因子进行推荐。

考虑如图 12-7 所示的反映用户偏好的打分矩阵（Rating Matrix）。这个矩阵的每一行代表一个用户（u1, u2,…, u7），每一列代表一个产品（v1, v2,…, v9）。用户的打分在 1~9 之间。矩阵中只显示了观察到的打分，大部分元素都是缺失的。

举例来说，用户 u5 给产品 v4 的打分大概会是多少？当然可以按照传统的基于用户或物品的推荐算法进行计算，但是这样做效果并不理想，而且计算量也非常大。

图 12-7 稀疏的打分矩阵

ALS 的思路则有所不同。ALS 基于下面这个假设：打分矩阵是近似低秩（Low-Rank）的。换句话说，打分矩阵 $A(m \times n)$ 可以用两个小矩阵 $U(m \times k)$ 和 $V(n \times k)$ 的乘积来近似表示，即有表达式

$$A \approx U(m,k)V(n,k)^T \quad (12-4)$$

其中，k 远小于 m 和 n，这样就把整个系统的自由度从 $O(mn)$，降到了 $O((m+n)k)$。

其实，ALS 的低秩假设是建立在客观存在的合理性基础上的。例如，用户特征有很多，如年龄、性别、职业、身高、学历、婚姻、地区等，可以说不胜枚举，然而没有必要使用用户的所有特征，因为并不是所有特征都起同样的作用。例如，在后面展示的电影推荐示例中，用户特征矩阵仅仅包含了用户编号、性别、年龄、职业、邮编这 5 个字段。同样，物品的属性也有很多，以电影为例，可以有主演、导演、特效、剧情、类型等。但实际应用中只需要描述少数关键属性即可。后面的举例仅仅考虑了三个属性，即电影编号、电影名和电影类别（当然这只是举例，k 到底取什么值，可以采用系统自适应调节方法，通过应用逐步找到最佳 k 值）。

总之，ALS 算法的巧妙之处就在于，引入了两个特征矩阵，一个是用户特征矩阵，用 U 表示，另一个是物品特征矩阵，用 V 表示，这两个矩阵都比较小。

接下来的问题是怎样得到这两个抽象的低维空间。既然已经假设打分矩阵 A 可以通过 UV^T 来近似，那么一个最直接的可以量化的数据就是通过 U 和 V 重构 A 时产生的误差。在 ALS 里，使用式（12-5）给出的 Frobenius 范数（又称为 Euclid 范数）：

$$\|A - UV^T\|_F^2 \quad (12-5)$$

来表示重构误差，也就是每个元素的重构误差的平方和，如式（12-6）所示。

$$\sum_{i,j \in R} (a_{ij} - u_i^T v_j)^2 \quad (12-6)$$

这里存在一个问题，由于只观察到部分的打分，A 中有大量未知元数据是需要推断的，所以这个重构误差包含了未知数。解决方案很简单，就是只计算对已知打分的重构误差。当然，也可以先用一个简单的方法把评分矩阵填满，再进行重构误差计算，但是这样做似乎也没有太多意义。总之，ALS 算法就是求解下面的优化问题。

$$\text{Argmin} \sum_{i,j \in R} (a_{ij} - u_i^T v_j)^2 \quad (12-7)$$

经过上面的处理，一个协同推荐问题通过低秩假设被成功地转换成了一个优化问题。但

是，这个优化问题怎么解？不要忘记，我们的目标是求出 U 和 V 这两个矩阵。

答案就在 ALS 的名字里，即交替最小二乘。由于 ALS 的目标函数不是凸的（凸函数），而且变量互相耦合在一起，所以它并不容易求解。但如果把用户特征矩阵 U 和产品特征矩阵 V 固定其一，这个问题立刻就变成了一个凸的而且是可拆分的问题了。例如，固定 U 求 V，这个问题是经典的最小二乘问题。所谓交替就是指先随机生成 $U(0)$，然后固定它，去求解 $V(0)$；再固定 $V(0)$，然后求解 $U(1)$，这样交替进行下去。因为每一次迭代都会降低重构误差，并且误差是有下界的，所以 ALS 一定会收敛。但由于问题是非凸的，所以 ALS 并不保证会收敛到全局最优解。然而在实际应用中，ALS 对初始点不是很敏感，且是不是全局最优解也不会有大的影响。

ALS 算法可以大体描述如下：

1）第一步，用小于 1 的数随机初始化 V。

2）第二步，在训练数据集上反复迭代，交替计算 U 和 V，直到 RMSE（均方根误差，一种常用的离散性度量方法）值收敛或迭代次数足够多。

3）第三步，返回 UV^T，进行预测推荐。

之所以说上述算法是一个大体描述，是因为第二步里面还包含如何计算 U 和 V 的表达式，它们是通过求偏导推出的。

12.3.2 ALS 的应用设计

本节给出的实例使用 ALS 算法对 GroupLens Research 提供的数据进行学习推荐。该数据为一组从 20 世纪 90 年代末到 21 世纪初由 MovieLens 用户提供的电影评价数据，包括评分、电影元数据（风格类型和年代），以及关于用户的人口统计学数据（年龄、邮编、性别和职业等）。根据不同需求，该组织提供不同大小的样本数据，不同样本信息包含三种数据：评分、用户信息和电影信息。下面先来看看待处理的数据是什么样子，然后给出应用程序进行分析。

> 数据来源：http://grouplens.org/datasets/movielens。

1. 输入数据

（1）评分文件（rating.dat）

该评分数据共有四个字段，分别为用户编号、电影编号、评分、评分时间戳，格式为 UserID::MovieID::Rating::Timestamp。其中各个字段说明如下：

- 用户编号范围 1~6040。
- 电影编号 1~3952。
- 电影评分为五星评分，范围 0~5。
- 评分时间戳单位是秒。
- 每个用户至少有 20 个电影评分。

ratings.dat 文件中的数据样本如下所示。

```
1::1193::5::978300760
1::661::3::978302109
1::914::3::978301968
1::3408::4::978300275
1::2355::5::978824291
```

```
1::1197::3::978302268
1::1287::5::978302039
1::2804::5::978300719
……
```

（2）用户信息文件（users.dat）

分为五个字段，分别为用户编号、性别、年龄、职业、邮编，格式为 UserID::Gender::Age::Occupation::Zip-code，各个字段说明如下：

- 用户编号范围 1~6040。
- 性别，其中 M 为男性，F 为女性。
- 年龄范围，不同的数字代表不同的年龄段，如 25 代表 25~34 岁。
- 职业信息，在测试数据中提供了 21 种职业分类。
- 地区邮编。

users.dat 文件的数据样本如下所示。

```
1::F::1::10::48067
2::M::56::16::70072
3::M::25::15::55117
4::M::45::7::02460
5::M::25::20::55455
6::F::50::9::55117
7::M::35::1::06810
8::M::25::12::11413
……
```

（3）电影信息（movies.dat）

电影数据分为三个字段，分别为电影编号、电影名、电影类别，格式为 MovieID::Title::Genres，其中各个字段说明如下：

- 电影编号 1~3952。
- 由 IMDB 提供电影名称，其中包括电影上映年份。
- 电影分类，这里使用实际分类名而非编号，如 Action、Crime 等。

movies.dat 的数据样本如下所示。

```
1::Toy Story (1995)::Animation|Children's|Comedy
2::Jumanji (1995)::Adventure|Children's|Fantasy
3::Grumpier Old Men (1995)::Comedy|Romance
4::Waiting to Exhale (1995)::Comedy|Drama
5::Father of the Bride Part II (1995)::Comedy
6::Heat (1995)::Action|Crime|Thriller
7::Sabrina (1995)::Comedy|Romance
8::Tom and Huck (1995)::Adventure|Children's
……
```

2. 程序分析

下面给出完整的 ALS 推荐算法应用程序，并通过在程序中添加注释语句来说明程序各个部分的功能。读者也可以结合 Scala 语法进行更加细致的理解。

SparkMLlib 中 ALS 算法的实现有如下参数：numBlocks 是用于并行化计算的分块个数（设

置为-1 时表示自动配置）；rank 是模型中隐性因子的个数；iterations 是迭代的次数；lambda 是 ALS 的正则化参数；implicitPrefs 决定了是用显性反馈 ALS 的版本还是用隐性反馈数据集的版本；alpha 是一个针对于隐性反馈 ALS 版本的参数，这个参数决定了偏好行为强度的基准，但本例实际上没有应用 alpha 参数。

```scala
package com.csu

import java.util.Random
import org.apache.log4j.Logger
import org.apache.log4j.Level
import scala.io.Source
import org.apache.spark.SparkConf
import org.apache.spark.SparkContext
import org.apache.spark.SparkContext._
import org.apache.spark.rdd._
import org.apache.spark.mllib.recommendation.{ALS, Rating, MatrixFactorizationModel}

object Recomment {
  def main(args: Array[String]): Unit = {
    //建立 Spark 环境
    val conf = new SparkConf().setAppName("movieRecomment")
val sc = new SparkContext(conf)
//去读文件并且进行预处理
    val ratings = sc.textFile("ratings.dat").map {
      line =>
        val fields = line.split("::")
        (fields(3).toLong % 10, Rating(fields(0).toInt, fields(1).toInt, fields(2).toDouble))
      //时间戳、用户编号、电影编号、评分
      //表中已预设名称了
    }
    val movies = sc.textFile("movies.dat").map { line =>
      val fields = line.split("::")
      // format: (movieId, movieName)
      (fields(0).toInt, fields(1))
    }.collect.toMap
    //记录数、用户数、电影数
    val numRatings = ratings.count
    val numUsers = ratings.map(_._2.user).distinct.count
    val numMovies = ratings.map(_._2.product).distinct.count
    println("从" + numRatings + "记录中" + "分析了" + numUsers + "的人观看了" + numMovies + "部电影")
    //提取一个得到最多评分的电影子集，以便进行评分启发
    //矩阵最为密集的部分
    val mostRatedMovieIds = ratings.map(_._2.product)
      .countByValue()
      .toSeq
      .sortBy(-_._2)
      .take(50) //50 个
      .map(_._1) //获取他们的 ID
    val random = new Random(0)
    val selectedMovies = mostRatedMovieIds.filter(
      x => random.nextDouble() < 0.2).map(x => (x, movies(x))).toSeq
```

```scala
//引导或者启发评论
//调用函数   从目前最热门的电影中随机获取十部电影
//让用户打分
val myRatings = elicitateRatings(selectedMovies)
val myRatingsRDD = sc.parallelize(myRatings)
//将评分系统分成训练集60%,验证集20%,测试集20%
val numPartitions = 20
//训练集
val training = ratings.filter(x => x._1 < 6).values
  .union(myRatingsRDD).repartition(numPartitions)
  .persist
//验证集
val validation = ratings.filter(x => x._1 >= 6 && x._1 < 8).values
  .repartition(numPartitions).persist
//测试集
val test = ratings.filter(x => x._1 >= 8).values.persist
val numTraining = training.count
val numValidation = validation.count
val numTest = test.count
println("训练集数量:" + numTraining + ",验证集数量:" + numValidation + ",测试集数量:" + numTest)
//训练模型,并且在验证集上评估模型
val ranks = List(8, 12)
val lambdas = List(0.1, 10.0)
val numIters = List(10, 20)
var bestModel: Option[MatrixFactorizationModel] = None
var bestValidationRmse = Double.MaxValue
var bestRank = 0
var bestLambda = -1.0
var bestNumIter = -1
for (rank <- ranks; lambda <- lambdas; numIter <- numIters) {
  val model = ALS.train(training, rank, numIter, lambda)
  val validationRmse = computeRmse(model, validation, numValidation)
  println("RMSE (validation) = " + validationRmse + "for the model trained with rand =" + rank + ", lambda=" + lambda + ", and numIter=" + numIter + ".")
  if (validationRmse < bestValidationRmse) {
    bestModel = Some(model)
    bestValidationRmse = validationRmse
    bestRank = rank
    bestLambda = lambda
    bestNumIter = numIter
  }
}

// 在测试集上评估得到的最佳模型
val testRmse = computeRmse(bestModel.get, test, numTest)
println("The best model was trained with rank = " + bestRank + " and lambda = " + bestLambda+ ", and numIter = " + bestNumIter + ", and its RMSE on the test set is " + testRmse + ".")
// 产生个性化推荐
val myRatedMovieIds = myRatings.map(_.product).toSet
val candidates = sc.parallelize(movies.keys.filter(! myRatedMovieIds.contains(_)).toSeq)
val recommendations = bestModel.get
```

```scala
        .predict(candidates.map((0, _)))
        .collect
        .sortBy(- _.rating)
        .take(50)
    var i = 1
    println("Movies recommended for you:")
    recommendations.foreach { r =>
      println("%2d".format(i) + ": " + movies(r.product))
      i += 1
    }
  }

  /** 计算 RMSE (Root Mean Squared Error) *// ** Compute RMSE (Root Mean Squared Error). */(应该都可以)
  def computeRmse(model: MatrixFactorizationModel, data: RDD[Rating], n: Long) = {
    val predictions: RDD[Rating] = model.predict(data.map(x => (x.user, x.product)))
    val predictionsAndRatings = predictions.map(x => ((x.user, x.product), x.rating))
      .join(data.map(x => ((x.user, x.product), x.rating)))
      .values
    math.sqrt(predictionsAndRatings.map(x => (x._1 - x._2) * (x._1 - x._2)).reduce(_ + _) / n)
  }

  /** 从命令行获取引导性评分 */  /** Elicitate ratings from command-line. */(应该都可以)
  def elicitateRatings(movies: Seq[(Int, String)]) = {
    val prompt = "Please rate the following movie (1-5 (best), or 0 if not seen):"
    println(prompt)
    val ratings = movies.flatMap { x =>
      var rating: Option[Rating] = None
      var valid = false
      while (! valid) {
        print(x._2 + ": ")
        try {
          val r = Console.readInt
          if (r < 0 || r > 5) {
            println(prompt)
          } else {
            valid = true
            if (r > 0) {
              rating = Some(Rating(0, x._1, r))
            }
          }
        } catch {
          case e: Exception => println(prompt)
        }
      }
      rating match {
        case Some(r) => Iterator(r)
        case None => Iterator.empty
      }
    }
    if(ratings.isEmpty) {
      error("No rating provided!")
```

```
    } else {
      ratings
    }
  }
}
```

3. 运行程序

首先启动 IDEA，如图 12-8 所示。

图 12-8　启动 IDEA

单击"Create New Project"按钮，创建一个 Scala 新工程，如图 12-9 所示。

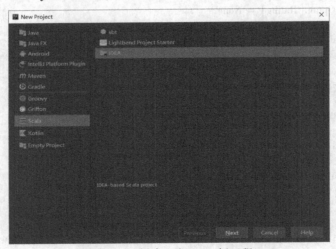

图 12-9　创建一个 Scala 新工程

在图 12-9 中，选择 IDEA 后单击"Next"按钮进入工程基本设置页面，如图 12-10 所示。

在图 12-10 中，开发人员需要设置 Project name、Project location 和 JDK 等。这里给工程取名为 moviesALS（读者可以任意取一个名称），工程位置（Project location）自动设置，而 JDK 与 Scala SDK 是前面安装 IDEA 时已经设置好的，所以会自动显示出来。单击"Finish"按钮后，进入如图 12-11 所示的画面。

在图 12-11 中，将鼠标放在 src 上，右击鼠标，展开列表菜单，然后选择"New"命令，再展

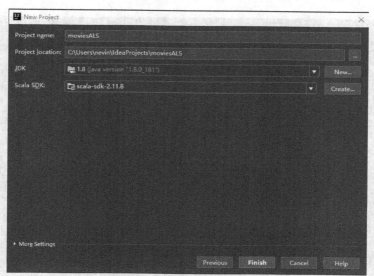

图 12-10　工程名称与位置等基本设置

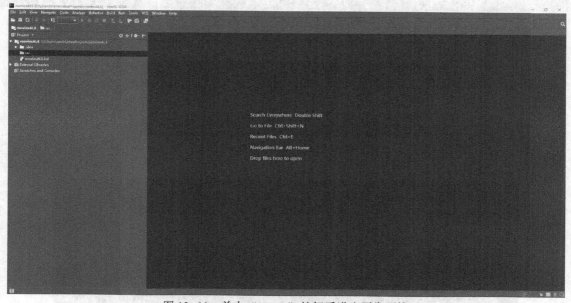

图 12-11　单击"Finish"按钮后进入开发环境

开下一级列表菜单，单击"Package"选项，如图 12-12 所示。这意味着准备创建一个 Scala 包。

选择"Package"后，系统弹出如图 12-13 所示的对话框，要求用户输入新的 Package 名称，用户可自行输入，例如输入 com.csu，输入完成后单击"OK"按钮。

接下来配置工程结构（Project Structure），主要目的是导入 Spark 依赖包。依次选择主界面的"File"→"Project Structure"，在弹出的对话框中选择"Libraries"→"+"→"Java"，如图 12-14 所示。

单击图 12-14 中的"Java"后，系统自动弹出"Select Library Files"对话框，用户可以开始导入安装好的 Spark 目录（以 spark-2.0.1-bin-hadoop2.6 为例）下 jars 内所有的 jar 包，如图 12-15 所示。

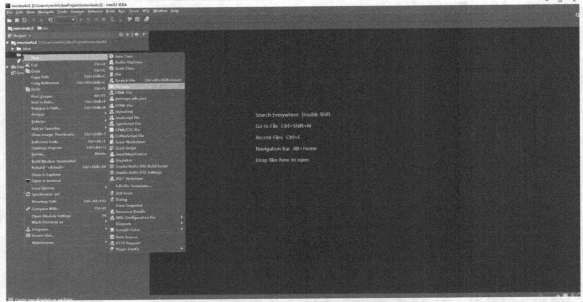

图 12-12　创建一个 Scala 包

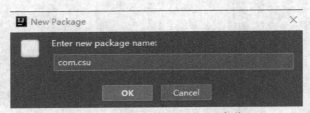

图 12-13　输入新的 Package 名称

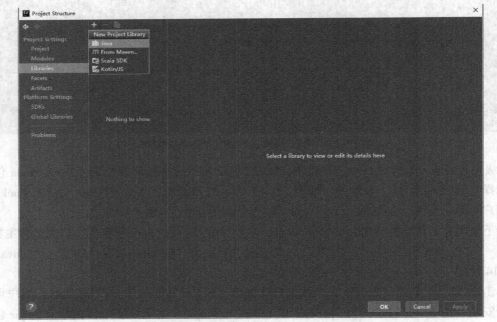

图 12-14　在 Project Structure 中选择 "Libraries" → "+" → "Java"

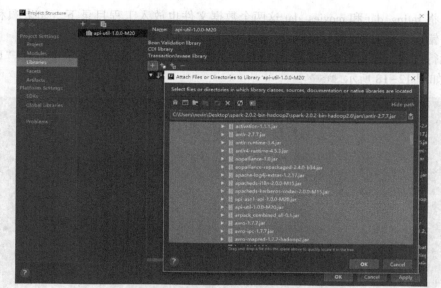

图 12-15 导入 Spark jars 目录下的所有 jar 包

单击图 12-15 中的"OK"按钮，并在后续弹出的对话框中一直单击"OK"按钮，回到 IDEA 主界面即可。接着，开始创建 Scala 类。首先将鼠标放在包名（com. csu）上右击，弹出列表菜单，然后依次单击"New"→"Scala class"，在弹出的对话框中输入类名称，如 moviesALS，并将 Kind 中的内容改为 Object，如图 12-16 所示，单击"OK"按钮。

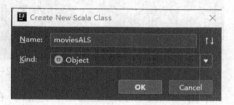

图 12-16 输入类名并选择 Kind 为 Object

将前面给出的代码输入到如图 12-17 所示的程序编辑区。请注意 IDEA 自动生成的部分代码，如 package com. csu 等，读者输入代码时不要重复。

图 12-17 将代码输入编辑区

271

接着，将 rating.dat 和 movies.dat 这两个数据文件也放入工程目录下。如果顺利，编辑区内应当没有错误，这时候可以准备运行程序了。

但是运行之前，还需要修改运行参数设置。在主界面的"Run"菜单中选择"Edit Configurations"，如图 12-18 所示。

图 12-18　准备修改运行参数

单击"Edit Configurations"之后，在弹出的对话框中，单击左上角的"+"，并在左边列表中选择"Application"，如图 12-19 所示。

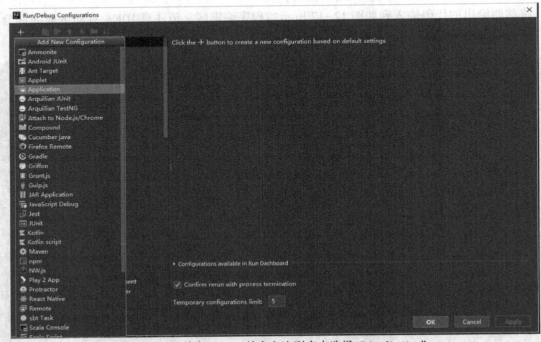

图 12-19　单击"+"，并在左边列表中选择"Application"

设置的运行参数如图 12-20 所示。其中，Main class 设置为 "com.csu.moviesALS"，Name 设置为 moviesALS，Programarguments 和 Working directory 均设置为事先创建好的工程目录。请特别注意，待处理的数据文件放在什么目录下，Program arguments 的设置就要与那个目录一致。

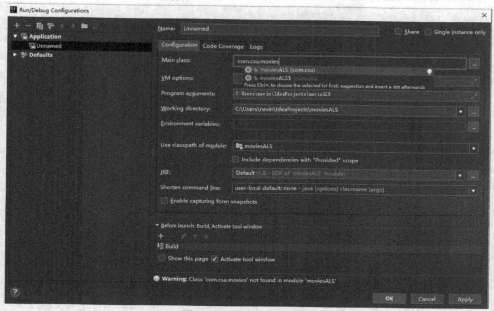

图 12-20 运行参数设置

完成运行参数设置，右击编辑区中的 moviesALS 文件（任意位置），选择 "RunmoviesALS" 即可开始运行程序。程序运行过程中，要求用户输入对一组电影的评分，如图 12-21 所示。这种交互也体现了协同过滤方法的要求。

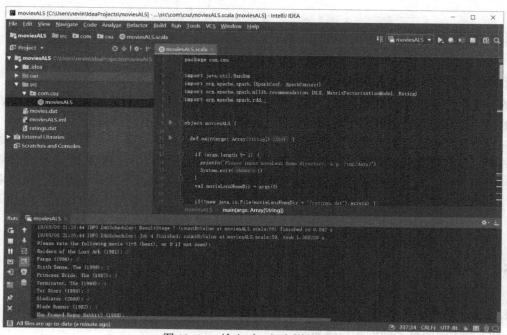

图 12-21 输入对一组电影的评分

图 12-22 给出了程序运行的最后结果，即程序在标准输出打印出一组（这里是 50 个）推荐的电影名称，并按照推荐的优先顺序依次排列。

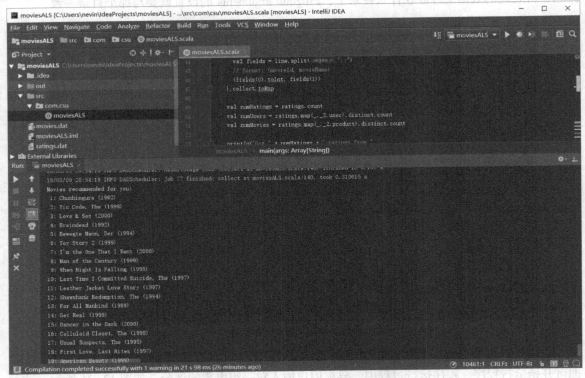

图 12-22　程序给出的一组推荐电影名称

12.4　本章小结

本章首先介绍了推荐算法的基本概念。推荐算法总体上可以分为基于人口统计学的、基于内容的、基于协同过滤的推荐算法。协同过滤算法又分为基于用户的协同过滤推荐算法、基于物品的协同过滤推荐算法和基于模型的协同过滤推荐算法。

SparkMLlib 实现了协同过滤推荐算法，其中 ALS（交替最小二乘）主要用于解决在稀疏评分矩阵中，如何快速回填那些缺少的评分项这个问题。通过将评分矩阵 A 近似表示成两个小矩阵的乘积 UV^T，ALS 实现了快速预测缺少的评分项。这些预测得到的评分项就可以用来进行推荐了。本章展示的 moviesALS 程序，不仅描述了 ALS 算法的应用，而且给出了协同交互过程。

12.5　习题

1. User1 的特征向量是 (4, 3, 0, 0, 5, 0)，User2 对应的向量是 (5, 0, 4, 0, 4, 0)，试求 User1 和 User2 两向量之间的相似度量。

2. 简述 ALS 算法原理的具体步骤。
3. 基于人口统计学的推荐机制的优缺点是什么？
4. Spark MLlib 推荐方法交替最小二乘法（Alternating Least Squares，ALS），是一种基于模型的协同过滤推荐算法，简述其核心思想及其所解决的问题。
5. 一个协同推荐问题通过低秩假设被成功地转换成了一个优化问题的时候，优化问题是如何解决的？

附录 课后习题答案

第1章

1. 大数据包括结构化、半结构化和非结构化数据。结构化数据就是数据库；半结构化数据是一种适于数据库集成的数据模型；非结构化数据一般指无法结构化的数据，大多来源于互联网。

2. 大数据具有 4 V 特点，即 Volume（大量）、Velocity（高速）、Variety（多样）和 Veracity（精确）。

3. 具体是以下 3 个阶段：(1) 人工管理阶段；(2) 文件系统阶段；(3) 数据库系统阶段。发生的时间：(1) 人工管理阶段，20 世纪 50 年代中期以前；(2) 文件系统阶段，20 世纪 50 年代中期稍后；(3) 数据库系统阶段，20 世纪 60 年代后期。

4. 数据挖掘进行数据分析常用的方法主要有分类、回归分析、聚类、关联规则、特征、变化和偏差分析、Web 页挖掘等。

第2章

一、填空题

1. HDFS、MapReduce
2. 分布式
3. common、HDFS、MapReduce、YARN

二、判断题

1. √
2. √
3. ×

三、简答题

1. HDFS 是一个主/从（Master/slave）体系结构，从最终用户的角度来看，它就像传统的文件系统一样，可以通过目录路径对文件系统执行 CRUD（Create、Read、Update、Delete）操作。但由于分布式存储的性质，HDFS 集群拥有一个 NameNode 和一些 DataNode。NameNode 管理文件系统的元数据，DataNode 存储实际的数据。客户端通过同 NameNode 和 DataNode 的交互访问文件系统。客户端联系 NameNode 以获取文件的元数据，而真正的文件 I/O 操作是直接和 DataNode 进行交互的。

2. MapReduce 是 Hadoop 系统的核心组件，它是一种编程模型，用于大规模数据集（大于 1TB）的并行运算。它极大地方便了编程人员在没有掌握分布式并行编程的情况下，将自己的程序运行在分布式系统上。当前的软件实现是指定一个 Map（映射）函数，用来把一组键值对映射成一组新的键值对，指定并发的 Reduce（归约）函数，用来保证所有映射的键值对中

第 3 章

一、填空
1. 单一、一致、分割
2. NameNode、SecondaryNameNode
3. DataNode、DataNode、DataNode、DataNode、DataNode
4. 包含文件数据本身记录 block 的元信息
5. 名称节点、数据节点、客户端

二、简答
1. 写出在 HDFS 中复制文件块的基本流程。
基本流程如下：
1) NameNode 发现部分文件的 block 不符合最小复制数或部分 DataNode 失效。
2) 通知 DataNode 相互复制 block。
3) DataNode 开始相互复制。

2. 写出命令：
1) 列出 hdfs 文件系统根目录下的目录和文件
hadoop fs –ls
2) 列出 hdfs 文件系统所有的目录和文件
hadoop fs –ls –R
3) 在 hadoop2 中，NameNode 的 50030 端口换成 8088 端口

```
hadoop fs –put < local file ><hdfs file >
    <property>
        <name>yarn.resourcemanager.webapp.address</name>
        <value>neusoft-master:8088</value>
    </property>
```

4) 显示 har 压缩的是哪些文件
hadoop fs –ls –R har:///des/hadoop.har

第 4 章

1. 什么是 MapReduce，它是怎么工作的？
MapReduce 借用了函数式编程的概念，是 Google 发明的一种用分布式来处理大数据集的数据处理模型。
工作流程：
1) Client 提交数据到 DFS，然后被分为多个 split，然后通过 InputFormatter 以 key-value 传给 JobTraker，JobTraker 分配工作给多个 map（TaskTraker），工程师重写 map，在各个 TaskTraker 上分别执行代码任务，做到数据不动、代码动。真正实现代码分布式。
2) TaskTraker 执行完代码后，将结果通过上下文收集起来，再传给 reduce，经过排序等

操作，再执行工程师重写的 reduce 方法，最终将结果通过 OutputFormatter 写到 DFS。

2. Map 任务与 Reduce 任务可以分为哪些阶段？

Map 任务可以细分为成 4 个阶段：record reader、mapper、combiner 和 partitioner。Map 任务的输出被称为中间键和中间值，会被发送到 Reducer 做后续处理。Reduce 任务可以分为 4 个阶段：混排（Shuffle）、排序（Sort）、Reducer 和输出格式。Map 任务运行的节点会优先选择在数据所在的节点。

3. Hadoop 中序列化与反序列化机制的作用是什么？

序列化就是把内存中的对象的状态信息，转换成字节序列以便于存储（持久化）和网络传输。网络传输和硬盘持久化，若没有一定的手段来辨别这些字节序列是什么，有什么信息，这些字节序列就是垃圾信息。

反序列化就是将收到的字节序列或者是硬盘的持久化数据，转换成内存中的对象。

4. 请简述 MapReduce 集群行为中各个过程的方法与目的。

（1）任务调度与执行

MapReduce 任务由一个主进程 MRAppMaster 和多个从进程 YarnChild 共同协作完成。MRAppMaster 主要负责流程控制，它通常情况下运行在 NodeManger 的某个 Container（容器）上。MRAppMaster 将 Mapper 和 Reduce 分配给空闲的 Container 后，由 NodeManger 负责启动和监管这些 Container。

（2）本地计算

把计算节点和数据节点置于同一台计算机上，MapReduce 框架尽最大努力保证那些存储了数据的节点执行计算任务。这种方式有效地减少了数据在网络中的传输，降低了任务对网络带宽的需求，避免了使网络带宽成为瓶颈的问题。

（3）Shuffle 过程

MapReduce 会将 Mapper 的输出结果按照 key 值分成 R 份。将划分好的数据发往不同 Reduce 称为 Shuffle（洗牌）。

（4）合并 Mapper 输出

Combine 过程通常情况下可以有效地减少中间结果的数量，从而减少数据传输过程中的网络流量。

（5）读取中间结果

在完成 Combine 和 Shuffle 的过程后，Mapper 的输出结果被直接写到本地磁盘。然后，通知 MRAppMaster 中间结果文件的位置，再由 MRAppMaster 告知 Reducer 到哪个 Mapper 上去取中间结果。

（6）任务管道

R 个 Reduce 会产生 R 个结果，很多情况下这 R 个结果并不是所需要的最终结果，而是会将这 R 个结果作为另一个计算任务的输入，并开始另一个 MapReduce 任务。

第 5 章

1. HBase 的特点是什么？

容量大；面向列；多版本；稀疏性；扩展性；高可靠性；高性能。

2. 请描述 HBase 中 Rowkey 的设计原则。

Rowkey 长度原则：Rowkey 是一个二进制码流，Rowkey 的长度被很多开发者建议设计为 10~100 个字节，不过建议还是越短越好，不要超过 16 个字节。原因如下：

1) 数据的持久化文件 HFile 中是按照 keyvalue 存储的，如果 Rowkey 过长会极大影响 HFile 的存储效率，比如 100 个字节，1,000 万列数据，Rowkey 就要占用 100×1000 万 = 10 亿个字节，将近 1 GB 数据。

2) MemStore 将缓存部分数据到内存，如果 Rowkey 字段过长，内存的有效利用率会降低，系统将无法缓存更多数据，这会降低检索效率。因此 Rowkey 的字节长度越短越好。

3) 目前操作系统都是 64 位系统，内存 8 字节对齐。控制在 16 个字节，8 字节的整数倍可利用操作系统的最佳特性。

Rowkey 散列原则：如果 Rowkey 是按时间戳的方式递增，不要将时间戳放在二进制码的前面，建议将 Rowkey 的高位作为散列字段，由程序循环生成，低位放时间字段，这样将提高数据均衡分布在每个 RegionServer 实现负载均衡的几率。如果没有散列字段，首字段直接是时间信息将产生所有新数据都在一个 RegionServer 上堆积的热点现象，这样在做数据检索的时候负载将会集中在个别 RegionServer，降低查询效率。

Rowkey 唯一原则：必须在设计上保证其唯一性。

3. 请描述如何解决 HBase 中 Region 太小和 Region 太大带来的冲突。

Region 过大会发生多次 Compaction，将数据读一遍并重写一遍到 HDFS 上，占用 I/O。Region 过小会造成多次 split，Region 会下线，影响访问服务，调整 hbase.hregion.max.filesize 为 256 MB。

4. 请简述 HBase 的简单读写流程。

读：找到要读取数据的 Region 所在的 RegionServer，然后按照以下顺序进行读取：先去 BlockCache 读取，若 BlockCache 没有，则到 Memstore 读取，若 MemStore 中没有，则到 HFile 中读取。

写：找到要写入数据的 Region 所在的 RegionServer，然后将数据先写到预写日志中，再将数据写到 MemStore 等待刷新，回复客户端写入完成。

第 6 章

1. 如何准确理解 NoSQL 的含义？

有固定数据模式并且可以水平扩展的系统称为 NoSQL，这里的 NoSQL 指的是"Not Only SQL"，即对关系型 SQL 数据系统的补充，NoSQL 系统普遍采用的技术有：简单数据模型、元数据和应用数据的分离、弱一致性。主要的优势有：避免不必要的复杂性、高吞吐量、高水平扩展能力和低端硬件集群、避免了昂贵的对象-关系映射。

2. 什么是最终一致性？

所有的数据副本，在经过一段时间的同步后，最终能够达到一个一致的状态。最终一致性是过程松、结果紧、最终结果必须保持一致，它又称为软一致。

（补充资料：简单地说，一致性的不同类型主要是区分在高并发的数据访问操作下，后续操作是否能够获取最新的数据。当一次更新操作之后，后续的读操作如果全部保证是更新后的数据，那么就是强一致性。如果不能保证后续访问读到的都是更新后的，那么就是弱一致性。

最终一致性是弱一致性的一种特例。最终一致性规定，后续的访问操作可以暂时不返回更新后的数据，但是经过一段时间之后，必须返回更新后的数据，也就是最终保持一致。）

3. 请简述放置策略的概念。

放置策略和数据分区是两个相辅相成的存在，数据分区成一个个可操作的表格的时候，如何得到更高的性能与数据安全呢？这时候放置对象的方法就成了重中之重，所以放置策略就是在数据分区之后的基础上，如何去将对象存放在一个个分类的表格中的方法，它与数据分区是互相相融、不可分割的，彼此不同，但又有所相通。

4. 海量数据容错技术面临的挑战有哪些？

3V挑战，即数量（Volume）、速度（Velocity）、多样（Variety）。

5. 试简述CAP理论的具体含义。

C代表着一致性（Consistency），指的是数据同步的性质，A代表着可用性（Availability），可以理解为是否获取数据，以及数据获取的速度，P代表着分区容忍性（Partion Tolerance），指的是系统中的数据分布性的大小对系统的正确性、性能的影响（一定程度上就是可扩展性）。而CAP理论的核心理论就是上述的CAP三点无法同时满足，所以就要在其中进行取舍，选取两个。

第7章

1. 动手独立完成Spark的下载和安装。

参考本书的第7章自行完成。

2. 实现Logistic回归。

下面的程序实现了Logistic回归，这是一个迭代的分类算法，试图找出一个最佳分割两个点集合的超平面w。算法运行梯度下降：从随机值w开始，在每次迭代中，它将w的函数与数据相加，以便在改善它的方向上移动w。因此，在迭代中把数据缓存在内存中有不小好处。一般不在细节上解释Logistic回归，但是将它拿来展示Spark的一些新特性。

```
1    // Read points from a text file and cache them
2    val points = spark.textFile(...).map(parsePoint).cache()
3    // Initialize w to random D-dimensional vector
4    var w = Vector.random(D)
5    // Run multiple iterations to update w
6    for (i<-1 to ITERATIONS) {
7        val grad = spark.accumulator(new Vector(D))
8        for (p<- points) { // Runs in parallel
9            val s = (1/(1+exp(-p.y*(w dot p.x)))-1) * p.y
10           grad += s * p.x
11       }
12       w -= grad.value
13   }
```

首先，虽然创建了一个RDD points，但是通过运行一个for循环来处理它。Scala中的for关键字是使用循环体作为closures调用集合的foreach方法的语法。也就是说，代码for(p <- points) {body}等价于points.foreach(p => {body})。因此，正调用Spark的并行foreach操作。

其次，为了把梯度相加，使用了一个accumulator变量gradient（Vector类型）。注意循环中使用了重载操作符+=来加到 gradient。Accumulator 的组合和 for 语法允许 Spark 程序看起来像命令性的串行程序。实际上，这个例子与仅仅三行的 Logistic 回归的串行版本不同。

3. 举例描述交替最小均方 Alternating Least Squares。

假设想要预测 u 个用户对于 m 部电影的评分，并且有一个部分填充的矩阵 R 包含一些用户–电影的已知评级。ALS 模型 R 分别作为维度为 m×k 和 k×u 的两个矩阵 M 和 U 的乘积。也就是说，每个用户和每个电影有一个 k 维的描述特征的"特征向量"。用户对电影的评分是其特征向量和电影的特征向量的点积。ALS 使用已知的评级来求解 M 和 U，然后计算 $M×U$ 来预测未知的电影。通过下面的迭代过程完成。

1）初始化 M 为一个随机值。
2）给定 M，以最小化 R 上的误差优化 U。
3）给定 U，以最小化 R 上的误差优化 M。
4）重复步骤 2 和步骤 3 直到收敛。

ALS 可以通过更新每个节点上的不同用户/电影来并行化。然而，因为所有的步骤都用到了 R，把 R 设成 broadcast variable 是很有用的，这样就不需要在每个步骤重新发送给每个节点了。ALS 的 Spark 实现如下所示。注意并行化从 0 到 u（一个 Scala 范围对象）并且更新每个列。

```
1   val Rb=spark.broadcast(R)
2   for (i <- 1 to ITERATIONS) {
3       U=spark.parallelize/(0 until u).map(j => updateUser/(j,Rb,M)).collect()
4       M=spark.parallelize(0 until m).map(j => updateUser(j,Rb,U)).collect()
5   }
```

4. 简述文本查询 Text Search。

存储在 HDFS 的大日志文件中，希望统计包含 errors 的行数。这可以通过从文件数据集对象开始执行，如下所示。

```
1   val file=spark.textFile("hdfs://...")
2   val errs=file.filter(_.contains("ERROR"))
3   val ones=errs.map(_ => 1)
4   val count=ones.reduce(_+_)
```

首先创建了一个分布式数据集 file 以表示 lines 集合的 HDFS 文件。转换此数据集以创建包含"ERROR"的行集合（errs），然后 Map 每行为 1，并且使用 Reduce 把这些 1 相加。Filter、Map 和 Reduce 的参数是 Scala 的语法。

注意 errs 和 ones 是懒惰的 RDDs，它们从不实例化。反而，当 Reduce 调用时，每个工作节点以流的方式扫描输入块以对其进行评估，执行本地 Reduce 来添加它们，并将其本地计数发送给驱动程序。当以这种方式使用懒惰的数据集时，Spark 紧密地效仿 MapReduce。

第 8 章

1. 简述 Storm 和 Hadoop 的区别联系。

Storm 是最佳的流式计算框架，流计算的优点是全内存计算，所以它的定位是分布式实时计算系统，流计算对于实时计算的意义类似于 Hadoop 对于批处理的意义。

Hadoop 实现了 MapReduce 的思想，用数据切片计算来处理大量的离线数据。Hadoop 处理的数据必须是已经存放在 HDFS 上或者类似 HBase 的数据库中，所以 Hadoop 实现的时候是通过移动计算到这些存放数据的机器上来提高效率。

为了区别 Hadoop 和流计算，流计算的网络直传、内存计算的时延必然比 Hadoop 通过 HDFS 传输的时延低得多；当计算模型比较适合流式时，流计算的流式处理省去了批处理的收集数据时间；因为流计算是服务型的作业，也省去了作业调度的时延。所以从时延上来看，流计算要快于 Hadoop。

2. 简述 Storm 框架功能作用及其体系架构。

Storm 计算模型以 Topology 为单位。一个 Topology 由一系列 Spout 和 Bolt 组件构成，事件流（数据流的具体实现形式）会构成 Topology 各组件之间的流动。Spout 负责产生事件，而 Bolt 负责对接收到的事件进行各种处理，计算出需要的结果。Bolt 可以级联，也可以往外发送事件（通过用户指定的方式，往外发送的事件可以和接收到的事件或数据是同一类型或不同类型）。

Storm 的总体架构设计得非常优雅，在一个集群中，有两种不同的节点，三种不同的守护进程：Nimbus 进程运行在主节点上，控制整个集群；Supervisor 进程运行在每个从节点上，管理节点上的任务；从节点上还有多个 Worker 进程来负责运行分配给它的具体任务。这些守护进程间的信息交换都通过 ZooKeeper 来实现，将状态信息注册到 ZooKeeper，这样当 Supervisor 所属从节点失效时可以有效地重启 Supervisor 并根据 ZooKeeper 里保存的状态信息进行恢复。这种设计的折中，极大地简化了 Nimbus、Supervisor、Worker 各守护进程程序自身的设计。Storm 之所以受到业界的广泛关注并大量投入研究和使用，得益于它设计的许多独到之处。

3. Storm 的特点有哪些？

简单的编程模型：类似于 MapReduce 降低了并行批处理复杂性，Storm 降低了进行实时处理的复杂性。可以使用各种编程语言，在 Storm 之上使用各种编程语言，默认支持 Java、Ruby 和 Python。要增加对其他语言的支持，只需实现简单的 Storm 通信协议即可。

高容错性：如果在消息处理过程中出现了一些异常，Storm 会重新部署这个问题的处理单元。Storm 保证一个处理单元永远运行（除非显式地结束这个处理单元）。当然，如果处理单元重新被 Storm 启动时，需要应用自己处理中间状态的恢复。Storm 会管理工作进程和节点的故障，可自动进行故障节点的重启、任务的重新分配。

水平扩展：计算是在多个线程、进程和服务器之间并行进行的。伴随着业务的发展，数据量、计算量可能会越来越大，所以希望这个系统是可扩展的。Storm 的并行特性使其可以运行在分布式集群中。

保证数据不丢失：实时计算系统的关键就是保证数据被正确处理，丢失数据的系统使用场景会很窄，而 Storm 可以保证每一条消息都会被处理，这是 Storm 区别于 S4（Yahoo 开发的实时计算系统）系统的关键特征。

健壮性强：不像 Hadoop 集群那样很难进行管理，它需要管理人员掌握很多 Hadoop 的配置、维护、调优的知识。而 Storm 集群很容易进行管理，容易管理是 Storm 的设计目标之一。

语言无关性：Storm 应用不应该只能使用一种编程平台，Storm 虽然是使用 Clojure 语言开发实现，但是 Storm 的处理逻辑和消息处理组件都可以使用任何语言来进行定义，也就是说任何语言的开发者都可以使用 Storm。

支持本地模式和高效：Storm 有一种"本地模式"，也就是在进程中模拟一个 Storm 集群的所有功能，以本地模式运行 Topology 跟在集群上运行 Topology 类似，这对于开发和测试来说非常有用。用 ZeroMQ 作为底层消息队列，保证消息能快速被处理。

运维和部署简单：Storm 计算任务是以"拓扑"为基本单位的，每个拓扑完成特定的业务指标，拓扑中的每个逻辑业务节点实现特定的逻辑，并通过消息相互协作。实际部署时，仅需要根据实际情况配置逻辑节点的并发数，而不需要关心部署到集群中的哪台机器。所有部署仅需通过命令提交一个 jar 包，全自动部署。停止一个拓扑，也只需通过一个命令操作。Storm 支持动态增加节点，新增节点自动注册到集群中，但现有运行的任务不会自动负载均衡。

图形化监控：图形界面，可以监控各个拓扑的信息，包括每个处理单元的状态和处理消息的数量。

4. 简要说明你对融合框架的理解。

不同人、不同公司、不同业务对融合架构解释或许会存在差异，但是其核心还是完成企业的信息业务流程，从基础架构到信息传递再到管控流程，以及最后的业务管控和决策分析、信息收集。现在很多的融合架构都是从信息中心的角度出发，从信息中心的需求、发展引入概念，在企业信息化现有的基础上完成融合架构。但是融合架构不是一个简单的系统或者一项业务，它需要的是一个整体的方案，并且能够由整体的基础来完成。

5. 现实生活中还有哪些关于流计算的应用案例？

例如淘宝双十一实时销售额统计；车辆监控；电信行业重大节假日实时保障监控。

第 9 章

1. 简述 ZooKeeper 的定义及功能。

ZooKeeper 是一个分布式的、开放源码的分布式应用程序协调服务，是 Google 的 Chubby 一个开源的实现，是 Hadoop 和 HBase 的重要组件。它是一个为分布式应用提供一致性服务的软件，提供的功能包括：配置维护、域名服务、分布式同步、组服务等。

ZooKeeper 是由一组 ZooKeeper 服务器构成的系统。客户端连接到一台 ZooKeeper 服务器上，使用并维护一个 TCP 连接，通过这个连接发送请求、接受响应、获取观察事件及发送心跳。如果这个 TCP 连接中断，客户端将尝试连接到另外的 ZooKeeper 服务器。客户端第一次连接到 ZooKeeper 服务时，接受这个连接的 ZooKeeper 服务器会为这个客户端建立一个会话，当这个客户端连接到另外的服务器时，这个会话会被新的服务器重新建立。

2. 简述 ZooKeeper 访问接口。

ZooKeeper 的核心作用是提供分布式锁服务，为提供该功能，针对不同的上层应用，ZooKeeper 主要提供了 Shell 和 API 访问接口，即 ZooKeeper Shell 接口和 ZooKeeper API 接口。和其他组件不同，ZooKeeper 并没有 Web 接口，这主要是为性能考虑。

Shell 接口主要为管理员提供，通过该接口，管理员可以开启或关闭 ZooKeeper，新建或查看存储节点等操作。

ZooKeeper API 面向上层应用程序，Java 程序员可通过该接口，实现两个进程间同步操作。

3. 简述 ZooKeeper 命令数据模型以及节点类型。

ZooKeeper 使用树状层次模型来存储数据，树上用来存储数据的每个节点被称为 znode，每个 znode 都有一个唯一的路径（Path），这种模型与标准文件系统中树状模型非常类似，路径必须是绝对的，因此它们必须由斜杠字符来开头。除此之外，它们必须是唯一的，也就是说每

283

一个路径只有一个表示，因此这些路径不能改变。应用程序使用 ZooKeeper 客户端 API 操作这些 znode 来存取数据。

znode 有两种类型：永久节点和临时节点，同时这两种类型又可以与顺序节点属性相结合。临时节点类型的 znode 会在创建该 znode 的会话（Session）结束后被删除，当然也可以手动删除。虽然每个临时的 znode 都会绑定到一个客户端会话，但它们对所有的客户端还是可见的。另外，ZooKeeper 的临时节点不允许拥有子节点。而永久节点类型的 znode 是持久化的，该节点的生命周期不依赖于会话，并且只有在客户端显示执行删除操作的时候，它们才能被删除。顺序节点属性是指系统会分配给该 znode 一个唯一的序列号，而且 ZooKeeper 保证该序列号是单向增长的，也就是说后创建的 znode 所获得的序列号肯定比先创建的 znode 的序列号大。

4. 说明 ZooKeeper API 的简单使用。

API 使用分为这四个方法：创建组，加入组，列出组成员，删除一个组。其中的详细代码参考 9.3.1 节 ZooKeeper API 的简单使用。

5. 简述 ZooKeeper 的工作原理。

ZooKeeper 的核心是原子广播，这个机制保证了各个服务器之间的同步。实现这个机制的协议叫作 Zab 协议。Zab 协议有两种模式，分别是恢复模式（选主）和广播模式（同步）。当服务启动或者在领导者崩溃后，Zab 就进入了恢复模式，当领导者被选举出来，且大多数服务器完成了和 leader 的状态同步以后，恢复模式就结束了。状态同步保证了 Leader 和 Server 具有相同的系统状态。

第 10 章

一、填空题

1. 数据库、JDBC
2. Java Servlet

二、判断题

1. JDBC 是一种连接数据库的方式。（√）
2. Tomcat 的运行需要依靠 Apache 服务。（×）

第 11 章

填空题

1. less
2. use sogou

简答题

请举例说明基于 Hive 构建数据仓库实例的过程。

参考举例如下：

以郑商所每日交易行情数据为例，介绍数据 Hive 数据导入的操作实例。

（1）源数据——每日行情数据

品种月份	昨结算	今开盘	最高价	最低价	今收盘	今结算	涨跌1	涨跌2	成交量(手)	空盘量	增减量	成交额(万元)
CF405	17,365.00	17,390.00	17,390.00	17,360.00	17,380.00	17,380.00	15.00	15.00	72	1,090	-36	625.66
CF407	17,275.00	17,370.00	17,415.00	17,320.00	17,320.00	17,365.00	45.00	90.00	22	52	2	191.01
CF409	17,450.00	17,380.00	17,395.00	17,310.00	17,320.00	17,330.00	-130.00	-120.00	7,860	34,584	-940	68,099.08
CF411	16,370.00	16,315.00	16,350.00	16,220.00	16,255.00	16,240.00	-115.00	-130.00	984	17,436	-380	7,990.01
CF501	16,130.00	16,030.00	16,085.00	15,920.00	15,995.00	15,970.00	-135.00	-160.00	26,210	115,120	-1,906	209,311.56
CF503	16,195.00	16,030.00	16,065.00	16,000.00	16,065.00	16,045.00	-130.00	-150.00	60	526	12	481.42
小计									35,208	168,808	-3,248	286,698.74
总计									35,208	168,808	-3,248	286,698.74

（2）建表脚本

```
1   CREATE TABLE IF NOT EXISTS t_day_detail(
2   id STRING,
3   lastday FLOAT,
4   today FLOAT,
5   highest FLOAT,
6   lowest FLOAT,
7   today_end FLOAT,
8   today_jisuan FLOAT,
9   updown1 FLOAT,
10  updown2 FLOAT,
11  sum int,
12  empity int,
13  rise int,
14  turnover FLOAT,
15  delivery FLOAT
16  )
17  PARTITIONED BY (dt STRING,product STRING);
```

（3）数据导入1

```
load data local inpath '/home/hadoop/source/in'
overwrite into table t_day_detail
partition( dt = '2014-04-22', product = '1') ;
```

（4）数据导入2

```
load data local inpath '/home/hadoop/source/in'
overwrite into table t_day_detail
partition( dt = '2014-04-23', product = '1') ;
```

（5）执行结果

```
hive> select * from t_day_detail
    > ;
```

```
OK
CF405,17365.0,17390.0,17390.0,17360.0,17380.0,17380.0,15,15,72.0,1090.0,-36,625.66,0.0    NULL
    NULL    NULL    NULL    NULLNULL    NULL    NULL    NULL    NULL    NULL
NULL    NULL    2014-04-22    1
CF407,17275.0,17370.0,17415.0,17320.0,17320.0,17365.0,45,90,22.0,52.0,2,191.01,0.0    NULL
    NULL    NULL    NULL    NULLNULL    NULL    NULL    NULL    NULL    NULL
NULL    NULL    2014-04-22    1
CF409,17450.0,17380.0,17395.0,17310.0,17320.0,17330.0,-130,-120,7860.0,34584.0,-940,68099.08,0.
0    NULL    NULL    NULLNULL    NULL    NULL    NULL    NULL    NULL    NULL
    NULL    NULL    NULL    2014-04-22    1
CF411,16370.0,16315.0,16350.0,16220.0,16255.0,16240.0,-115,-130,984.0,17436.0,-380,7990.01,0.0
    NULL    NULL    NULL    NULLNULL    NULL    NULL    NULL    NULL    NULL
NULL    NULL    NULL    2014-04-22    1
CF501,16130.0,16030.0,16085.0,15920.0,15995.0,15970.0,-135,-160,26210.0,115120.0,-1906,209311.
56,0.0    NULL    NULL    NULLNULL    NULL    NULL    NULL    NULL    NULL    NULL
    NULL    NULL    NULL    2014-04-22    1
CF503,16195.0,16030.0,16065.0,16000.0,16065.0,16045.0,-130,-150,60.0,526.0,12,481.42,0.0
    NULL    NULL    NULL    NULLNULL    NULL    NULL    NULL    NULL    NULL
NULL    NULL    NULL    2014-04-22    1
CF405,17365.0,17390.0,17390.0,17360.0,17380.0,17380.0,15,15,72.0,1090.0,-36,625.66,0.0    NULL
    NULL    NULL    NULL    NULLNULL    NULL    NULL    NULL    NULL    NULL
NULL    NULL    2014-04-23    1
CF407,17275.0,17370.0,17415.0,17320.0,17320.0,17365.0,45,90,22.0,52.0,2,191.01,0.0    NULL
    NULL    NULL    NULL    NULLNULL    NULL    NULL    NULL    NULL    NULL
NULL    NULL    2014-04-23    1
CF409,17450.0,17380.0,17395.0,17310.0,17320.0,17330.0,-130,-120,7860.0,34584.0,-940,68099.08,0.
0    NULL    NULL    NULLNULL    NULL    NULL    NULL    NULL    NULL    NULL
    NULL    NULL    NULL    2014-04-23    1
CF411,16370.0,16315.0,16350.0,16220.0,16255.0,16240.0,-115,-130,984.0,17436.0,-380,7990.01,0.0
    NULL    NULL    NULL    NULLNULL    NULL    NULL    NULL    NULL    NULL
NULL    NULL    NULL    2014-04-23    1
CF501,16130.0,16030.0,16085.0,15920.0,15995.0,15970.0,-135,-160,26210.0,115120.0,-1906,209311.
56,0.0    NULL    NULL    NULLNULL    NULL    NULL    NULL    NULL    NULL    NULL
    NULL    NULL    NULL    2014-04-23    1
CF503,16195.0,16030.0,16065.0,16000.0,16065.0,16045.0,-130,-150,60.0,526.0,12,481.42,0.0
    NULL    NULL    NULL    NULLNULL    NULL    NULL    NULL    NULL    NULL
NULL    NULL    NULL    2014-04-23    1
Time taken:0.391 seconds
hive>
```

第 12 章

1. User1 的特征向量是 (4,3,0,0,5,0)，User2 对应的向量是 (5,0,4,0,4,0)，试求 User1 和 User2 两向量之间的相似度量。

$$\mathrm{CS}(\boldsymbol{X},\boldsymbol{Y}) = \frac{\sum x_i y_i}{\sqrt{\sum x_i^2 \times \sum y_i^2}}$$

把 (4,3,0,0,5,0) 和 (5,0,4,0,4,0) 代入上式，即可得到结果 0.75。

2. 简述 ALS 算法原理的具体步骤。

第一步，用小于 1 的数随机初始化 V。

第二步，在训练数据集上反复迭代，交替计算 U 和 V，直到 RMSE（均方根误差，一种常用的离散性度量方法）值收敛或迭代次数足够多。

第三步，返回 UV^T，进行预测推荐。

3. 基于人口统计学的推荐机制的优缺点是什么？

优点：①由于不使用当前用户对物品喜好的历史数据，所以对新用户没有"冷启动（Cold Start）"的问题；②不依赖于物品本身的数据，在不同物品的领域都可以使用，它是领域独立的（Domain-Independent）。

缺点：①这种基于用户基本信息进行分类的方法过于粗糙，尤其是对品味要求较高的领域，无法得到很好的推荐效果；②这个方法可能涉及一些与信息发现问题无关却比较敏感的信息，不应该被轻易获取。

4. Spark MLlib 推荐方法交替最小二乘法（Alternating Least Squares，ALS），是一种基于模型的协同过滤推荐算法，简述其核心思想及其所解决的问题。

其核心思想就是要进一步挖掘通过观察得到的所有用户给产品的打分，并通过引入用户特征矩阵（User Features Matrix）和物品特征矩阵（Item Features Matrix），建立一个机器学习模型，然后利用采集的数据对这个模型进行训练（反复迭代），最后得到用于推荐计算的用户特征矩阵和物品特征矩阵，从而来推断（也就是预测）每个用户的喜好并向用户推荐适合的物品。ALS 学习算法解决了用户与物品评价关系矩阵中的缺失因子问题，实现了用预测得到的缺失因子进行推荐。

5. 一个协同推荐问题通过低秩假设被成功地转换成了一个优化问题的时候，优化问题是如何解决的？

由于 ALS 的目标函数不是凸的，而且变量互相耦合在一起，所以它并不容易求解。但如果把用户特征矩阵 U 和产品特征矩阵 V 固定其一，这个问题立刻就变成了一个凸的而且是可拆分的问题了。例如，固定 U 求 V，这个问题是经典的最小二乘问题。所谓交替就是指先随机生成 $U(0)$，然后固定它，去求解 $V(0)$；再固定 $V(0)$，然后求解 $U(1)$，这样交替进行下去。因为每一次迭代都会降低重构误差，并且误差是有下界的，所以 ALS 一定会收敛。但由于问题是非凸的，所以 ALS 并不保证会收敛到全局最优解。然而在实际应用中，ALS 对初始点不是很敏感，且是不是全局最优解也不会有大的影响。

参考文献

[1] 朱洁. 大数据架构详解：从数据获取到深度学习 [M]. 北京：电子工业出版社, 2016.

[2] 林子雨. 大数据技术原理与应用 [M]. 2版. 北京：人民邮电出版社, 2017.

[3] Tom Whit. Hadoop权威指南：大数据的存储与分析 [M]. 4版. 王海, 华东, 等译. 北京：清华大学出版社, 2017.

[4] Jure Leskovec, Anand Rajaraman, Jeffrey David Ullman. 大数据-互联网大规模数据挖掘与分布式处理 [M]. 2版. 北京：人民邮电出版社, 2015.

[5] 陆嘉恒. Hadoop实战 [M]. 2版. 北京：机械工业出版社, 2012.

[6] 王鹏. 云计算的关键技术与应用实例 [M]. 北京：人民邮电出版社, 2010.

[7] 迪米达克, 卡拉纳. HBase实战 [M]. 北京：人民邮电出版社, 2013.

[8] 于俊, 向海, 代其锋, 等. Spark核心技术与高级应用 [M]. 北京：机械工业出版社, 2016.

[9] 王道远. Spark快速大数据分析 [M]. 北京：人民邮电出版社, 2015.

[10] 黄宜华. 深入理解大数据——大数据处理与编程实践 [M]. 北京：机械工业出版社, 2014.

[11] 孟小峰, 慈祥. 大数据管理：概念、技术与挑战 [J]. 计算机研究与发展, 2013, 50（1）：146-169.

[12] 林子雨, 赖永炫, 林琛, 等. 云数据研究 [J]. 软件学报, 2012, 23（5）：1148-1166.

[13] Apache Hadoop Project [EB/OL]. http://hadoop.apache.org.

[14] Quinton Anderson. Storm实时数据处理 [M]. 卢誉声, 译. 北京：机械工业出版社, 2014.

[15] 何清, 李宁, 罗文娟, 等. 大数据下的机器学习算法综述 [J]. 模式识别与人工智能, 2014, 27（4）：327-336.

[16] 吴军. 数学之美 [M]. 2版. 北京：人民邮电出版社, 2014.

[17] 杜磊, 杜一. 大数据可视分析综述 [J]. 软件学报, 2014, 25（9）：1909-1936.

[18] 程学旗, 靳小龙. 大数据系统和分析技术综述 [J]. 软件学报, 2014, 25（9）：1889-1908.

[19] 李建中, 刘显敏. 大数据的一个重要方面：数据可用性 [J]. 计算机研究与发展, 2013, 50（6）：1147-1162.

[20] 刘昕, 王晓, 张卫山, 等. 平行数据：从大数据到数据智能 [J]. 模式识别与人工智能, 2017, 30（8）：673-681.

[21] 崔一辉, 宋伟, 王占兵, 等. 一种基于格的隐私保护聚类数据挖掘方法 [J]. 软件学报, 2017, 28（9）：2293-2308.